Telekolleg II

Mathematik
Funktionen in Anwendungen

Wolfgang Fraunholz
Christel Liefke

TR-Verlagsunion München

TELEKOLLEG II
wird im Medienverbund von den *Kultusministerien* der Bundesländer Baden-Württemberg, Bayern, Brandenburg, Nordrhein-Westfalen, Rheinland-Pfalz und Saarland (in Nordrhein-Westfalen und im Saarland in Zusammenarbeit mit den Einrichtungen der Weiterbildung) sowie den *Rundfunkanstalten* Bayerischer Rundfunk, Ostdeutscher Rundfunk Brandenburg, Südwestfunk (für den Sendebereich Südwest 3) und Westdeutscher Rundfunk durchgeführt.

Dieser Band enthält das Arbeitsmaterial zu den 1992 und 1994 vom Südwestfunk produzierten Lehrsendungen Telekolleg II / Funktionen in Anwendungen (Lektion 1 bis 13)

Autor der Lektionen 1, 2, 5, 6, 7, 8, 9, 10: Wolfgang Fraunholz
Autorin der Lektionen 3, 4, 11, 12, 13: Christel Liefke

2., überarbeitete Auflage 1994

Umschlaggestaltung: Wilfried Reich, Baden-Baden
Graphiken: Franziska Schob, München / Werbeatelier Punktum, Augsburg: S. 156, 158, 171 (jeweils rechts oben), 173
Gesamtherstellung: Gebr. Bremberger, München
ISBN 3-8058-2546-3

Inhaltsverzeichnis

Liebe Teilnehmerinnen und Teilnehmer am Telekolleg,

Die Mathematik ist gar nicht so unverständlich, wie manche Leute meinen. Wir hoffen, daß auch Sie dies bald feststellen werden, falls Sie anderer Meinung sind. Ja, wir hoffen, daß Ihnen die Mathematik einigen Spaß macht. Gerade hier kann man ja seine eigenen Erfolge verhältnismäßig leicht selbst erkennen. Wir wünschen Ihnen viele Erfolgserlebnisse. Die Bücher sollen Ihnen dabei helfen.

Die beiden ersten Bände beschäftigen sich mit der Algebra, das heißt hauptsächlich mit Funktionen und Gleichungen. Wir gehen davon aus, daß Sie die Inhalte der Algebra schon aus Ihrer Schulzeit kennen und daher viel Bekanntes finden werden, wenn auch öfters in einer neuen Art der Darstellung. In dieser Darstellung wurde besonderer Wert darauf gelegt, die Bereiche der Algebra herauszustellen, die Sie in den folgenden Trimestern in der Trigonometrie, der Analysis und der Vektor- und Matrizenrechnung brauchen werden. Es wird also viel die Rede von Funktionen und ihren graphischen Darstellungen, von Gleichungen und ihren Lösungen, aber auch von den Anwendungen mathematischer Verfahren sein.

Um Ihnen die Arbeit mit diesem Buch zu erleichtern, wurde die nachfolgend beschriebene Darstellungsweise gewählt.

1. Jede Lektion beginnt mit einem Abschnitt *„Vor der Sendung“*. Dieser gibt Ihnen Hinweise auf die Inhalte der Fernsehsendung und weist auf die wichtigen Vorkenntnisse hin, die Sie bei der Betrachtung der Sendung und zum Durcharbeiten des Textes im Buch benötigen.

2. Die *„Übersicht“* zeigt Ihnen jeweils die Ziele der Lektion und gibt Ihnen an, in welche Abschnitte die Lektion gegliedert ist. Die wichtigen Begriffe sind in Fettdruck hervorgehoben. Sie können daher diese Übersicht bei einer späteren Wiederholung (etwa vor den Prüfungen) verwenden, um sich rasch wieder einen Überblick über die Inhalte zu verschaffen.

3. In den Text der Lektionen sind *Aufgaben* eingestreut, die Sie an der jeweiligen Stelle berechnen sollen. So können Sie sich direkt vergewissern, ob Sie den Sachverhalt verstanden haben. Die Bestätigung für Ihre Lösung können Sie dann im *Lösungsteil* hinten im Buch finden. Der rote Pfeil mit der Nummer im Kreis, zum Beispiel → (7), zeigt Ihnen, wo Sie die Lösung finden. In diesem Fall unter der Nummer 7 zu Beginn des Lösungsteils der betreffenden Lektion. Aufgaben, die eine graphische Darstellung verlangen, zeichnen Sie bitte auf Millimeterpapier. Im Lösungsteil finden Sie eine verkleinerte Darstellung des gesuchten Graphen. Es ist nicht schlimm, wenn Sie das eine oder andere Mal die Lösung nicht richtig herausbekommen: Schauen Sie dann hinten im Buch nach und überlegen Sie, warum die Lösung so lauten muß.

4. Jede Lektion ist in drei bis sechs *Abschnitte* gegliedert. Wenn Sie es einrichten können, bearbeiten Sie jeden Tag ein oder zwei dieser Abschnitte und verteilen somit die Arbeit über einen längeren Zeitraum. Dies ist günstiger, als die ganze Lektion an einem Tag durcharbeiten zu wollen.

5. Zu jedem Abschnitt der Lektionen finden Sie *Aufgaben*. Mit diesen Aufgaben können Sie Ihr Wissen und Können überprüfen und herausfinden, was Sie wiederholen sollten. Sie brauchen diese Aufgaben natürlich nicht alle zu lösen (siehe „Hinweise im Blick auf die Prüfung“). Es ist nützlich, auch mehrere Wochen nach dem Durcharbeiten einer Lektion nochmals einige Aufgaben zu rechnen und damit zu kontrollieren, ob man diese noch beherrscht. Dafür sind jeder Lektion die *Wiederholungsaufgaben* angefügt.
Ihre Lösungen der Aufgaben sollten Sie in ein großes Heft schreiben, in dem Sie Ihre Rechnungen auch bei einer späterer Wiederholung leicht wiederfinden können. Für einige Aufgaben brauchen Sie einen Taschenrechner.

6. Grundlegendes aus der Mathematik wird für das Telekolleg II vorausgesetzt. Sie haben solche grundlegenden Rechentechniken in der Schule gelernt und kennen sie sicher noch. Wenn Sie aber diese Rechentechniken bei Bedarf nachschlagen oder wiederholen und in kurzer Zeit evtl. Vergessenes auffrischen möchten, können Sie auf das Buch *„Funktionen in Anwendungen - Grundlegende Rechentechniken und Lösungswege“* zurückgreifen, das ebenfalls bei der TR-Verlagsunion erschienen ist. Dieses Buch enthält zu den grundlegenden Rechentechniken eine Reihe von *Übungsaufgaben* und außerdem ausführliche *Lösungswege* zu allen Aufgaben des Bandes „Funktionen in Anwendungen“.

Nun wünschen wir Ihnen einen guten Erfolg beim Telekolleg!

Wolfgang Fraunholz   Christel Liefke

Hinweise im Blick auf die Prüfung

Bei der Mathematik-Prüfung am Ende des Telekollegs werden Sie niemals in die Verlegenheit kommen, einen Beweis führen oder eine Formel herleiten zu müssen. Entscheidend ist, daß Sie mit den Formeln *rechnen* können. Dennoch haben wir bei der Darstellung des Stoffes nicht auf Beweise und Herleitungen verzichtet, denn die Formeln können erst dann sinnvoll eingesetzt werden, wenn man gesehen hat, wie sie zustande kommen. Die Anwendung einiger Verfahren lernt man nur bei ihrer Herleitung. Lesen Sie also den Beweis oder die Herleitung beim ersten Durcharbeiten der Lektion gründlich durch; bei der Wiederholung können Sie dann auf diese Passage verzichten.

Sie müssen auch nicht alle Aufgaben rechnen, die in diesem Band abgedruckt sind.

Wenn Sie beispielsweise von einer Aufgabe 4. die Teilaufgaben a) und b) gerechnet und richtig gelöst haben, können Sie c), d), e) und f) überspringen. Vielleicht lösen Sie diese Aufgaben bei einer Wiederholung vor der Prüfung. Hören Sie also auf zu rechnen, wenn Sie meinen, daß Sie das Verfahren beherrschen.

Wenn Sie aber noch ein bißchen üben möchten, haben Sie noch einige Möglichkeiten.
Nicht nur Teilaufgaben, auch ganze Aufgaben sind manchmal ein Zusatzangebot, das Sie nicht wahrnehmen müssen. Diese Aufgaben sind mit einem Sternchen gekennzeichnet (z.B. *5.).

Bei der Prüfungsvorbereitung können Sie auch auf das exakte Durcharbeiten einiger Kapitel verzichten, die die Prüfungsaufgaben-Erstellungskommission als *nicht prüfungsrelevant* bezeichnet hat. Welche Kapitel das sind, erfahren Sie von Ihrem Kollegtag-Lehrer oder spätestens bei den Prüfungshinweisen in „Telekolleg aktuell“. Beim ersten Durcharbeiten dürfen diese Kapitel aber selbstverständlich nicht ausgenommen werden, weil nachfolgende, wieder prüfungsrelevante Kapitel auf dem hier abgehandelten Stoff aufbauen.

1. Interpretation von Graphen

1

Vor der Sendung

Funktionen spielen in der Mathematik eine ganz große Rolle. Funktionen geben zum Beispiel den Zusammenhang zwischen Größen an. Kostet 1 kg einer Ware etwa 3,50 DM, so ist - wenn man von möglichen Mengenrabatten absieht - für jede Menge der Ware der Preis eindeutig festgelegt. Oder: An einem Ort herrscht zu jeder Tageszeit eine bestimmte Temperatur. Die hier zugehörige Funktion gibt den Zusammenhang zwischen Uhrzeit und Temperatur an. Ein weiteres Beispiel: Mit einem Fahrzeug läßt sich in einer gewissen Zeit eine bestimmte Strecke zurücklegen. Mit der zugehörigen Funktion wird der Zusammenhang zwischen Zeitdauer und Weglänge hergestellt.
Solche Zusammenhänge oder Zuordungen werden also in der Mathematik durch Funktionen beschrieben. Um Funktionen darzustellen, gibt es verschiedene Möglichkeiten. Eine solche ist der Funktionsgraph (evtl. in einem Koordinatensystem). Die Fernsehsendung zeigt Ihnen Beispiele für Funktionsgraphen und zeigt, wie man diese interpretieren kann.

Übersicht

1. Im täglichen Leben wie auch in Wirtschaft und Technik werden häufig **Zuordnungen zwischen Größen** hergestellt: Menge und Preis, Zeitspanne und zurückgelegter Weg, Arbeitszeit und hergestellte Produkte, Kalendertage und Börsenkurse, Brennstoffverbrauch und Schadstoffmenge usw. Solche Zuordnungen kann man graphisch darstellen: Man spricht von einem **Graphen**.

2. Graphen von Zuordnungen kann man nach **Wertetabellen** herstellen, in denen jeweils die Paare einander zugeordneter Größen stehen. Umgekehrt kann man an den **Punkten des Graphen ablesen**, welche (zwei) Größen zueinander gehören. Unter **Nullstellen des Graphen** versteht man die Punkte, an denen einem Wert des ersten Größenbereichs der Wert Null des zweiten Größenbereichs zugeordnet ist. **Hoch- und Tiefpunkte** sind die jeweils höchsten bzw. tiefsten Punkte eines Graphen in einem Abschnitt.

3. Ein Graph kann flach oder steil ansteigen oder auch flach oder steil abfallen. Es gibt mitunter Bereiche, in denen der Graph weder ansteigt noch abfällt. Ein Graph hat eine (an unterschiedlichen Punkten evtl. unterschiedliche) Steigung. Die **Steigung** in einem Punkt eines Graphen wird durch die **Tangente** an den Graphen in diesem Punkt bestimmt.

4. Zuordnungen zwischen Größen (oder auch zwischen Zahlen) bezeichnet man in der Mathematik als **Funktionen**, wenn die Zuordnungen eindeutig bestimmt sind, das heißt wenn jedem Element der **Definitionsmenge** (Ausgangsmenge) genau ein Wert der **Wertemenge** (Zielmenge) zugeordnet ist. Funktionen lassen sich durch **Graphen** und **Wertetabellen** darstellen.

5. Definitionsmenge und Wertemenge einer Funktion können ein gesamter Größenbereich (z.B. der gesamte Größenbereich der Längen) oder auch eine gesamte Zahlenmenge (z.B. die Menge der rationalen Zahlen) sein. Oft sind Definitions- und Wertemenge aber auch **eingeschränkte Bereiche**; dies gilt insbesondere bei Sachproblemen, aus denen sich eine solche Einschränkung meist aus dem Sachverhalt ergibt.

6. Funktionen werden häufig in einem **Koordinatensystem** dargestellt. Es besteht aus zwei (oft zueinander rechtwinkligen) Achsen, der **x-Achse**, auf der die Elemente der Definitionsmenge aufgetragen werden, und der **y-Achse**, die die Werte der Wertemenge enthält.

1.1 Zuordnungen und ihre Graphen

Einige Beispiele aus praktischen Anwendungen:

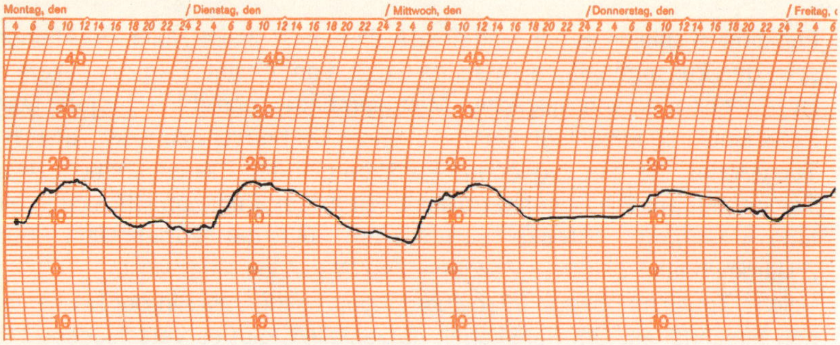

Die Abbildung zeigt Ihnen ein von einem Thermographen geschriebenes Diagramm: einen Graphen, in dem zu jeder Tageszeit die jeweilige Temperatur angegeben ist.

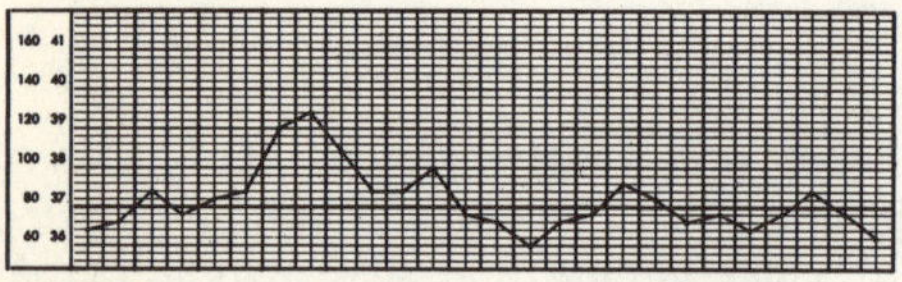

Ähnlich ist auch die links abgebildete Fieberkurve. Welcher Zusammenhang wird hier dargestellt?

→ (4)

Der Graph hier rechts zeigt die Belastung eines Elektrizitätswerkes an einem Wintertag. Wann ist die Belastung am größten, wann am kleinsten? Man spricht auch von Spitzen und Tälern der Belastung. Wie sind diese zu erklären?

→ (1)

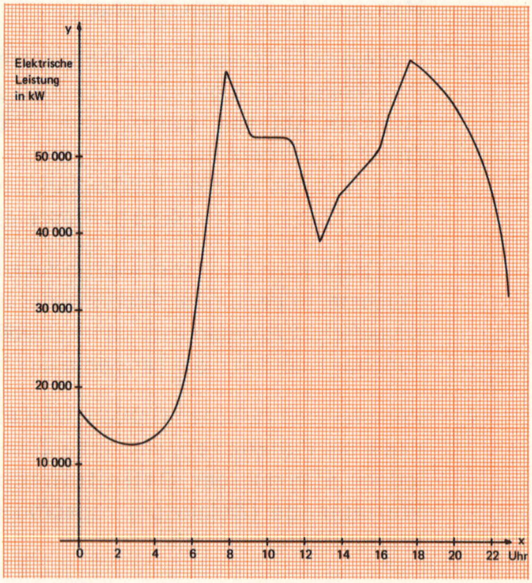

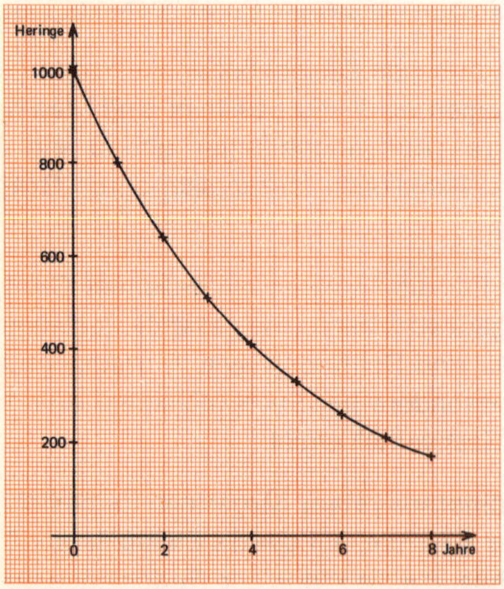

Der früher so preiswerte Hering wird allmählich zu einer teuren Delikatesse. Durch zu großen Fischfang haben die Heringsbestände abgenommen. Der Graph zeigt, wieviele Heringe von ursprünglich 1000 nach 1, 2, . . . , 8 Jahren noch vorhanden sind, wenn der Bestand sich jährlich um 20 % verringert.

Aus diesen Beispielen entnehmen Sie: Zuordnungen zwischen zwei Größenbereichen, zum Beispiel zwischen Zeitpunkten und Temperaturen, zwischen Zeitpunkten und Heringsbeständen, lassen sich in Graphen darstellen. Eine andere Darstellungsform für Zuordnungen ist die Wertetabelle. Für das Beispiel „Heringsbestände" sieht eine solche Wertetabelle folgendermaßen aus:

Jahre	0	1	2	3	4	5	6	7	8
Heringsbestand	1000	800	640	512	410	328	262	210	168

Zu einer vorgegebenen Wertetabelle läßt sich stets ein Graph zeichnen. Dazu zeichnet man zwei (in der Regel zueinander senkrechte) Achsen. Auf der horizontalen Achse trägt man die Werte des einen Größenbereichs, auf der vertikalen die des anderen Größenbereichs auf. Die Zuordnung zeigt sich in den Punkten, die die Beziehung zwischen zwei Größen angeben. Hier noch ein Beispiel: Ein Fußgänger geht mit einer Geschwindigkeit von $4 \frac{km}{h}$ und startet um 8 Uhr morgens zu einem 12 km entfernten Ort. Die zu diesem Sachverhalt gehörige Wertetabelle ist:

Zeitpunkt	8^h	9^h	10^h	11^h
Ort	0 km	4 km	8 km	12 km

Der Graph ist hier rechts gezeichnet.

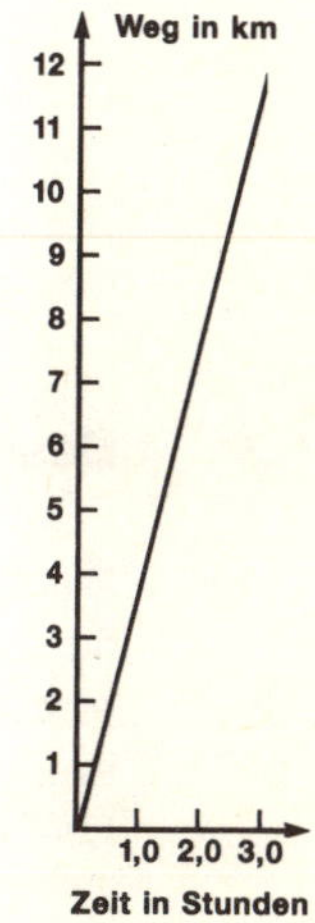

Aufgaben zu 1.1

1. An einem trichterförmigen Meßbecher gibt eine Skala an der entsprechenden Höhe die jeweiligen Volumina an. Zeichnen Sie die Eichkurve, das heißt den Graphen, der zu dieser Zuordnung von Höhe und Volumen gehört.

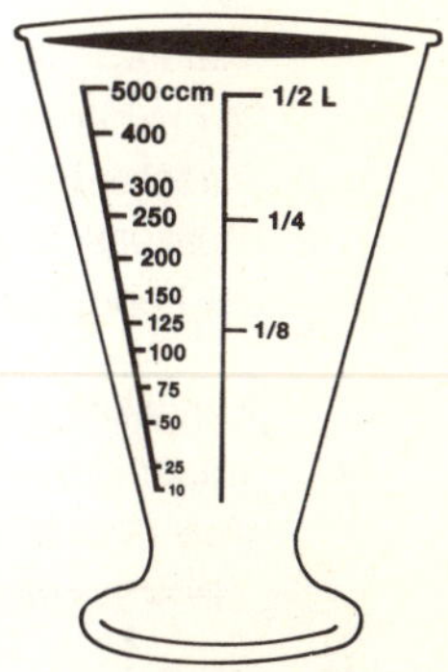

Höhe in cm	3,1	4,9	6,3	7,4	8,4	9,3	10,8	11,7
Volumen in cm^3	50	100	150	200	250	300	400	500

2. Betrachten Sie die folgende Tabelle. Sie gibt die Zuordnung zwischen den Lebensjahren eines Menschen und seiner Körpergröße an.

Lebensjahr	0	1	2	3	4	5	6	7	8	9	10
Körpergröße in cm	52	77	89	95	101	108	114	121	128	129	131

Lebensjahr	11	12	13	14	15	16	17	18	19	20
Körpergröße in cm	135	140	145	152	159	168	171	174	177	179

Zeichnen Sie den zugehörigen Graphen. Verbinden Sie die durch die Tabelle vorgegebenen Punkte des Graphen durch Linien. Dadurch erhalten Sie einen guten Überblick über das Wachstum der hier betrachteten Person.

3. Das Diagramm zeigt die durchschnittlichen Bruttostundenverdienste männlicher Industriearbeiter in DM für das Jahr 1986. Zeichnen Sie aus diesen Angaben einen Graphen auf Millimeterpapier.

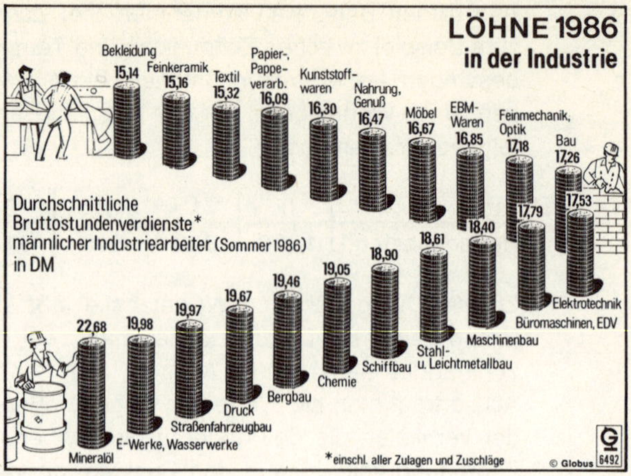

1.2 Besondere Punkte an Funktionsgraphen

Wie Sie im Abschnitt 1.1 gesehen haben, werden die Zuordnungen zwischen Größen häufig durch Tabellen gegeben. Solche Tabellen nennt man Wertetabellen, da in ihnen Werte einander zugeordnet werden. Werden die Wertetabellen - wie bei den Beispielen oben - in Zeilen aufgeschrieben, so stehen in einer Spalte die Paare einander zugeordneter Größen. Betrachten Sie nochmals einen Auszug aus der Tabelle von Aufgabe 2:

Lebensjahr	0	1	**2**	3	4	5
Körpergröße in cm	52	77	**89**	95	101	108

Hier finden Sie zum Beispiel das Wertepaar (2 Jahre | 89 cm).

Natürlich kann man eine Wertetabelle auch in Spalten schreiben. Rechts sehen Sie einen Auszug aus der Tabelle der mittleren Lufttemperaturen in Berlin in Spaltenschreibweise. Das Größenpaar (Februar | 0,1°C) ist hervorgehoben.

Monat	Temperatur
Januar	– 0,6°C
Februar	**0,1°C**
März	3,5°C
April	7,9°C

Umgekehrt kann man an den Punkten des Graphen ablesen, welche (zwei) Größen zueinander gehören.

Aus der Fernsehsendung kennen Sie das Beispiel von der Ausbreitung einer Krankheit.

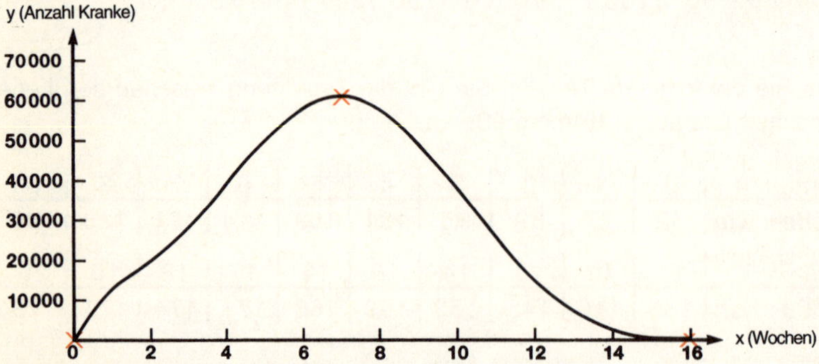

Die Zahl der Kranken hat zunächst stark zugenommen. Der Höhepunkt lag offenbar in der 7. Woche nach Ausbruch der Krankheit. In der 16. Woche war die Epidemie abgeklungen.

An dem Graphen kann man die zusammengehörenden Größenpaare ablesen. Zum Beispiel: In der 5. Woche gab es 50000 Kranke. Das Größenpaar (5 Wochen | 50000 Kranke) gehört zu dem Graphen. Lesen Sie ab, wieviel Kranke es in der 7. Woche und in der 13. Woche gab. In welcher Woche gab es 20000 Kranke? → 7

An diesem Beispiel können Sie noch mehr sehen: Man sagt, die Krankheit habe nach der 7. Woche ihren Höhepunkt überschritten. In der Tat liegt ja das Maximum der Erkrankungen in der 7. Woche mit 61 000 Kranken. Das Größenpaar (7 Wochen | 61 000 Kranke) stellt also das **Maximum** dar; der Graph hat an dieser Stelle einen Hochpunkt. Graphen können auch Tiefpunkte haben; diese liegen da, wo ein Minimum vorliegt. Bei den Erkrankungen liegt das Minimum natürlich vor Ausbruch der Krankheit in der 0. Woche und, nachdem die Krankheit überwunden ist, in der 16. Woche. Jedesmal sind 0 Kranke vorhanden. **Minima** oder Tiefpunkte des Graphen sind demnach die Paare (0 Wochen | 0 Kranke) und (16 Wochen | 0 Kranke). Im Graphen auf der vorhergehenden Seite sind die Minima und das Maximum rot gekennzeichnet.

Bei dem rechts gezeichneten Graphen ist es vielleicht auf den ersten Blick nicht einfach, Hoch- und Tiefpunkte anzugeben. Es scheint mehrere solche Punkte zu geben. Man unterscheidet absolute und relative Maxima und Minima. Zur Bestimmung der absoluten Maxima und Minima betrachtet man den gesamten Graphen und sucht den höchsten bzw. den niedrigsten Punkt. Dies sind hier der Hochpunkt (4 | 10) und der Tiefpunkt (1 | 2).

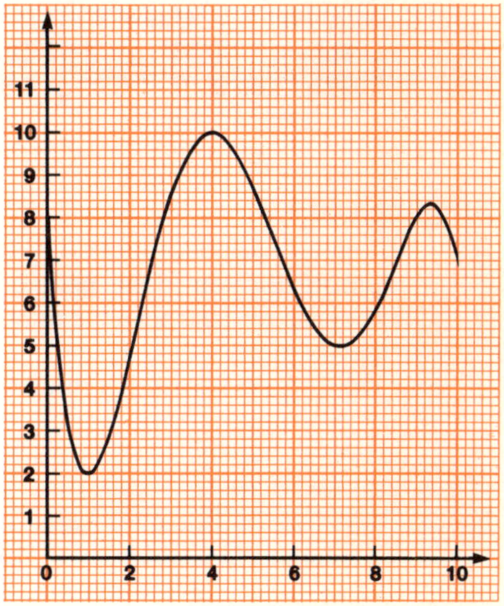

Ein weiteres Beispiel: Ein Fabrikant errechnet sich, wieviel Gewinn er erzielt, wenn er eine bestimmte Stückzahl seines Produktes verkauft. Er stellt den Zusammenhang zwischen Stückzahl der verkauften Gegenstände und Gewinn in einem Graphen dar. Bei diesem Graphen fällt auf, daß der Gewinn zunächst bei geringer Stückzahl und dann wieder bei einer bestimmten höheren Stückzahl „in die roten Zahlen" rutscht, also kein Gewinn, sondern Verlust gemacht wird. An drei Punkten des Graphen wird der Gewinn gleich Null.

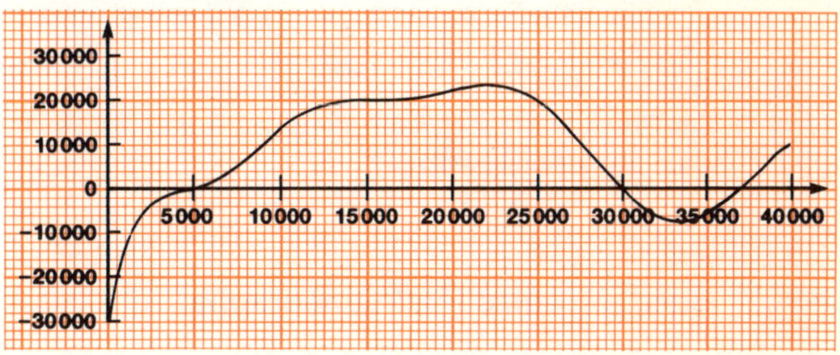

Solche Stellen des Graphen nennt man **Nullstellen**. Bei einer Nullstelle wird also die zweite Größe im Paar Null; hier sind die Nullstellen (5000 Stück | 0 DM), (30000 Stück | 0 DM) und (36500 Stück | 0 DM).

Für die Briefgebühr bei der Deutschen Bundespost gelten nach dem Stand vom 1. April 1989 die rechts aufgeschriebenen Sätze. Läßt man den Standardbrief außer acht, so sieht der Graph, der den Zusammenhang zwischen Briefgewicht und Briefgebühr darstellt, so aus wie hier rechts. Auch aus diesem Graphen kann man die Zuordnungspaare ablesen, zum Beispiel (30 g | 1,70 DM), (350 g | 4,00 DM), (1000 g | 4,80 DM). Dieser Graph hat keine eindeutig bestimmten Hoch- oder Tiefpunkte, da der höchste bzw. der niedrigste Gebührensatz zu vielen verschiedenen Briefgewichten gehört. Zum Beispiel gehören die folgenden Paare zum Graphen: (501 g | 4,80 DM), (502 g | 4,80 DM), . . , (998 g | 4,80 DM) , (999 g | 4,80 DM) , (1000 g | 4,80 DM) .

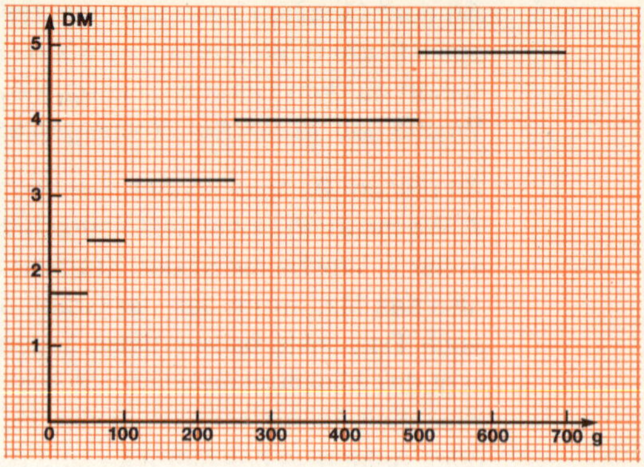

Aufgaben zu 1.2

1. Lesen Sie an dem gezeichneten Graphen die fehlenden Werte ab.
(0 |), (| 2), (2 |), (3 |), (5 |), (6 |), (| 4), (| 2), (10 |).

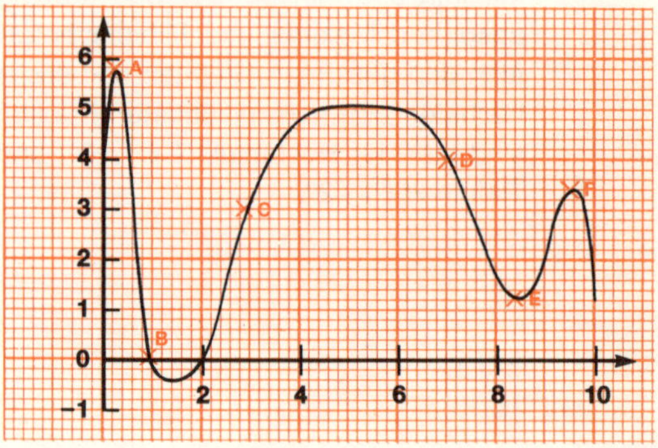

2. Bei dem Graphen von Aufgabe 1 sind einige Punkte besonders gekennzeichnet. Welche dieser Punkte sind Nullstellen, welche Hochpunkte, welche Tiefpunkte?

3. Ein Graph hat in dem Bereich von 0 bis 10 die Nullstellen bei 0 und 8 , einen Hochpunkt bei (4 | 5) , einen Tiefpunkt bei (8 | 0) und enthält außerdem die Punkte (2 | 3) und (10 | 2). Skizzieren Sie den Graphen.

4. Ein Graph hat fünf Nullstellen. Wieviele relative Hochpunkte (relative Tiefpunkte) muß er dann wenigstens besitzen?

1.3 Steigung eines Funktionsgraphen

Häufig benutzt man die Zuordnung „Zeitpunkt - Ort"; bei der Zeichnung spricht man dann auch von einem Weg-Zeit-Graphen. Das letzte Beispiel aus dem Kapitel 1.1 zeigt einen solchen Weg-Zeit-Graphen für die Bewegung eines Fußgängers. Natürlich lassen sich

ebenso für jedes Fahrzeug solche Weg-Zeit-Graphen zeichnen. Ein Eisenbahnfahrplan stellt nichts anderes als eine solche Zuordnung „Zeitpunkt - Ort" dar. Der graphische Fahrplan oder Bildfahrplan ist der zugehörige Weg-Zeit-Graph.
Hier sehen Sie einen Ausschnitt aus dem Kursbuchblatt 700 der Deutschen Bundesbahn (aus früheren Jahren, als der Zug noch zum Stadtbahnhof Baden-Baden fuhr. Der frühere Bahnhof Baden-Oos heißt heute Baden-Baden.)

700 — 700 Mannheim—Heidelberg—Karlsruhe—Freiburg—Basel

Zug Nr (BD Karlsruhe)		IC 111	IC 171 1.	7239	D 501	E 2279 2)	D 791 4)	D 666	7239	D 503 1)	IC 113 1.	IC 173 1.	5923	D 503 1)	E 3457	E 3459	5925 / 5929	D 505	D 571 5)
Frankfurt (M) Hbf 550.551	ab	...	8.55	...	...	8.59	9.38	...	...	9.45	...	10.26	...	...	...	10.04	...	10.43	11.19
Mainz Hbf (660)	ab	8.58		...	8.49	...	...	...	...	10.20	10.32		...	...	...	10.10	...	11.27	...
L'hafen (Rh) Hbf (660)	ab			...	9.33	9.19	e 10.13	...	10.55/				...	...	...	10.55	...	12.14	...
Mannheim Hbf (569)	an	9.41	9.38	...	9.37	9.23	10.17	...	10.59/	11.05	11.14	11.11	...	...	...	10.59	...	12.18	...
Mannheim Hbf 569	ab	9.43	9.46		9.51	9.25	10.19			11.08	11.16	11.19	...		...	11.01	...	12.22	
Heidelberg Hbf 560. 561.	an	9.53		...		9.36	e 10.30		...		11.27		...		...	11.12	...		12.13
Heidelberg Hbf 560. 561.	ab	9.54		10.11		10.06	10.37	Salzburg—München / Strasbourg (—Paris)	...		11.28		...	...	...	11.43	...		12.17
Heidelberg-Kirchheim				10.15					...				...	...	...		...		
St Ilgen				10.19					...				...	...	...		...		
Wiesloch-Walldorf 705.706				10.23					...	Dortmund—Basel SBB			...	...	...	11.52	...		
Rot-Malsch				10.28					...				...	...	...		...		
Mingolsheim-Kronau				10.31					...				...	...	...		...		
Langenbrücken				10.34					...				...	...	...		...		
Ubstadt-Weiher				10.37					...				...	...	...		...		
Bruchsal 703.707.708	an			10.41		10.22	10.54		10.41				...	...	...	12.04	...		
Bruchsal 703.707.708	ab	Dortmund—München		11.15		10.23	...	— Stuttgart	11.15		Münster—München		...	...	...	12.05	...		
Untergrombach				weiter			...		11.19				...	...	...		...		
Weingarten (Baden)				siehe			...		11.22				...	...	...		...		
Karlsruhe-Durlach (778)				rechts		10.34	...		11.30				...	...	...	12.15	...		
Karlsruhe Hbf	an		10.14	...	10.23	10.39	...		11.34	11.40		11.47	...	11.40	...	12.19	...	12.54	12.47
Stuttgart Hbf (770)	ab	RHEINBLITZ	8.24	...	9.13	...	Kassel — München	10.12	...	...	SCHWABENPFEIL	...	...	...	...		...	...	...
Pforzheim Hbf (770)	ab		9.49	...	9.58	...		10.58	..	...		11.03	...	...	...	7483	...	12.13	...
Karlsruhe Hbf (770)	an		10.08	..	10.20	...		11.19	...	...		11.40	...	...	...	...	...	12.51	...
Karlsruhe Hbf	ab		10.15	...	10.28	10.45		11.23	...	11.54		11.48	11.52	11.54	11.59	12.24	12.34	12.58	13.03
Ettlingen West				...					...	weiter			11.56				12.39	Dortmund — Köln	
Bruchhausen (b Ettlingen)				...					...	siehe			11.59				12.43		
Malsch				...					...	rechts			12.04				12.49		
Muggensturm				...					...				12.07				12.52		
Forchheim (b Karlsruhe)	ab	...	Frankfurt	...	Krefeld —		..		...	...		Hamburg —		Dortmund		12.28			
Durmersheim		...		...			...		...	...						12.33			
Bietigheim (Baden)		...		...			...		...	...						12.36			
Ötigheim		...		...			...		...	...						12.39			
Rastatt	an	..		...		10.57	...		...	...			12.11		12.11	12.42	12.56		13.15
Freudenstadt Hbf 713	an	...	...	...	...	...	...	...	...	...	...	...	13.54		13.54	...	+14.55/✕15.01	...	15.01
Rastatt	ab	...		...		10.58	...		...	...	...		...		12.13	12.44	...		13.16
Haueneberstein		...		...			...		...	...	...		...			12.49	...		
Baden-Oos	an	..		...	10.44	11.03	...	11.40	...	...	...	12.02	...	12.10	12.19	12.52	...	13.14	13.21
Baden-Baden 714	an	...	...	...	...		...	e 11.57	...	...	...	12.53	...	...	12.53	..	...	...	...

Für den graphischen Fahrplan sind der Übersichtlichkeit wegen einige Züge ausgewählt, nämlich D 503, IC 173, D 505 .

Außerdem erscheinen im graphischen Fahrplan die folgenden Züge:
E 1887, 3527, N 3524, D 1302, IC 172, 3482 .

Graphischer Fahrplan einiger Züge zwischen Mannheim und Baden-Oos

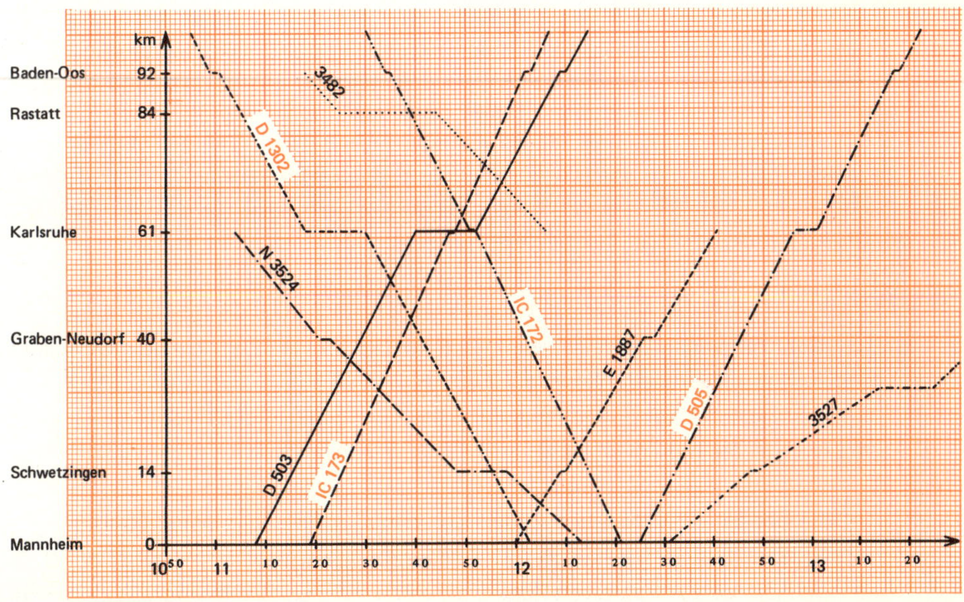

Für den graphischen Fahrplan wird angenommen, daß ein Zug zwischen zwei Haltebahnhöfen mit gleichbleibender Geschwindigkeit fährt. Betrachten Sie dazu einen Ausschnitt aus dem obigen Bildfahrplan. Der Graph ist eine gerade Linie.

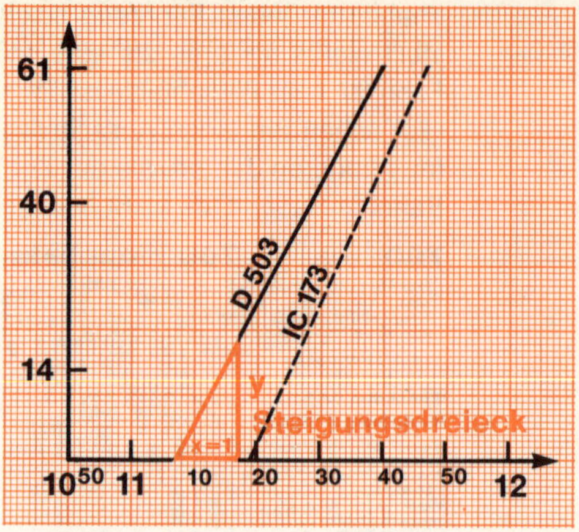

Der D 503 legt in 10 Minuten 20 km zurück, der IC 173 in 10 Minuten 21 km. Der IC-Zug 173 hat eine größere Geschwindigkeit als der D-Zug. Die Gerade für den IC 173 ist etwas steiler als die Gerade für den D 503. Die Steigung der Geraden ist also ein Maß für die Geschwindigkeit. Aus dem Steigungsdreieck läßt sich die Geschwindigkeit berechnen.

D 503: $\frac{20\text{ km}}{10\text{ min}} = 2\,\frac{\text{km}}{\text{min}} = 120\,\frac{\text{km}}{\text{Std.}}$

IC 173: $\frac{21\text{ km}}{10\text{ min}} = 2{,}1\,\frac{\text{km}}{\text{min}} = 126\,\frac{\text{km}}{\text{Std.}}$

In Wirklichkeit fährt natürlich ein Zug zwischen zwei Haltebahnhöfen nicht dauernd mit gleicher Geschwindigkeit: Bei der Abfahrt muß er zunächst beschleunigen und allmählich auf die gewünschte Geschwindigkeit kommen; vor der Ankunft muß er bremsen, verkleinert also seine Geschwindigkeit.

Aber auch auf der Strecke gibt es unterschiedliche Gegebenheiten, zum Beispiel Kurven oder Baustellen, vor denen der Zug gebremst und anschließend wieder beschleunigt wird. Der zu einer realen Fahrt zugehörige Graph kann also etwa so aussehen wie rechts gezeichnet.

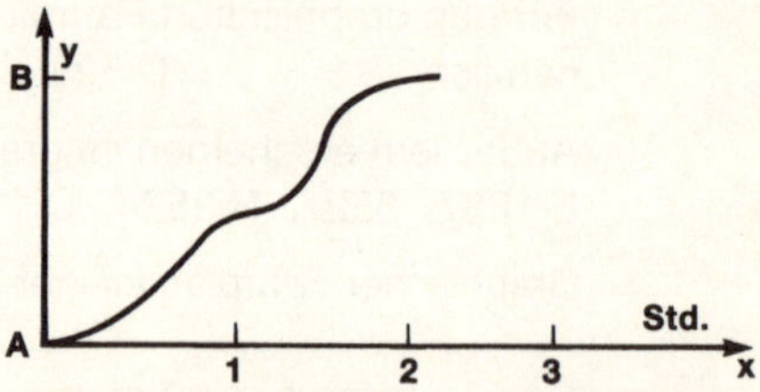

Die Geschwindigkeit des Zuges ändert sich von Augenblick zu Augenblick. Die **Steigung** des Graphen kann sich von Punkt zu Punkt ändern. Zur Bestimmung der Steigung des Graphen in einem bestimmten Punkt verwendet man - wie Sie in der Fernsehsendung gesehen haben - die Tangente an den Graphen in diesem Punkt. Da die Tangente eine Gerade ist, kann man wieder mit dem Steigungsdreieck arbeiten. Hier wird der Begriff der Tangente nicht näher besprochen, Sie werden ihn später im Zusammenhang mit der Differentialrechnung genauer kennenlernen.

Aufgaben zu 1.3

1. a) Woran erkennen Sie im graphischen Fahrplan, daß ein Zug an einem Ort Aufenthalt hat?
   b) Welche Züge haben in Schwetzingen Aufenthalt?
2. a) Wo beginnen und wo enden die Züge N 3524, 3482, E 1887 ?
   b) Nennen Sie alle Zeiten, zu denen ein Zug in Karlsruhe ankommt oder abfährt.
3. a) Woran erkennen Sie, daß ein Zug einen anderen überholt?
   b) Nennen Sie alle Paare von Zügen, von denen einer den anderen überholt.
4. a) Woran erkennen Sie, daß sich zwei Züge begegnen?
   b) Nennen Sie alle Paare von Zügen, die sich zwischen 12 Uhr und 13 Uhr begegnen.

5. a) Woran erkennt man, daß ein Zug schneller fährt als ein anderer?
   b) Ordnen Sie die Züge D 503, IC 173, E 1887, D 505 und 3527 nach ihrer Geschwindigkeit. Beginnen Sie mit dem schnellsten Zug.

6. a) In welcher Zeit fahren die Züge D 503, IC 173, E 1887 und D 505 jeweils von Kilometer 0 zu Kilometer 50 ? b) Wie groß ist jeweils die mittlere Geschwindigkeit in $\frac{\text{km}}{\text{Std.}}$?

7. Bestimmen Sie jeweils die Steigung des linearen Graphen.

a)
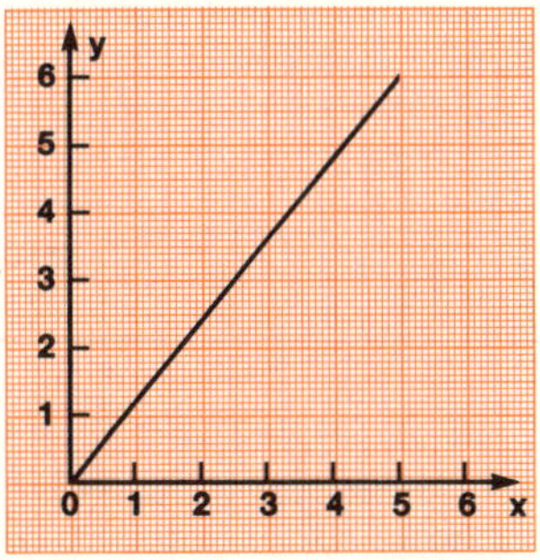

b)
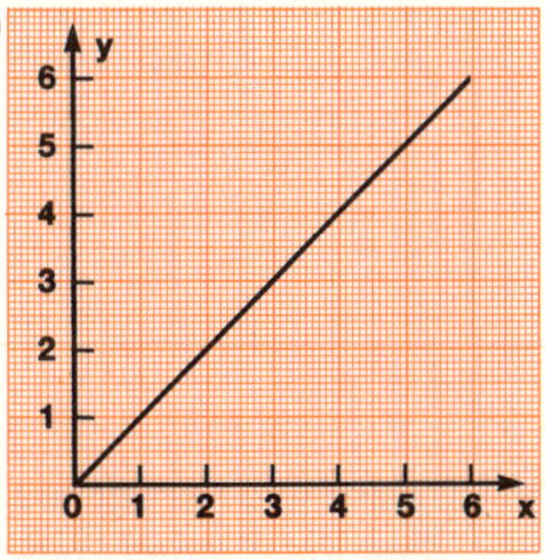

c)
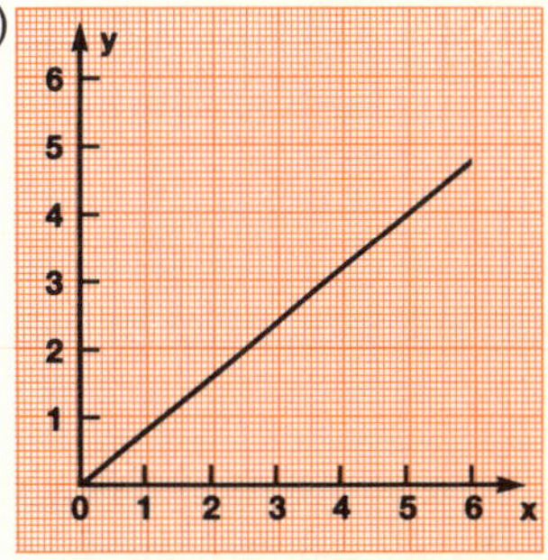

1.4 Definitions- und Wertemenge einer Funktion

Zuordnungen zwischen Größen oder auch zwischen Zahlen bezeichnet man in der Mathematik unter bestimmten Bedingungen als Funktionen. In der Fernsehsendung haben Sie zum Beispiel gesehen, daß der Graph für die Fahrt eines Triebwagens von A nach B und zurück etwa so aussehen kann:

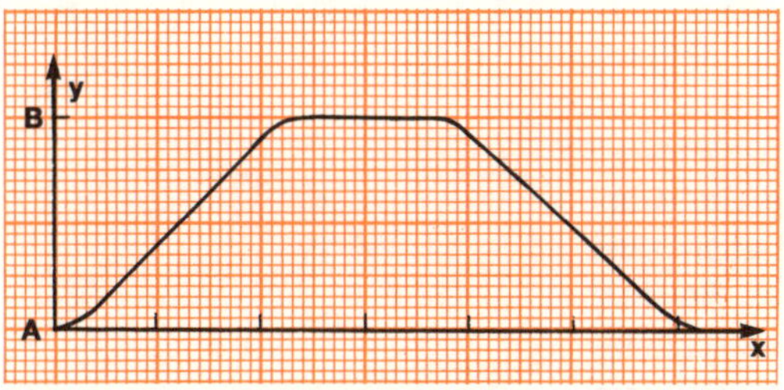

Der Triebwagen fährt von A ab, beschleunigt und fährt mit einer bestimmten Geschwindigkeit, bis er vor B abbremst und in B hält. Nach einiger Zeit Aufenthalt fährt er von B nach A zurück.

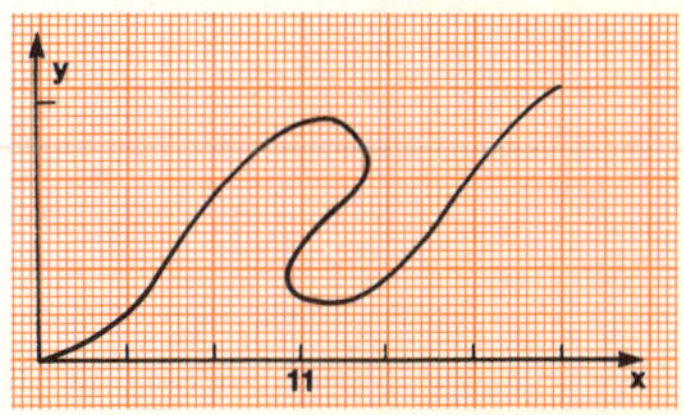

Ein Graph von der hier rechts stehenden Gestalt kann *nicht* die Fahrt eines Triebwagens darstellen. Der Triebwagen müßte ja sonst zum Zeitpunkt 11 Uhr an drei verschiedenen Orten gleichzeitig sein.

Bei den graphischen Fahrplänen wird jedem Zeitpunkt ein Ort, aber auch *nur ein* Ort zugeordnet. Es ist eine Zuordnung zwischen der Menge der Zeitpunkte und der Menge der Orte vorgenommen worden. Man sagt auch: Es besteht eine Funktion zwischen der Menge der Zeitpunkte und der Menge der Orte. Man nennt die Menge der Zeitpunkte die Ausgangsmenge oder **Definitionsmenge** der Funktion, die Menge der Orte die Zielmenge oder die **Wertemenge** der Funktion.

Betrachten Sie nochmals die Beispiele aus den Aufgaben zu 1.1 .

	Definitionsmenge	Wertemenge
1. Aufgabe	Menge der Höhen	Menge der Volumina
2. Aufgabe	Menge der Zeitpunkte	Menge der Längen
3. Aufgabe	Menge der Industriezweige	Menge der Geldwerte

Sie erkennen, daß stets jedem Element der Definitionsmenge *ein* und *nur ein* Element der Wertemenge zugeordnet ist. Es handelt sich also um Funktionen im mathematischen Sinn.

> Eine **Funktion** stellt eine Zuordnung zwischen zwei Mengen, der **Definitionsmenge** und der **Wertemenge** dar. Bei einer Funktion muß **jedem** Element der Definitionsmenge **ein und nur ein** Element der Wertemenge zugeordnet sein.

Wie Sie gesehen haben, läßt sich für eine Funktion eine Wertetabelle und ein Funktionsgraph angeben. Man kann auch ein Pfeildiagramm für eine Funktion zeichnen. Zum Beispiel wird bei dieser Funktion jeder Zahl ihre Quersumme zugeordnet.

Zahl	$\rightarrow$	Quersumme der Zahl
21	$\rightarrow$	$2 + 1 = 3$
17	$\rightarrow$	$1 + 7 = 8$

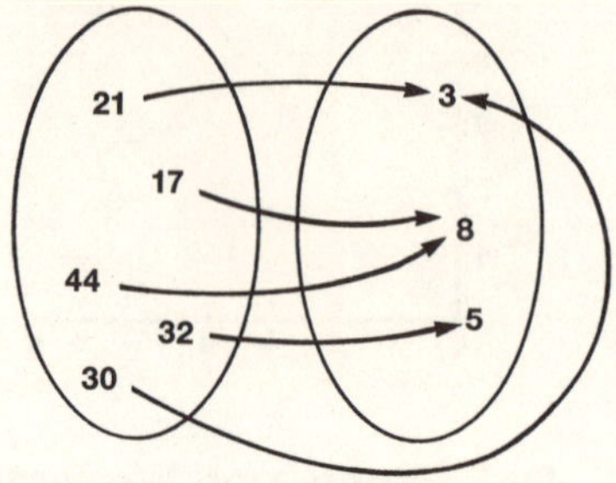

Von jeder Zahl der Definitionsmenge geht genau ein Pfeil aus. Bei einer Zahl der Wertemenge dürfen aber mehrere Pfeile ankommen.

Entscheiden Sie, welche der folgenden Pfeilbilder Funktionen darstellen. → ②

a)

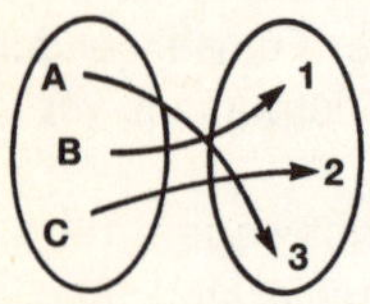

b)

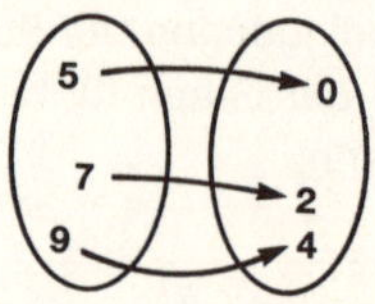

c)

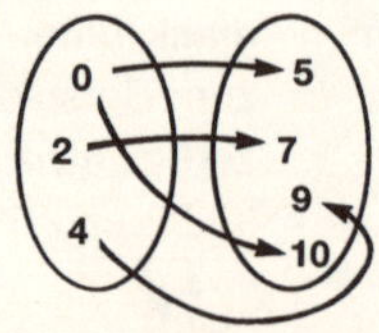

Auch an den Weg-Zeit-Funktionen erkennen Sie, daß es sinnvoll ist, zuzulassen, daß bei einem Element der Wertemenge auch zwei oder mehr Pfeile ankommen. Das Beispiel des Triebwagens zeigt, daß er zu verschiedenen Zeiten an ein- und demselben Ort sein kann.

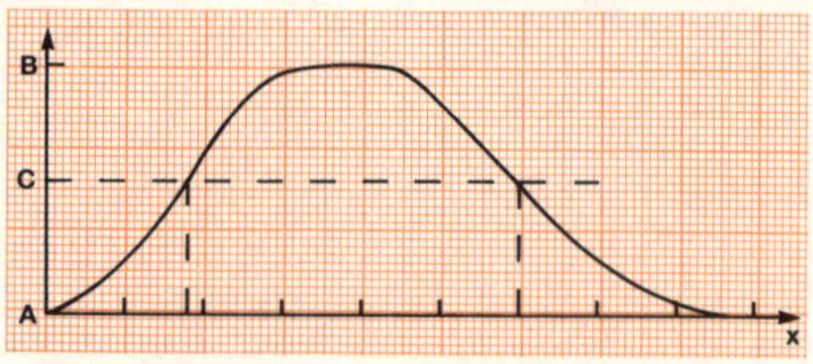

Das nebenstehende Bild zeigt, daß der gezeichnete Graph nicht zu einer Funktion gehören kann. Sie sehen, daß einigen x-Werten mehrere y-Werte zugeordnet sind.

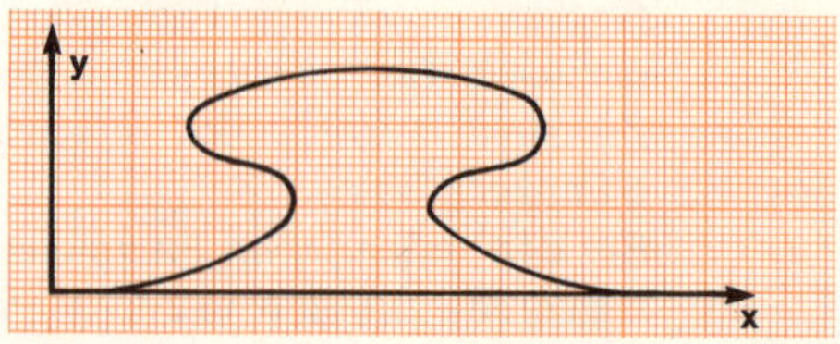

Es läßt sich demnach sowohl am Graphen als auch an den Pfeilbildern ablesen, ob sie eine Funktion darstellen oder nicht. Stellen Sie fest, welche der folgenden Graphen Darstellungen von Funktionen sein können. → ⑥

a)

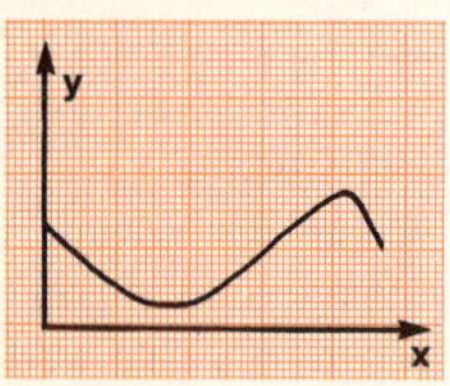

b)

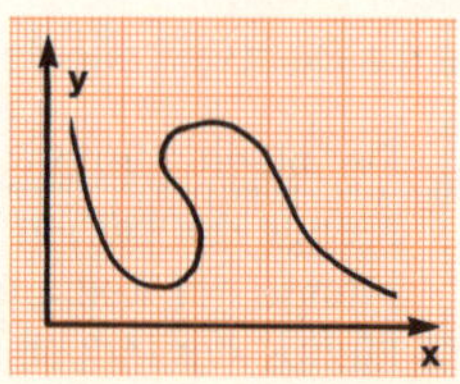

c)

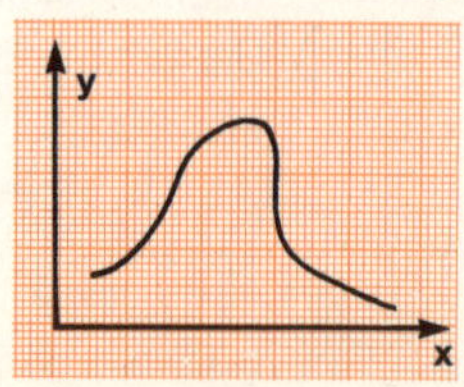

Aufgaben zu 1.4

1. Welche der folgenden Pfeilbilder stellen eine Funktion dar? (Die Definitionsmenge ist mit D, die Wertemenge mit W abgekürzt.)

a) 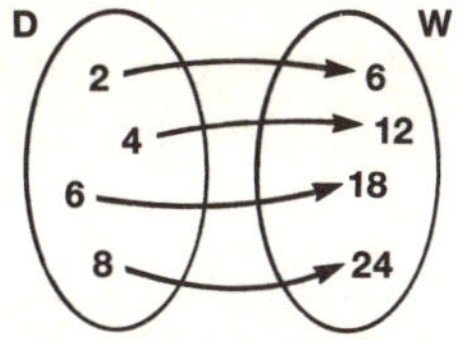

b) 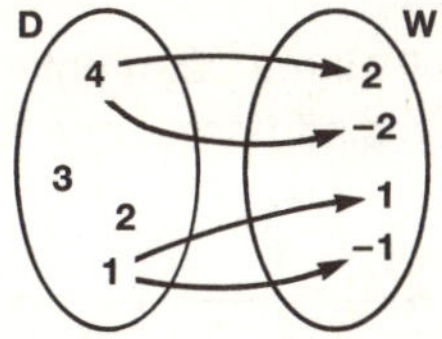

c) 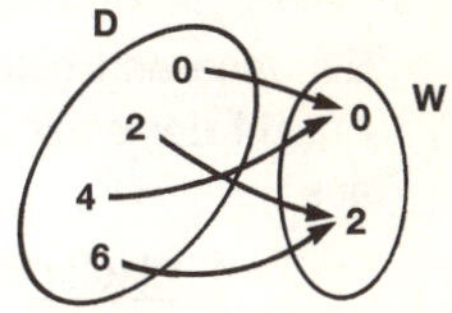

2. Welche der Graphen stellen eine Funktion dar?

a) 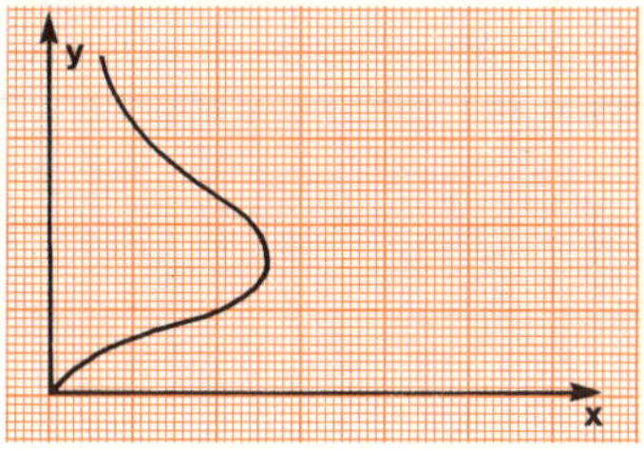

b) 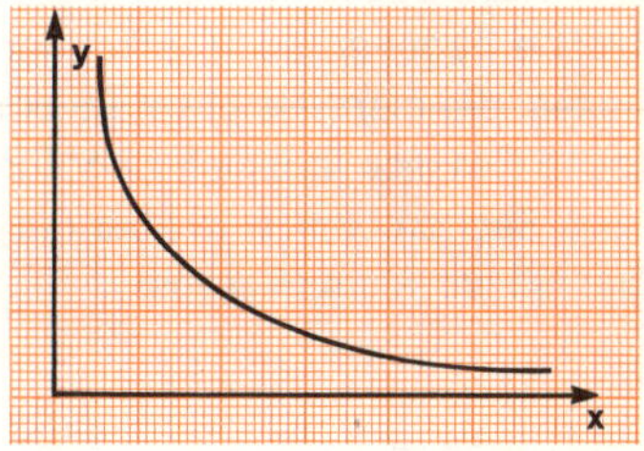

3. Welche der Wertetabellen können zu einer Funktion gehören?

a)

x	y
−2	4
−1	1
0	0
1	1
2	4

b)

x	y
10	2
10	5
15	3
15	5
25	5
35	5
35	7

c)

x	y
−2	2
−1	1
1	1
2	2

4. Welche Zuordnungen sind bei einer Funktion zulässig?
   a) Drei Größen der Definitionsmenge ist dieselbe Größe der Wertemenge zugeordnet.
   b) Drei Größen der Wertemenge ist dieselbe Größe der Definitionsmenge zugeordnet.
   c) Jeder Größe der Definitionsmenge wird dieselbe Größe der Wertemenge zugeordnet.
   d) Zwei Größen der Definitionsmenge wird dieselbe Größe der Wertemenge zugeordnet.

1.5 Einschränkungen einer Funktion

Funktionen, die ein Sachproblem beschreiben, dürfen oft nur auf einen festgelegten Bereich eingeschränkt betrachtet werden, wenn sie dem gegebenen Sachproblem entsprechen sollen. Sie kennen sicher die Aufgabe: „Man soll eine rechteckige Grube von den Kantenlängen 1 m und 2 m und der Tiefe 1 m ausheben. Dafür brauchen 2 Mann 1 Stunde. In welcher Zeit können 20 Mann diese Grube ausheben?". Sicher nicht in 6 Minuten! Bei den Maßen der Grube ist es wohl kaum sinnvoll, mehr als 4 Mann zu beschäftigen. Und mit einem halben Mann kann man auch nicht gut arbeiten. Der Definitionsbereich der zugehörigen Funktion ist daher sinnvollerweise auf die Elemente 1, 2, 3 und 4 einzuschränken. Dann ist natürlich auch der Wertebereich eingeschränkt. Welche Elemente kann er sinnvollerweise enthalten?

→ (3)

Sie sehen schon an diesem Beispiel, daß es sich in diesem Abschnitt nicht um abstrakt mathematische Fragestellungen als vielmehr um pragmatische Fragen handelt. Will man mit Hilfe der Mathematik jedoch praktische Probleme lösen, so muß man solche Überlegungen anstellen, will man nicht riskieren, an den eigentlichen Sachfragen vorbeizugehen.

Ein anderes Beispiel: Es soll eine 3,20 m hohe Treppe gebaut werden. Die Höhe und die Anzahl der einzelnen Stufen sind noch nicht festgelegt. Füllen Sie dazu die Wertetabelle aus.

Höhe der Stufen in cm							
Anzahl der Stufen	2	5	10	15	20	30	50

→ (5)

Wenn Sie bedenken, was die berechneten Höhen der Stufen bedeuten (für den, der die Treppe begehen soll!), erkennen Sie, daß viele der errechneten Ergebnisse sinnlos sind. Stufen, die mehr als etwa 25 cm hoch sind, lassen sich sehr schwer gehen. Die mathematische Funktion läßt sich zwar für alle Zahlen, die größer als Null sind, definieren; das gegebene Sachproblem wird aber nur in dem Definitionsbereich der Größen zwischen etwa 2 cm und 30 cm sinnvoll gelöst.

Aufgaben zu 1.5

1. Für die Getreideernte werden auf einer Fläche 3 Mähdrescher 10 Tage lang benötigt. Fertigen Sie für die zugehörige Funktion eine Wertetabelle und den Graphen an. Nehmen Sie eine sinnvolle Eingrenzung des Definitionsbereichs vor.

2. Geben Sie dem Sachverhalt entsprechende Definitionsbereiche für die Funktionen an.
   a) An einem 800 m langen Spazierweg sollen Bäume in gleichen Abständen gepflanzt werden. Am Anfang des Weges steht kein Baum, wohl aber am Ende. Stellen Sie den Abstand der Bäume in Abhängigkeit von der Anzahl der Bäume dar.
   b) Ein Auto durchfährt eine Versuchsstrecke mit einer Geschwindigkeit von $20\ \frac{m}{s}$ in 15 Sekunden. Stellen Sie die benötigte Fahrzeit in Abhängigkeit von der Geschwindigkeit dar. In welchem Definitionsbereich für die Geschwindigkeiten ist der Zusammenhang zu betrachten?
   c) Zum Abtransport eines Schuttberges brauchen 3 Lastwagen 40 Stunden. Stellen Sie die Anzahl der Lastwagen in Abhängigkeit von der benötigten Zeit dar.

3. Belastet man einen Baumwollfaden, so dehnt er sich aus. Die graphische Darstellung zeigt die Meßergebnisse bei einem Versuch. Bei einer Belastung mit 36 N ist der Faden gerissen. Was ist der Definitionsbereich der hier gezeichneten Funktion?

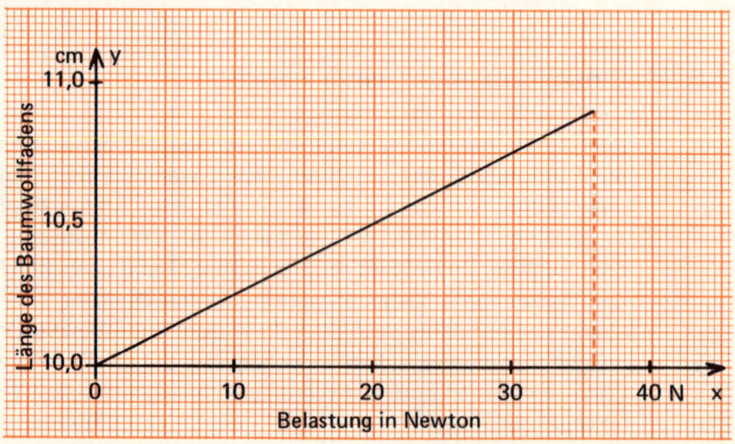

1.6 Koordinatensystem

In den vorhergehenden Abschnitten wurden die Graphen der betrachteten Funktionen auf Millimeterpapier gezeichnet. Der Definitionsbereich wurde auf einer waagrechten Achse, der Wertebereich auf einer lotrechten Achse aufgetragen. Eine solche Darstellungsform für Graphen nennt man ein **Koordinatendiagramm**.

Grundlage für dieses Diagramm sind die zwei Koordinatenachsen, die x-Achse für die Definitionsmenge und die y-Achse für die Wertemenge. Bestehen Definitions- und Wertemenge nur aus positiven Zahlen - wie bei den meisten bisherigen Beispielen - , dann genügt es, von einem Nullpunkt aus die x-Achse nach rechts und die y-Achse nach oben zu zeichnen wie im nebenstehenden Bild.

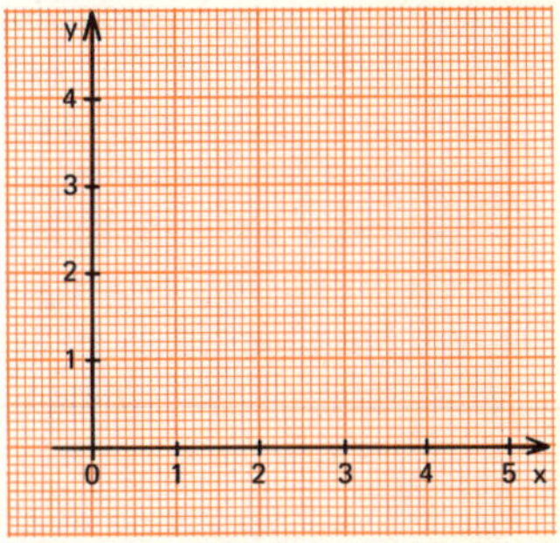

Enthält die Definitionsmenge jedoch auch negative Zahlen, so muß die x-Achse nach links erweitert werden. Zum Beispiel kann die gesamte Zahlengerade als x-Achse verwendet werden. Das Koordinatensystem hat dann die Gestalt wie hier rechts aufgezeichnet. Es enthält zwei Felder.

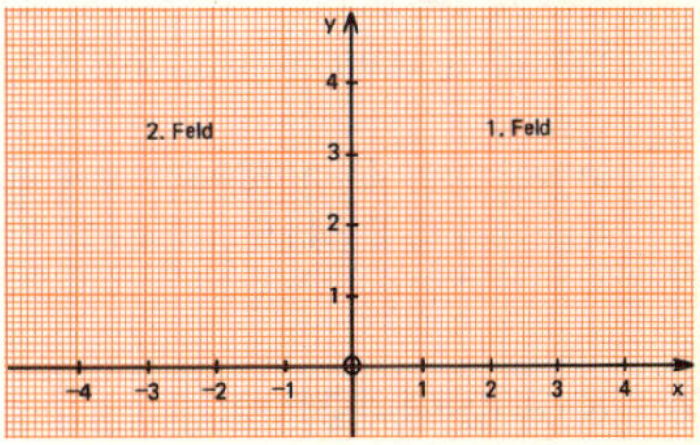

Sind auch in der Wertemenge negative Zahlen vohanden, so ist auch die y-Achse (nach unten) zu erweitern. Man erhält das vollständige **Koordinatensystem** mit den vier Feldern oder Quadranten.

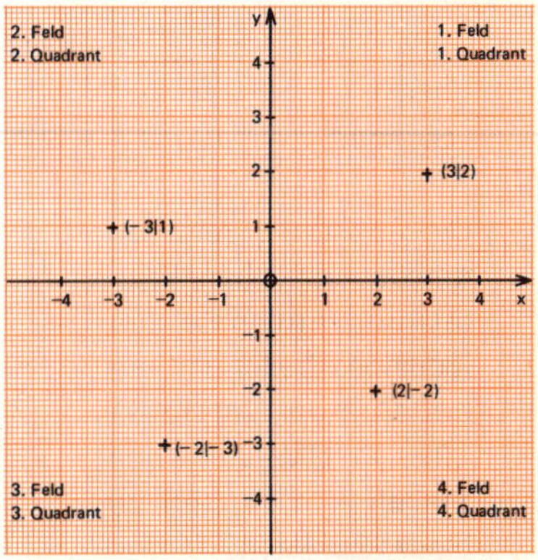

Die **Punkte im 1. Quadranten** haben positive x-Werte und positive y-Werte.
Die **Punkte im 2. Quadranten** haben negative x-Werte und positive y-Werte.
Die **Punkte im 3. Quadranten** haben negative x-Werte und negative y-Werte.
Die **Punkte im 4. Quadranten** haben positive x-Werte und negative y-Werte.
Die **Punkte auf der x-Achse** haben den y-Wert Null.
Die **Punkte auf der y-Achse** haben den x-Wert Null.

Die Zahlenwerte, durch die ein Punkt bestimmt ist, heißen die **Koordinaten des Punktes**.

Da die beiden Achsen im Koordinatensystem senkrecht aufeinander stehen, spricht man auch von einem **rechtwinkligen Koordinatensystem**.

Ein anderes Koordinatensystem haben Sie in der Fernsehsendung kennengelernt, das Koordinatensystem bei einem Fahrtenschreiber, wie er hier abgebildet ist. Das Koordinatendiagramm ist in Kreisform gebracht. Auf dem Kreisbogen sind die Uhrzeiten aufgetragen, auf den radialen Linien die Geschwindigkeiten. Man spricht in diesem Fall von Polarkoordinaten.

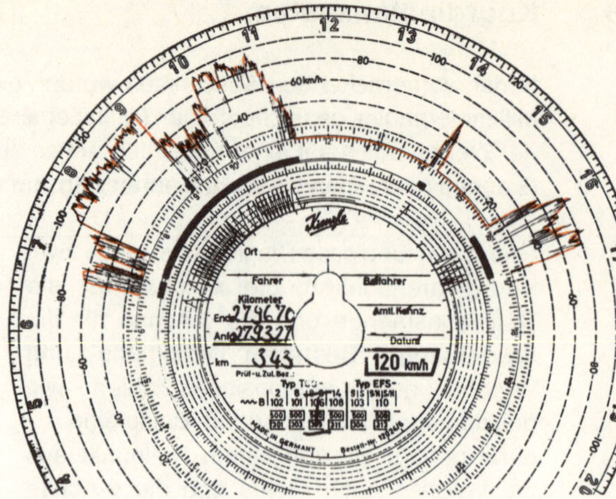

Aufgaben zu 1.6

1. Lesen Sie aus dem Fahrtenschreiberdiagramm ab: Mit welcher Geschwindigkeit fuhr das Fahrzeug um 7.15 Uhr, um 9.30 Uhr, um 10.40 und um 13 Uhr?

2. In welchem Quadranten bzw. auf welcher Achse liegen die folgenden Punkte?
A(–3|4), B(4|5), C(–1|4), D(–3|–3), E(0|–3), F(5|0)

Wiederholungsaufgaben

1. Die Tabelle zeigt die mittleren Lufttemperaturen (in Grad Celsius) in Berlin und in Stuttgart. Zeichnen Sie die zugehörigen Graphen (auf Millimeterpapier).

Ort/Monat	Jan	Feb	März	Apr	Mai	Juni	Juli	Aug	Sept	Okt	Nov	Dez
Berlin	–0,6	0,1	3,5	7,9	13,2	16,2	18,8	16,7	13,5	8,4	3,5	0,7
Stuttgart	1,0	2,4	5,7	9,6	14,3	17,3	19,1	18,3	14,8	9,9	5,2	2,1

2. Die Abbildung zeigt die durchschnittlichen Bruttojahresverdienste der Industriearbeiter und -arbeiterinnen im Jahr 1990 in DM. Zeichnen Sie einen Graphen zu dieser Funktion.

3. Lesen Sie an dem Graphen, der die Belastung eines Elektrizitätswerkes an einem Wintertag zeigt (vgl. Seite 8), ab, zu welchen Zeiten Hochpunkte der Belastung, zu welchen Tiefpunkte der Belastung vorliegen. Zu welcher Zeit besteht das absolute Minimum, das absolute Maximum der Belastung? Welches sind die Nullstellen dieses Graphen?

4. a) Wieviel Kilometer legen die Züge D 503, IC 173 und D 505 jeweils in den ersten 10 Minuten zurück? (vgl. Graphischer Fahrplan auf Seite 13)
   b) Wie groß ist jeweils ihre Geschwindigkeit während dieser Zeit in $\frac{\text{km}}{\text{Std.}}$?

5. Zeichnen Sie den Graphen der durch die folgende Wertetabelle angegebenen Zuordnung.

x	1	2	3	4	5	6	7	8
y	3	4	3	4	3	4	3	4

Kann es sich um eine Funktion handeln?

6. In welchem Quadranten bzw. auf welcher Achse des Koordinatensystems liegen die folgenden Punkte?
   A(–5|–3), B(2|0), C(–1|6), D(0|–3), E(6|–3), F(–2|0)

7. Erläutern Sie den Unterschied zwischen einem rechtwinkligen Koordinatensystem und einem kreisförmigen (vgl. Fahrtenschreiber).

2. Funktionsterme

Vor der Sendung

Bisher wurden Funktionen durch Graphen oder durch Wertetabellen dargestellt. Aus der Wertetabelle konnte man den Graphen entwickeln, indem man jedes Wertepaar in einem Koordinatensystem als Punkt eintrug und die Punkte durch eine Linie miteinander verband. Umgekehrt konnte man auf dem Graphen Punkte wählen und das zugehörige Wertepaar in eine Wertetabelle eintragen. Dieses Verfahren ist ziemlich zeitraubend. Für viele Zwecke wäre es einfacher, eine Beschreibung der Funktion zur Verfügung zu haben, die die Wertepaare der Funktion rechnerisch zu ermitteln gestattete, also eine Rechenvorschrift. In diesem Fall ließen sich auch Computer zur Zeichnung der Graphen verwenden. Hat man jeweils die entsprechende Rechenvorschrift zur Verfügung, dann eignet sich ein Computer zum Beispiel für die Erstellung graphischer Fahrpläne, aber auch für viele andere praktische Vorgänge.
Die Fernsehsendung zeigt Ihnen, wie solche Rechenvorschriften, nämlich die Funktionsterme, in verschiedenen Anwendungen benutzt werden.

Übersicht

1. In der vorhergehenden Lektion wurden Funktionen durch ihre Graphen dargestellt. Sie lassen sich aber auch in einer für die Berechnung geeigneten Form darstellen, nämlich durch **Funktionsterme**. Funktionsterme sind algebraische Ausdrücke in einer Variablen, mit deren Hilfe man aus jedem Wert der Definitionsmenge den zugehörigen Wert aus der Wertemenge bestimmen kann.

2. Die Zuordnung zwischen einem x-Wert aus der Definitionsmenge und einem Wert der Wertemenge kann man mit dem Funktionsterm kurz so schreiben: **x → Funktionsterm**. Diese Schreibweise macht die Zuordnung besonders deutlich. Schreibt man für den Wert aus der Wertemenge die Variable y, so erhält man durch Gleichsetzen von y und dem Funktionsterm die **Funktionsgleichung**: y = Funktionsterm. Die Funktionsgleichung ist oft zum praktischen Berechnen nützlich. Ob ein Wertepaar zu der Funktion gehört und damit der zugehörige Punkt auf dem Funktionsgraphen liegt, läßt sich durch Einsetzen der Koordinaten in die Funktionsgleichung rechnerisch prüfen. Man spricht von der **Punktprobe**.

3. Die Stellen einer Funktion, an denen diese den Wert 0 annimmt, heißen Nullstellen. Der zugehörige Funktionsgraph schneidet hier die x-Achse. Die **Nullstellen** lassen sich mit Hilfe der Funktionsgleichung berechnen, indem man $y = 0$ setzt und die entstehende Gleichung löst.

4. Bei einer Weg-Zeit-Funktion gehören die negativen Zahlen nicht zur Definitionsmenge, da die Zeit nicht „rückwärts" läuft. So wird bei Anwendungsproblemen häufig durch den Sachverhalt der Definitionsbereich der (den Sachverhalt beschreibenden) Funktion eingeschränkt. Zu einer durch Meßwerte vorgegebenen Funktion findet man oft keinen Funktionsterm, der die Funktion in ihrem gesamten Definitionsbereich beschreibt. Dann muß man für die einzelnen Abschnitte der Funktion je gesonderte Funktionsterme aufstellen. Man spricht von einer **abschnittweise definierten Funktion**.

2.1 Rechnen mit Funktionstermen

- Rechenvorschrift

In der ersten Lektion haben Sie Sachverhalte, in denen Größen einander zugeordnet wurden, durch Wertetabellen und Graphen beschrieben. Beispiele dafür waren etwa die graphischen Fahrpläne, wie sie von den Bahnverwaltungen verwendet werden.

Ein Zug fährt mit der Geschwindigkeit 80 $\frac{km}{Std.}$ die Strecke von A nach B, die 200 km lang ist. Nach 1 Stunde hat er 80 km zurückgelegt, nach 2 Stunden 160 km und nach $2\frac{1}{2}$ Stunden ist er in B angekommen. Sie wissen auch, daß der Graph bei größerer Geschwindigkeit des Zuges steiler wird, bei kleinerer Geschwindigkeit flacher.

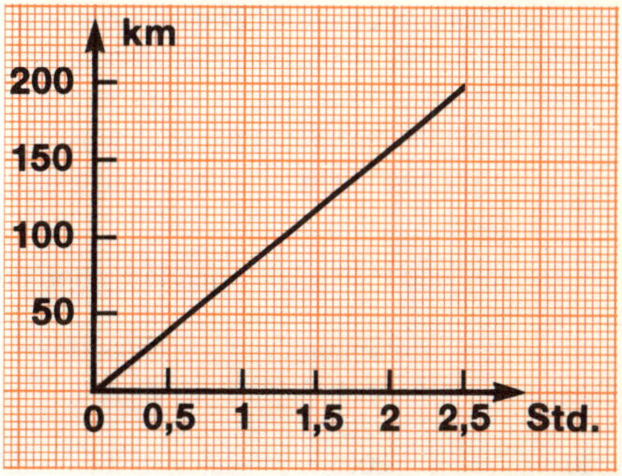

In der Mathematik möchte man den Zusammenhang, der hier zwischen benötigter Zeit und zurückgelegtem Weg besteht, auch rechnerisch erfassen. Eine Rechenvorschrift, die zu jedem Wert auf der x-Achse den zugehörigen Wert auf der y-Achse zuordnet, braucht man auch dann, wenn man etwa - wie dies heute allgemein üblich ist - Graphen zum Beispiel für graphische Fahrpläne mit dem Computer zeichnen möchte.

Man fragt also nach einer Rechenvorschrift, mit der die Funktion beschrieben werden kann. (Eine Rechenvorschrift ist eine spezielle Art der Funktionsbeschreibung.) Eine solche Rechenvorschrift nennt man einen **Funktionsterm**.

Welcher Funktionsterm beschreibt nun den Graphen des oben angegebenen Zuges?

Nach einer halben Stunde hat der Zug, der mit der Geschwindigkeit 80 $\frac{km}{Std.}$ fährt, 40 km zurückgelegt, nach einer Stunde hat er dann 80 km zurückgelegt, nach $1\frac{1}{2}$ Stunden 120 km usf. Welche Strecke hat der Zug nach 2 Std., nach 3.Std. zurückgelegt? → ①

Weg [km]		Geschwindigkeit [$\frac{km}{Std.}$]		Zeit [Std.]
40	=	80	·	$\frac{1}{2}$
80	=	80	·	1
120	=	80	·	$1\frac{1}{2}$
160	=	80	·	2
...		...		...
y	=	80	·	x

Nach x Stunden beträgt der zurückgelegte Weg y **80 · x** km.

80 · x ist also der gesuchte Funktionsterm.

In einem zweiten Beispiel wird nochmals ein Funktionsterm zu einem vorgegebenen Sachverhalt und seinem Graphen gesucht.

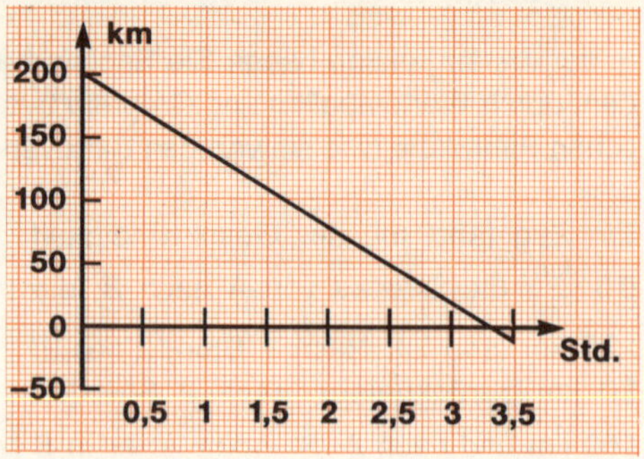

Nehmen Sie an, ein Zug soll jetzt von B nach A fahren. Er fährt mit einer Geschwindigkeit von 60 $\frac{km}{Std.}$. Da B 200 km von A entfernt ist, ist dieser Zug also zur Zeit 0 an der Stelle 200 km. Nach einer halben Stunde ist der Zug 30 km gefahren, befindet sich demnach jetzt am Ort 170 km, nach einer Stunde am Ort 140 km usf.

Die Berechnung muß jetzt folgendermaßen durchgeführt werden:

Ort [km]		Entfernung von A nach B [km]		Geschwindigkeit [$\frac{km}{Std.}$]		Zeit [Std.]
200	=	200	–	60	·	0
170	=	200	–	60	·	$\frac{1}{2}$
140	=	200	–	60	·	1
...						
y	=	200	–	60	·	x

Der Funktionsterm für diese Funktion lautet also **200 – 60 · x**.

Hier noch ein Beispiel, das Sie aus der Fernsehsendung kennen: Zwei Züge fahren einander entgegen. Die Fahrt des Zuges I wird durch den Funktionsterm 80·x, die des Zuges II durch den Term 200 – 60·x beschrieben. Auf einem Stück eingleisiger Strecke zwischen Kilometer 100 und Kilometer 150 (im Graphen durch Rotraster gekennzeichnet) dürfen Sie sich nicht begegnen. Man muß daher zum Beispiel den Zug I langsamer fahren lassen, daß die Züge sich noch auf einem zweigleisigen Streckenabschnitt begegnen. Die langsamere Fahrt wird durch einen Funktionsterm beschrieben, bei dem der Zahlenwert für die Geschwindigkeit, also der Wert der Steigung des Graphen kleiner ist, etwa statt 80 jetzt 50 (Zug I b). Mit dem Funktionsterm 50·x berechnet man eine neue Wertetabelle und zeichnet den Graphen. Mit Hilfe eines Computers ist das sehr bequem durchzuführen. Die folgenden Werte und Zeichnungen wurden so bestimmt:

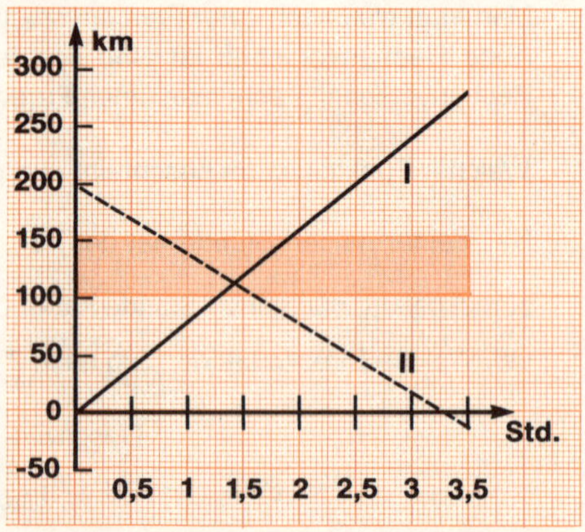

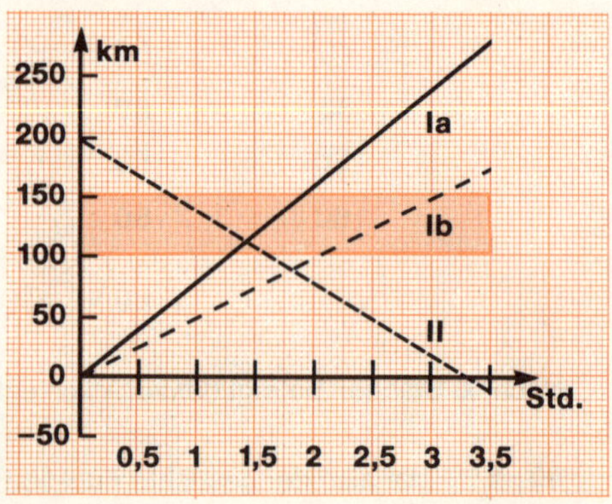

Zeit	0	0,5	1	1,5	2	2,5	3	3,5
Zug I a	0	40	80	120	160	200	240	280
Zug I I	200	170	140	110	80	50	20	–10
Zug I b	0	25	50	75	100	125	150	175

Der Funktionsterm hat natürlich nicht immer dieselbe Form. Betrachten Sie folgendes Beispiel: Ein Heizölvorrat reicht 6 Monate, wenn die Ölheizung täglich 10 Stunden in Betrieb ist. Ist sie täglich nur 5 Stunden in Betrieb, reicht der Ölvorrat doppelt so lange, bei 20 Stunden Betriebszeit täglich nur halb so lang. Wie lange reicht der Vorrat, wenn die Betriebszeit 6 Stunden (12 Stunden, 15 Stunden, 4 Stunden) täglich ist? → (4)

2

Die angegebene Zuordnung bedeutet:

$\frac{\text{Stunden}}{\text{Tag}}$	Monate
6	10
10	6
12	5
15	4

y	=	60	:	x
10	=	60	:	6
6	=	60	:	10
5	=	60	:	12
4	=	60	:	15

Der Funktionsterm ist demnach **60 : x** oder $\frac{60}{x}$

Aufgaben zu 2.1

1. Bestimmen Sie die Funktionsterme für die Funktionen, die durch folgende Sachverhalte gegeben sind.
   a) Die Zuordnung zwischen Benzinmenge und Kosten bei einem Preis von 1,43 $\frac{\text{DM}}{\text{l}}$.
   b) Die Zuordnung zwischen der gefahrenen Wegstrecke und dem Kraftstoffverbrauch bei einem Durchschnittsverbrauch von 5,8 $\frac{\text{l}}{100\text{ km}}$.
   c) Die Zuordnung zwischen Bürofläche und Monatsmiete bei einem Mietpreis von 16 $\frac{\text{DM}}{\text{m}^2}$.
   d) Die Zuordnung zwischen der Grundfläche eines Raumes und der Anzahl der benötigten Teppichfliesen, wenn man 16 Fliesen pro m^2 benötigt.

2. Berechnen Sie mit Hilfe der folgenden Funktionsterme jeweils eine Wertetabelle und zeichnen Sie den zugehörigen Funktionsgraphen. (Definitionsbereich jeweils von – 5 bis + 5).
   a) $3x + 2$ b) $4 - 2x$ c) $20 - 60 : x$ d) $0{,}5x - 1$

3. Der Funktionsterm zu einer Funktion sei $0{,}5\,x + 2$. Zeichnen Sie den zugehörigen Graphen in ein Koordinatensystem. Verändern Sie die Vorzahl von x so, daß der Graph durch den Punkt (2 I 4) geht. Ist der Graph jetzt steiler oder flacher? Wie ist es, wenn der Graph durch den Punkt (4 I 3) gehen soll?

2.2 Funktionsgleichungen und Punktprobe

Funktionen können einen wesentlich komplizierteren Zusammenhang darstellen als dies in den Beispielen des Abschnitts 2.1 der Fall war. So könnte etwa ein Unternehmer festgestellt haben, daß sich die Kosten für die Produktion seines Produktes errechnen lassen als

$$K(x) = ((0{,}05x - 0{,}25)\,x + 1{,}6)\,x + 0{,}6$$

Dabei steht x für die Anzahl der Tonnen des Produktes, K(x) für die Kosten in Tausend DM. Um sich einen Überblick über die Kosten zu verschaffen, kann man daraus wieder eine Wertetabelle errechnen und den zugehörigen Graph zeichnen.

x	K(x)
0	0,6
1	2
2	3,2
3	4,5
4	6,2
5	8,6
6	12
7	16,7
8	23
9	31,2

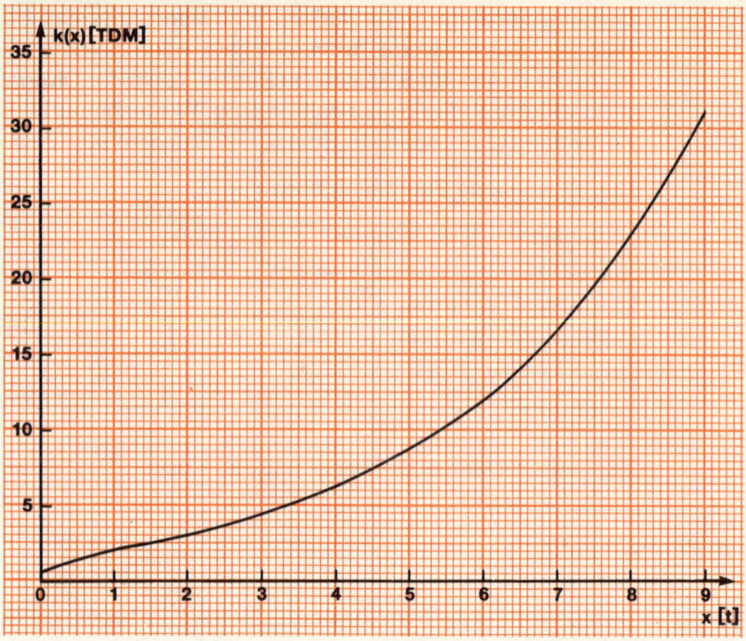

An der Wertetabelle und am Graphen erkennen Sie, daß der Zusammenhang zwischen produzierter Menge und Kosten nicht so einfach ist, daß bei doppelter Menge auch die doppelten Kosten entstehen. 1 t verursacht Kosten von 2000 DM, 2 t aber Kosten von 3200 DM und 5 t schließlich Kosten von 8600 DM. Die zugehörigen Punkte (1 | 2), (2 | 3,2) und (5 | 8,6) liegen nicht auf einer Geraden. Der Anstieg der Kosten ist also von Punkt zu Punkt unterschiedlich. Der gezeichnete Graph hat von Punkt zu Punkt eine unterschiedliche **Steigung**. Lesen Sie die Steigung des Kostengraphen für $x = 2$, $x = 3$ und $x = 5$ an der Zeichnung ab. → ⑦

$K(x) = ((0{,}05x - 0{,}25)\,x + 1{,}6)\,x + 0{,}6$ stellt eine Gleichung dar. Auf der rechten Seite dieser Gleichung steht ein Funktionsterm, auf der linken Seite eine Variable für den Funktionswert. Eine solche Gleichung, die den funktionalen Zusammenhang beschreibt, nennt man **Funktionsgleichung**.

Den Funktionsterm (auf der rechten Seite der Funktionsgleichung) kann man umrechnen, indem man die Klammern auflöst:

$$((0{,}05x - 0{,}25)\,x + 1{,}6)\,x + 0{,}6 =$$
$$(0{,}05x^2 - 0{,}25x + 1{,}6)\,x + 0{,}6 =$$
$$0{,}05x^3 - 0{,}25x^2 + 1{,}6x + 0{,}6$$

Will man daraus eine Wertetabelle errechnen, muß man darauf achten, daß zuerst die Werte für x^3 und x^2 berechnet werden, dann die Produkte und schließlich die Summen bzw. Differenzen. Bitte rechnen Sie mit diesem Term die Kosten für 1 t, 2 t und 3 t aus. → ②

Zu jedem Funktionsterm läßt sich eine Funktionsgleichung aufstellen.

Zum Funktionsterm	gehört die Funktionsgleichung
$2x + 5$	$y = 2x + 5$
$200 - 60x$	$y = 200 - 60x$
$60 : x$	$y = 60 : x$
$(0{,}05x - 0{,}25)\,x + 1{,}6$	$y = (0{,}05x - 0{,}25)\,x + 1{,}6$

Welche Funktionsgleichung gehört zum Funktionsterm $3 : x - 5 \cdot (10 - 2x)$? → ⑧

Wenn der Funktionsterm zum Beispiel **200 – 60 x** heißt, dann lautet die zugehörige Funktionsgleichung **y = 200 – 60 x** und drückt damit die Abhängigkeit von der Variablen x aus. Eine andere Schreibweise, die die Zuordnung besonders hervorhebt, ist **x → 200 – 60 x** , die **Zuordnungsvorschrift**.

2

Sie sehen: Es gibt einige voneinander verschiedene Schreibweisen für Funktionen. Hier ist eine Zusammenstellung davon.

Funktionsterm	**Zuordnungsvorschrift**	**Funktionsgleichung**
Beispiele: $3x - 5$ $x^3 - 4x^2 + 3x - 1$ $x + \frac{60}{x} - 10$	 $x \to 3x - 5$ $x \to x^3 - 4x^2 + 3x - 1$ $x \to x + \frac{60}{x} - 10$	 $y = 3x - 5$ $y = x^3 - 4x^2 + 3x - 1$ $y = x + \frac{60}{x} - 10$
Allgemein: $f(x)$	$x \to f(x)$	$y = f(x)$

Da der Funktionsterm von der Variablen x abhängig ist (man sagt: eine Funktion von x ist) schreibt man ihn in allgemeiner Form als f(x) (gesprochen „f von x").

Wie Sie sehen, benutzt man verschiedene Schreibweisen für Funktionen. Der Funktionsterm gibt die Rechenvorschrift zur Berechnung der Funktionswerte aus den Werten des Definitionsbereichs an. Die Zuordnungsvorschrift macht die Zuordnung zwischen einem Wert des Definitionsbereichs x und dem zugeordneten Funktionswert besonders deutlich. Die Funktionsgleichung ist vielfach zur Berechnung praktisch, wie der folgende Absatz zeigt.

Aus der Funktionsgleichung läßt sich stets die Wertetabelle errechnen: Man setzt für die Variable x Werte aus dem Definitionsbereich der Funktion ein und berechnet die jeweiligen Funktionswerte y , man bestimmt also die Paare (x | y) der Wertetabelle bzw. die Punkte des Graphen, die durch (x | y) gegeben sind. Dies wurde oben mehrfach ausgeführt.
Umgekehrt kann man für Paare (x | y) mit Hilfe der Funktionsgleichung nachprüfen, ob sie Wertepaare der gegebenen Funktion sind.
Zum Beispiel: Sind die Paare (1 | 140) , (2 | 60) , (3 | 20) Wertepaare, die zu der Funktion $y = 220 - 80x$ gehören?

Eingesetzt in	$y = 220 - 80 \cdot x$	ergibt sich	
für (1 | 140)	$140 = 220 - 80 \cdot 1$	$140 = 140$	wahr,
für (2 | 60)	$60 = 220 - 80 \cdot 2$	$60 = 60$	wahr,
für (3 | 20)	$20 = 220 - 80 \cdot 3$	$20 = -20$	falsch.

Die beiden ersten Paare gehören also zu der Funktion, das dritte Paar nicht. Das bedeutet: Die beiden ersten Punkte liegen auf dem Graphen der Funktion, der dritte Punkt nicht. Prüfen Sie dies nach, indem Sie den Graphen der Funktion und die drei Punkte zeichnen. → (5)

Das an diesem Beispiel gezeigte Verfahren nennt man die **Punktprobe**, weil man ausprobiert, ob ein Punkt auf dem Funktionsgraphen liegt.
Man kann die Punktprobe auch so durchführen: Liegt (2 | 60) auf dem Graphen von $y = 220 - 80x$? Man berechnet $220 - 80 \cdot (+2) = 220 - 160 = 60$. Da das Ergebnis 60 der y-Wert von (2 | 60) ist, ist die Antwort „ja".

Aufgaben zu 2.2

1. Bestimmen Sie die Funktionsgleichungen für die Funktionen aus Aufgabe 1 der Aufgaben zu 2.1 in der Schreibweise y = Funktionsterm . Geben Sie auch die Zuordnungsvorschrift x → Funktionsterm an.

2. Liegen die angegebenen Punkte auf dem Graphen der Funktion?

						Funktionsgleichung
a)	(2|1)	(3|4)	(−1|−5)	(2|−1)	(5|−7)	$y = 2x - 3$
b)	(2|1)	(2|9)	(10|5)	(−2|9)	(−2|11)	$y = 10 - 0{,}5x$
c)	(2|1)	(1|1)	(1|2)	(−1|2)	(−1|0)	$y = x^2 + x$
d)	(5|0)	(5|2)	(2|−4)	(4|2)	(10|52)	$y = (x-5)x + 2$
e)	(1|20)	(−1|22)	(−2|24)	(5|40)	(0|0)	$y = 20 - x + x^2$

2.3 Nullstellenbestimmung

Betrachten Sie nochmals die Kostenfunktion aus dem vorhergehenden Abschnitt:

$$K(x) = ((0{,}05x - 0{,}25)\,x + 1{,}6)\,x + 0{,}6$$

oder $$K(x) = 0{,}05x^3 - 0{,}25x^2 + 1{,}6x + 0{,}6$$

Der Produzent verkauft seine Ware; er hat also nicht nur Kosten, sondern auch Einnahmen (seinen Umsatz). Nimmt man an, daß er sein Produkt für 2000 DM pro Tonne verkaufen kann, dann ist seine Umsatzfunktion durch die Funktionsgleichung $U(x) = 2x$ gegeben, wenn man auch den Umsatz (wie vorher bereits die Kosten) in TDM (Tausend DM) angibt. Wie groß ist der Umsatz, wenn 3 t bzw. 6 t des Produkts verkauft wurden? → (3)

Sein Gewinn G(x) errechnet sich als Differenz von Umsatz U(x) und Kosten K(x).

$$G(x) = U(x) - K(x)$$
$$G(x) = 2x - (0{,}05x^3 - 0{,}25x^2 + 1{,}6x + 0{,}6)$$
$$G(x) = -0{,}05x^3 + 0{,}25x^2 + 0{,}4x - 0{,}6$$

Hier finden Sie die Graphen für **K(x)**, **U(x)** und **G(x)**

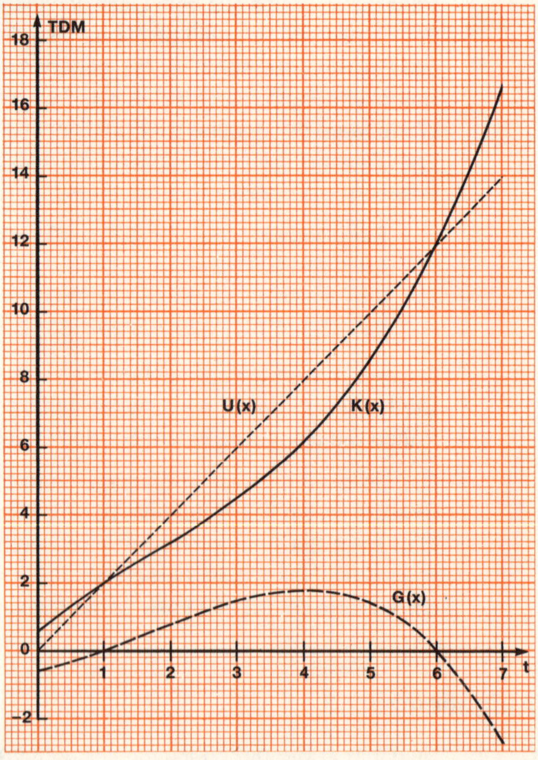

Wird nur wenig produziert (und verkauft), so liegen die Kosten über dem Umsatz, das heißt es entsteht kein Gewinn, sondern ein Verlust: Der Graph der Gewinnfunktion liegt im negativen Bereich. Bei einer Tonne Produktion sind Kosten und Umsatz gleich hoch, der Gewinn ist Null. Anschließend steigt der Gewinn, bis er bei etwa 4 Tonnen Produktion sein Maximum erreicht, dann fällt der Gewinn wieder. Bei 6 Tonnen Produktion wird der Gewinn wieder Null. Die Nullstellen der Gewinnfunktion liegen also bei 1 und 6. Das läßt sich durch Ausrechnen nachprüfen, wenn man in der Gewinnfunktion für x den Wert 1 bzw. 6 einsetzt:

$$G(+1) = -0{,}05 \cdot (+1)^3 + 0{,}25 \cdot (+1)^2 + 0{,}4 \cdot (+1) - 0{,}6$$
$$G(+1) = -0{,}05 \cdot 1 + 0{,}25 \cdot 1 + 0{,}4 \cdot 1 - 0{,}6$$
$$G(+1) = -0{,}05 + 0{,}25 + 0{,}4 - 0{,}6$$
$$G(+1) = 0$$

bzw.

$$G(+6) = -0{,}05 \cdot (+6)^3 + 0{,}25 \cdot (+6)^2 + 0{,}4 \cdot (+6) - 0{,}6$$
$$G(+6) = -0{,}05 \cdot 216 + 0{,}25 \cdot 36 + 0{,}4 \cdot 6 - 0{,}6$$
$$G(+6) = -10{,}8 + 9 + 2{,}4 - 0{,}6$$
$$G(+6) = 0$$

Kann man diese Nullstellen auch mit der Funktionsgleichung berechnen? Bei einer Nullstelle ist der Funktionswert Null. Also gilt für die Funktion

$$G(x) = -0{,}05x^3 + 0{,}25x^2 + 0{,}4x - 0{,}6$$
$$0 = -0{,}05x^3 + 0{,}25x^2 + 0{,}4x - 0{,}6$$

Die Lösungen dieser Gleichung stellen die Nullstellen der Funktion dar. Dies ist eine Gleichung dritten Grades, deren Auflösung nicht ganz einfach ist. Wenn die Gewinnfunktion in einer anderen Form gegeben ist, nämlich als Produkt, lassen sich die Nullstellen direkt ablesen. Die Funktion

$$G(x) = -0{,}05x^3 + 0{,}25x^2 + 0{,}4x - 0{,}6 \qquad \text{und}$$
$$G_2(x) = -0{,}05 \cdot (x-1) \cdot (x-6) \cdot (x+2)$$

stellen die gleiche Funktion dar, wie man durch Ausrechnen (Ausmultiplizieren der Klammern) sofort sieht:

$$G_2(x) = -0{,}05 \cdot (x-1) \cdot (x^2 - 4x - 12)$$
$$G_2(x) = -0{,}05 \cdot (x^3 - 5x^2 - 8x + 12)$$
$$G_2(x) = -0{,}05x^3 + 0{,}25x^2 + 0{,}4x - 0{,}6$$

An der Funktionsgleichung in der Gestalt

$$G_2(x) = -0{,}05 \cdot (x-1) \cdot (x-6) \cdot (x+2)$$

kann man die Nullstellen direkt ablesen. Es muß ja für die Nullstellen gelten

$$0 = -0{,}05 \cdot (x-1) \cdot (x-6) \cdot (x+2).$$

Für $x = 1$, für $x = 6$ und für $x = -2$ wird jeweils ein Faktor Null:

für $x = 1$

$$f(+1) = -0{,}05 \cdot (1-1) \cdot (1-6) \cdot (1+2)$$
$$f(+1) = -0{,}05 \cdot 0 \cdot (1-6) \cdot (1+2) = 0$$

für $x = 6$

$$f(+6) = -0{,}05 \cdot (6-1) \cdot (6-6) \cdot (6+2)$$
$$f(+6) = -0{,}05 \cdot (6-1) \cdot 0 \cdot (6+2) = 0$$

für $x = -2$

$$f(-2) = -0{,}05 \cdot (-2-1) \cdot (-2-6) \cdot (-2+2)$$
$$f(-2) = -0{,}05 \cdot (-2-1) \cdot (-2-6) \cdot 0 = 0$$

Die Nullstellen einer Funktion werden also durch die x-Werte angegeben, für die der Funktionswert 0 ist. Man sagt: An den Stellen $x_1 = 1$, $x_2 = 6$ und $x_3 = -2$ hat die Funktion $f(x) = -0{,}05 \cdot (x-1) \cdot (x-6) \cdot (x+2)$ Nullstellen.

Häufig gibt man die Nullstellen einer Funktion durch die Punkte mit der y-Koordinate 0 an, die auf dem Graphen der Funktion liegen. Dies sind hier die Punkte $N_1(1 \mid 0)$, $N_2(6 \mid 0)$ und $N_3(-2 \mid 0)$.

Für einfachere Funktionsgleichungen lassen sich die Nullstellen oft leicht bestimmen. Zum Beispiel:

Funktionsgleichung	Gleichung zur Nullstellenbestimmung	Nullstellen bei	Nullstellen (Punkte)
$y = 3x - 12$	$3x - 12 = 0$	$x = 4$	N (4 I 0)
$y = 200 - 80x$	$200 - 80x = 0$	$x = 2{,}5$	N (2,5 I 0)
$y = x + 10$	$x + 10 = 0$	$x = -10$	N (–10 I 0)
$y = 60 : x$	$60 : x = 0$	keine Nullstelle	keine Nullstelle

Die Funktion im letzten Beispiel hat keine Nullstelle, weil es keine Zahl gibt, durch die man 60 teilen könnte, so daß das Ergebnis 0 ist.

Aufgaben zu 2.3

1. Bestimmen Sie die Nullstellen der angegebenen Funktionen.

	Funktionsgleichung	Gleichung	Nullstellen bei
a)	$y = 4x - 16$		
b)	$y = 240 - 80x$		
c)	$y = 2x + 18$		
d)	$y = 1 : x$		

2. Bestimmen Sie die Nullstellen der angegebenen Funktionen.

	Funktionsgleichung	Gleichung	Nullstellen bei
a)	$f(x) = (x - 2)(x - 5)(x + 3)$		
b)	$f(x) = 5(x - 4)(x + 1)$		
c)	$f(x) = x(2x - 8)$		
d)	$f(x) = x(x - 1) : (x - 2)$		

3. Prüfen Sie die Ergebnisse aus Aufgabe 2 nach, indem Sie für jede Nullstelle a jeweils f(a) berechnen.

2.4 Abschnittweise definierte Funktionen

Die Einkommensteuer bemißt sich nach dem zu versteuernden Einkommen. Im Einkommensteuergesetz wird sie durch - je nach Höhe des Einkommens - unterschiedliche Funktionsterme beschrieben. Die Steuerfunktion wird also nicht durch einen einheitlichen Funktionsterm angegeben, sie wird vielmehr abschnittweise definiert:

Jahreseinkommen	Funktionsterm
von 0 DM bis 5616 DM	0
von 5 617 DM bis 8 153 DM	$0{,}19x - 1067$
von 8 254 DM bis 120 041 DM	$1{,}5194 \cdot 10^{-6} \cdot x^2 + 0{,}16538x - 967{,}31$
von 120 042 DM an	$0{,}53x - 22842$

Der Graph einer solchen Funktion muß abschnittweise gezeichnet werden, worauf aber hier verzichtet wird.

In Anwendungen sind Funktionen häufig abschnittweise definiert. Ein einfaches Beispiel dafür sind die Postgebühren für Briefe (im Inland), die Sie bereits aus Abschnitt 1.2 kennen.

Briefsendungen im Inland

Gewicht der Briefsendung	Gebühr
bis 50 g	1,70 DM
über 50 g bis 100 g	2,40 DM
über 100 g bis 250 g	3,20 DM
über 250 g bis 500 g	4,00 DM
über 500 g bis 1000 g	4,80 DM

Bei der Briefgebühr handelt es sich um eine stückweise konstante Funktion.

Graph der Funktion

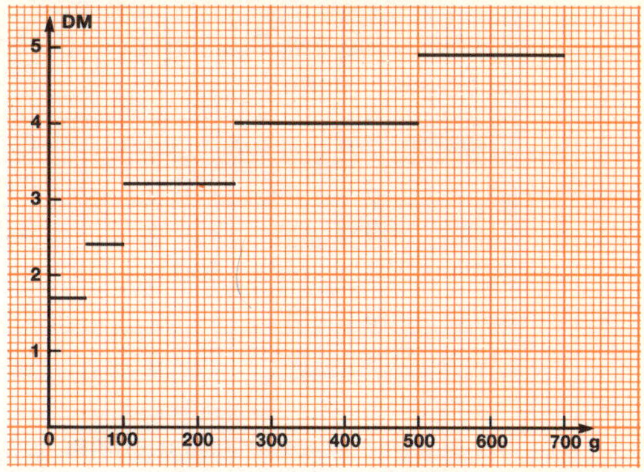

Auch die Tarife der Deutschen Bahn AG (Tarifstand: 01.01.1994) sind nicht durch einen einheitlichen Funktionsterm beschrieben. Der Normaltarif ist zwar $0{,}24\,\frac{\text{DM}}{\text{km}}$; wenn man aber die Sonderpreise, zum Beispiel den Super-Spar-Preis, mit berücksichtigt, gilt für Rückfahrkarten ab 356 km der feste Preis von 170 DM.

Unter diesen Voraussetzungen lautet die Funktionsgleichung für die Kosten von Rückfahrkarten

$$f(x) = \begin{cases} 0{,}48 \cdot x & \text{für } 0 \le x < 356 \\ 170 & \text{für } x \ge 356 \end{cases}$$

Der Graph mit zwei Abschnitten ist hier rechts gezeichnet.

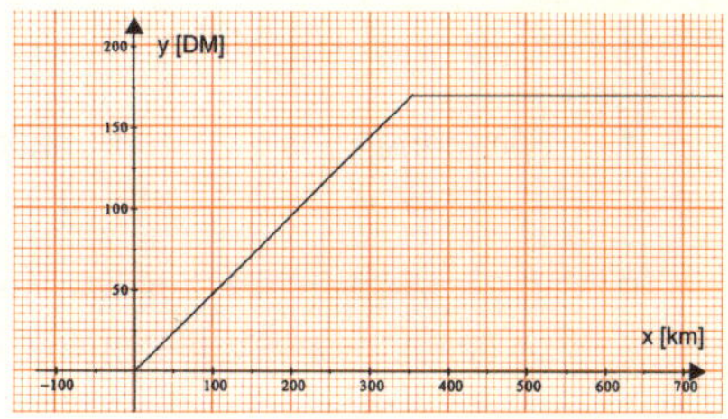

Die Mengenrabatte, die man bei größeren Abnahmen von Waren erhält, bieten ebenfalls ein Beispiel für abschnittweise definierte Funktionen. Zahlt man etwa für Heizöl einen Literpreis von 0,80 DM und erhält ab 2000 l einen Mengenrabatt von 10%, so ist die zugehörige Funktion in den beiden Abschnitten von 0 l bis 1999 l und ab 2000 l definiert. Füllen Sie die Tabelle aus.

→ 6

Menge des Heizöls	Funktionsterm
von 0 l bis 1999 l	
ab 2000 l	

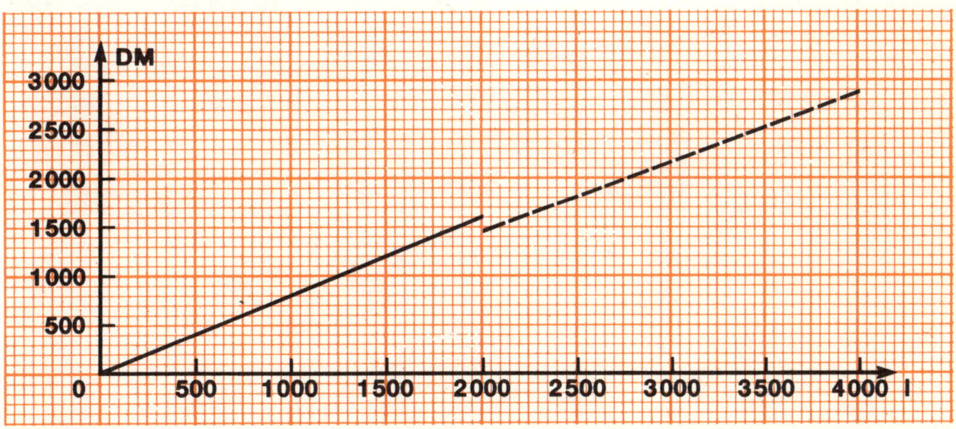

Aufgaben zu 2.4

1. Zeichnen Sie den Graphen der abschnittweise definierten Funktion für die Postgebühr bei Büchersendungen.

Gewicht der Büchersendung	Gebühr
bis 100 g	0,60 DM
über 100 g bis 250 g	0,80 DM
über 250 g bis 500 g	1,20 DM
über 500 g bis 1000 g	2,00 DM
über 1000 g bis 2000 g	3,00 DM

2. Bei einem Mietwagenunternehmer kostet die Tagesmiete eines Wagens einschließlich 100 Freikilometer 70 DM, für jeden weiteren Kilometer sind dann zusätzlich 0,50 DM zu bezahlen. In welchen Abschnitten ist die zugehörige Funktion definiert und wie lauten die Funktionsterme? Zeichnen Sie den Graphen der Funktion.

Wiederholungsaufgaben

1. Berechnen Sie zu den Funktionstermen eine Wertetabelle und zeichnen Sie den Graphen.
   a) $12 : x - 2$ b) $0{,}3 \cdot x - 0{,}1$ c) $4 \cdot x + 10$ d) $24 - 4 \cdot x$

2. a) Zu welchen der Graphen aus Aufgabe 1 gehören die Punkte A (1|0,2), B (8|0), C (4|5) ?
   b) Bestimmen Sie die Nullstellen der Funktionen, deren Terme in Aufgabe 1 stehen.

3. Eine Funktion ist abschnittweise durch folgende Terme definiert:

Abschnitte des Definitionsbereichs	Funktionsterm
von 0 bis < 10	2
von 10 bis < 20	$4 - 0{,}2\,x$
von 20 bis < 30	$0{,}4\,x - 8$
von 30 bis < 50	$0{,}01 \cdot (x - 50)^2$

Zeichnen Sie den Graphen der Funktion.

3. Ursprungsgeraden

Vor der Sendung

3

In den ersten beiden Lektionen haben Sie graphische Darstellungen kennengelernt, die funktionale Zusammenhänge anhand von Sachbeispielen beschreiben. In den folgenden Lektionen geht es nun darum, einige dieser Funktionen genauer zu betrachten.
Ein Schwerpunkt von Sendung und Buch ist in dieser Lektion die Funktion, deren Graph eine **Ursprungsgerade** ist, das heißt eine Gerade, die durch den Koordinatenursprung geht.
Ein zweiter Schwerpunkt ist es, Zusammenhänge zwischen Eigenschaften der Ursprungsgeraden und Sätzen aus der Geometrie aufzuzeigen. Von besonderer Bedeutung sind dabei die **Strahlensätze**, die in der Sendung angesprochen und im Buch ausführlicher behandelt werden.
Funktionen kann man am einfachsten durch Funktionsgleichungen beschreiben. Aus der vorhandenen Funktionsgleichung kann man dann auf die Gestalt des Graphen schließen. In dieser Lektion wird gezeigt, daß der Graph der Funktion mit der Funktionsgleichung $y = m \cdot x$ eine Ursprungsgerade ist. Dabei muß nachgewiesen werden, daß alle Punkte $(x \mid y)$, bei denen der Zusammenhang $y = m \cdot x$ besteht, auf einer Geraden durch den Ursprung liegen. Bei diesem Nachweis gehen Sendung und Buch unterschiedliche Wege: In der Sendung werden zur Begründung kongruente Dreiecke benutzt. Die Begründung im Buch geht ausführlicher auf die Strahlensätze ein.

Übersicht

1. Als **graphische Darstellung der Gleichung $y = m \cdot x$** erhält man Punkte im Koordinatensystem, die auf einer Ursprungsgeraden liegen.

2. Mit Hilfe der **Strahlensätze** wird gezeigt, daß *alle* Punkte, die die Gleichung $y = m \cdot x$ erfüllen, auf einer Geraden durch den Koordinatenursprung liegen. Die Strahlensätze werden in diesem Kapitel wiederholt und hergeleitet.

3. Die **Steigung der Ursprungsgeraden** spielt für die graphische Darstellung und für praktische Anwendungen eine besondere Rolle.

3.1 Graphische Darstellung der Gleichung $y = m \cdot x$

In der Fernsehsendung wurde schon gezeigt, daß der Graph zur Funktionsgleichung $y = m \cdot x$ eine Ursprungsgerade ist. Hier soll dieser Gedanke schrittweise nachvollzogen und weitergeführt werden.
Im ersten Beispiel sollen einige Punkte des Graphen zu $y = 0{,}5 \cdot x$ ermittelt werden. Dazu erstellt man eine Wertetabelle, in der die x-Werte vorgegeben und die y-Werte mit Hilfe der Funktionsgleichung ausgerechnet werden.

x	$y = 0,5 \cdot x$
− 4	− 2,0
− 3	− 1,5
− 2	− 1,0
− 1	− 0,5
0	0
1	0,5
2	1,0
3	1,5
4	2,0

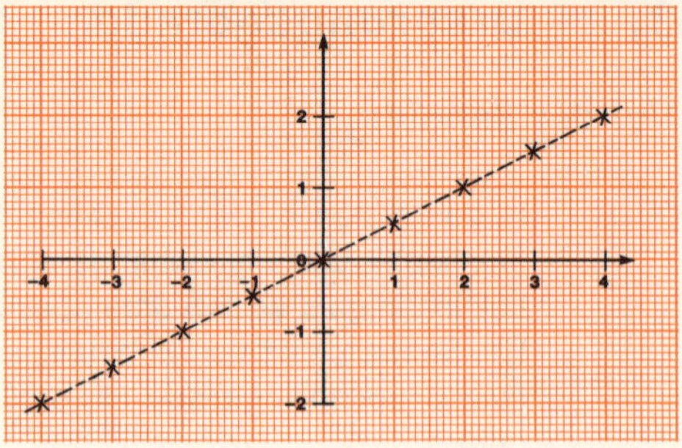

Diese Punkte werden in ein Koordinatensystem eingetragen. Sie liegen alle auf der Geraden, die hier als unterbrochene Linie markiert ist.

Bestimmen Sie nun Punkte mit den vorgegebenen x-Werten, die auf dem Graphen von $y = 1,5 \cdot x$ liegen und tragen Sie sie in ein Koordinatensystem ein. → ②

x	− 3	− 2	− 1	0	1	2	3
$y = 1,5 \cdot x$							

Die Arbeit mit einer Wertetabelle ist eigentlich ein zu großer Aufwand, um den Graph einer Ursprungsgeraden zu zeichnen. Das Ausrechnen von y-Werten zu gegebenen x-Werten hat aber sicher eines deutlich gemacht: x-Wert und y-Wert jedes Punktes auf einer Ursprungsgeraden bestimmen ein immer gleiches Zahlenverhältnis. Im ersten Beispiel war dies der Faktor 0,5 ; im zweiten Beispiel der Faktor 1,5 .
Weitere Übungen zum Zeichnen von Graphen finden Sie erst ab Kapitel 3.3, nachdem im Zusammenhang mit den Strahlensätzen erarbeitet wurde, daß der Graph zur Funktion $y = m \cdot x$ eine Ursprungsgerade ist. Zum Zeichnen genügt dann außer dem Koordinatenursprung *ein* weiterer Punkt der Geraden.

Aufgaben zu 3.1

Überlegen Sie, ob die in den Tabellen angegebenen Punkte auf einer Ursprungsgeraden liegen können. Wenn ja, dann geben Sie das Zahlenverhältnis der x- und y-Werte als Faktor m an.

a)

x	y
− 2	5,0
− 1	2,5
3	7,5
6	15,0

b)

x	y
− 3	− 2,4
2	1,6
4	3,2
5	4,0

c)

x	y
− 4	− 4,8
− 3	− 3,6
2	2,4
5	4,0

3.2 Strahlensätze

Trägt man die Punkte, die in der obigen Wertetabelle für $y = 1,5 \cdot x$ ermittelt wurden, in ein Koordinatensystem ein, dann wird durch sie eine Ursprungsgerade bestimmt (siehe nebenstehende Zeichnung).

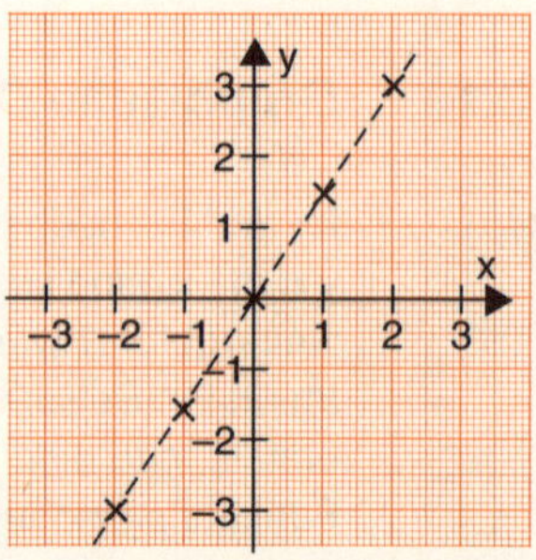

Daß alle diese Punkte wirklich auf einer Geraden liegen, wurde in der Sendung so begründet:

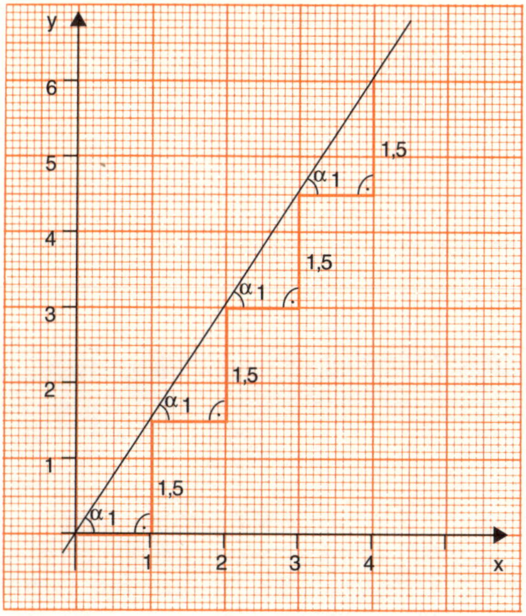

Ausgehend vom Koordinatenursprung (0/0) erreicht man die nächstfolgenden Punkte (1/1,5), (2/3), (3/4,5) usw. jeweils durch ein Dreieck mit den Seiten der Länge 1 (x-Richtung) und 1,5 (y-Richtung). Alle Dreiecke stimmen also in der Länge dieser beiden Seiten überein. Außerdem schließen bei jedem Dreieck diese beiden Seiten einen rechten Winkel (90 Grad) ein. Die Dreiecke sind folglich deckungsgleich. Aus diesem Grund müssen die Dreiecke auch alle den gleichen Winkel α besitzen, der die Steigung bestimmt. Es kann also keinen „Knick" zwischen den Seiten der Dreiecke geben, die jeweils dem rechten Winkel gegenüberliegen. Diese Seiten bilden demnach zusammen eine Gerade. Um zu zeigen, daß auch die Punkte des Graphen zu der Funktion $y = 1{,}5 \cdot x$, die *zwischen* den oben angegebenen Punkten liegen, Punkte dieser Geraden sind, wählt man kleinere deckungsgleiche Dreiecke.

Der Zahlenwert für die Steigung einer Ursprungsgerade läßt sich aus den Streckenlängen der x-Koordinate und der y-Koordinate verschiedener Punkte auf dieser Geraden bestimmen:

Die Punkte $P(2 \mid 3)$ und $Q(5 \mid 7{,}5)$ liegen auf der Ursprungsgeraden mit der Funktionsgleichung $y = 1{,}5 \cdot x$.

Die x-Koordinate und die y-Koordinate der Punkte P und Q bilden jeweils dasselbe Zahlenverhältnis:

$$\frac{3}{2} = \frac{7{,}5}{5} = 1{,}5 = m$$

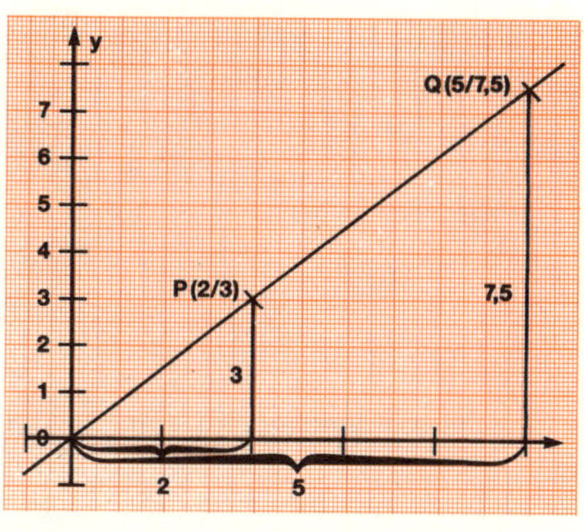

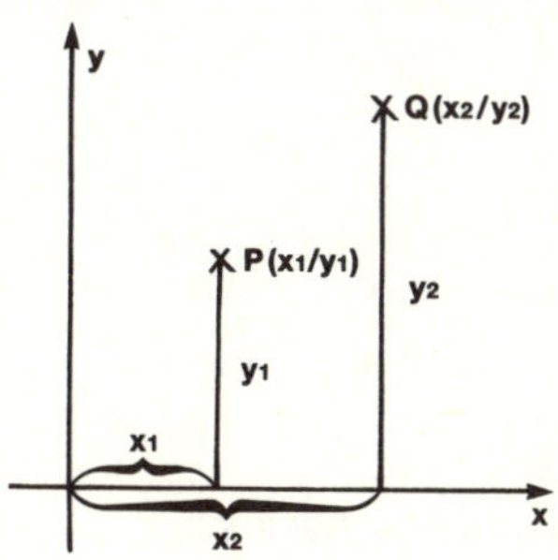

Diese Eigenschaft der Punkte einer Ursprungsgeraden erinnert an geometrische Zusammenhänge:

Trägt man allgemein die Koordinaten der Punkte von $y = m \cdot x$ als Streckenlängen ab, so gilt für die Punkte $P(x_1 \mid y_1)$ und $Q(x_2 \mid y_2)$:

$$\frac{y_1}{x_1} = m \quad \text{und} \quad \frac{y_2}{x_2} = m,$$

damit auch $\dfrac{y_1}{x_1} = \dfrac{y_2}{x_2}$.

Diese Streckenlängen haben immer den gleichen Quotienten, nämlich m. Man sagt auch, sie sind **quotientgleich**.

Diese Eigenschaft der gleichen Streckenverhältnisse findet sich auch in einem Satz aus der Geometrie: dem 2. Strahlensatz. Die Strahlensatzfigur, die jeweils für diesen Satz skizziert wird, ist der eben besprochenen Zeichnung sehr ähnlich.

Im folgenden Text werden die Strahlensätze formuliert und hergeleitet. Es wird mit Hilfe des zweiten Strahlensatzes nachgewiesen, daß alle Punkte des Graphen von $y = m \cdot x$ auf einer Gerade durch den Ursprung liegen. Damit sollen in diesem Kapitel zwei sonst getrennt behandelte Gebiete der Mathematik (Funktionen und Geometrie) in Zusammenhang gebracht werden. Diese Herleitung ist für interessierte Kollegiaten im folgenden beschrieben. Sie müssen diesen Teil (bis S. 40 unten) nicht lernen, sollten aber die Sätze selbst kennen und anwenden können. (Übungen finden Sie in den Aufgabenteilen.)

2. Strahlensatz

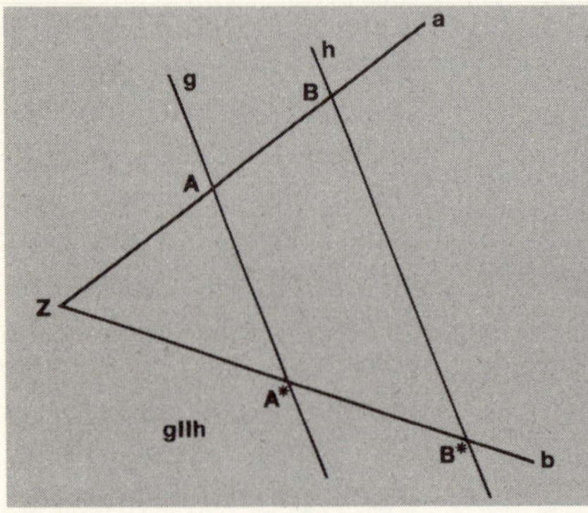

Gegeben sind zwei Halbgeraden a und b mit einem gemeinsamen Anfangspunkt Z und zwei Parallelen g und h, die diese Halbgeraden in den Punkten A, A* und B, B* schneiden.
Das Längenverhältnis der beiden Strecken auf den zueinander parallelen Geraden ist jeweils gleich dem Längenverhältnis der beiden von Z ausgehenden entsprechenden Strecken auf den Halbgeraden.

$$\frac{|ZA|}{|ZB|} = \frac{|AA^*|}{|BB^*|} \quad \text{und} \quad \frac{|ZA^*|}{|ZB^*|} = \frac{|AA^*|}{|BB^*|}$$

Zur Weiterarbeit[1] werden die folgenden Strecken der Strahlensatzfigur umbenannt:
$|ZA^*|$ heiße x_1, $|ZB^*|$ heiße x_2, $|AA^*|$ heiße y_1, $|BB^*|$ heiße y_2.
Tragen Sie bitte ein, wie mit dieser Benennung das an zweiter Stelle genannte Streckenverhältnis des 2. Strahlensatzes lautet.

$$\frac{\quad}{\quad} = \frac{\quad}{\quad}$$

Für die Koordinaten der Punkte auf dem Graphen von $y = m \cdot x$ gilt: $\frac{y_1}{x_1} = \frac{y_2}{x_2}$

Durch zweimaliges Umformen dieser Gleichung läßt sich dieses Verhältnis in die Form überführen, die Sie als Aussage des 2. Strahlensatzes oben ausgefüllt haben:

$$\frac{y_1}{x_1} = \frac{y_2}{x_2} \quad | \cdot x_1$$

$$y_1 = \frac{y_2 \cdot x_1}{x_2} \quad | : y_2$$

$$\frac{y_1}{y_2} = \frac{x_1}{x_2}$$

Für die Punkte des Graphen von $y = m \cdot x$ gelten also die entsprechenden Verhältnisse, wie wir sie vom 2. Strahlensatz her kennen.

---

1 Um den hier begonnenen Gedankengang nicht zu unterbrechen, wird die Herleitung der Strahlensätze zurückgestellt. Sie finden sie auf Seite 38 ff.

Die untenstehende Skizze für die Punkte des Graphen von $y = m \cdot x$ unterscheidet sich von der Strahlensatzfigur allerdings dadurch, daß noch keine Gerade durch den Koordinatenursprung und die Punkte P und Q eingezeichnet ist.

Die Tatsache, daß alle Punkte des Graphen von $y = m \cdot x$ auf einer Geraden durch den Ursprung liegen, soll nun mit Hilfe des 2. Strahlensatzes nachgewiesen werden:

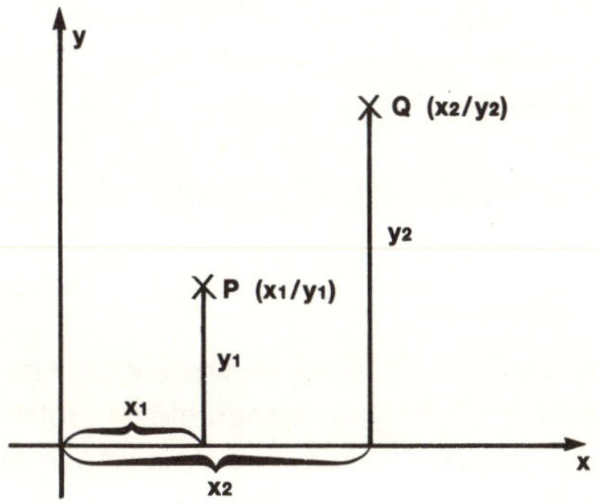

Die beiden Punkte $P (x_1 \mid y_1)$ und $Q (x_2 \mid y_2)$ sollen beliebige Punkte des Graphen von $y = m \cdot x$ sein. Dann gilt für die Streckenlängen ihrer Koordinaten:

$$\frac{y_1}{x_1} = m \qquad \text{und} \qquad \frac{y_2}{x_2} = m \,.$$

Um zu beweisen, daß alle Punkte des Graphen von $y = m \cdot x$ auf *einer* Geraden durch den Koordinatenursprung liegen, geht man zunächst vom Gegenteil aus und behauptet, der Punkt Q liege nicht auf dieser Geraden.

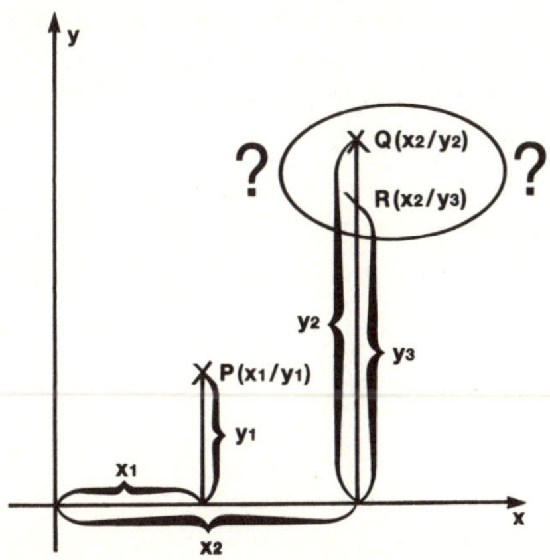

Dann betrachtet man den Punkt R mit derselben x-Koordinate x_2 wie Q , der auf der Geraden durch $(0 \mid 0)$ und P liegt: $R (x_2 \mid y_3)$.

Nach dem 2. Strahlensatz gilt aber:

$$\frac{y_3}{y_1} = \frac{x_2}{x_1} \quad \mid \cdot y_1 : x_2 \,, \qquad \text{also}$$

$$\frac{y_3}{x_2} = \frac{y_1}{x_1} = m$$

Da außerdem $\frac{y_2}{x_2} = m$ ist, muß $y_3 = y_2$ sein.

Damit müssen - anders als in der Skizze - die Punkte Q und R identisch sein, und auch der Punkt Q muß auf der Ursprungsgeraden durch P liegen.

Wenn - wie im 2. Strahlensatz formuliert - gilt:

$\frac{|ZA|}{|ZB|} = \frac{|AA^*|}{|BB^*|}$ und $\frac{|ZA^*|}{|ZB^*|} = \frac{|AA^*|}{|BB^*|}$, dann muß auch $\frac{|ZA|}{|ZB|} = \frac{|ZA^*|}{|ZB^*|}$ gelten. Dies ist die Aussage des 1. Strahlensatzes.

1. Strahlensatz

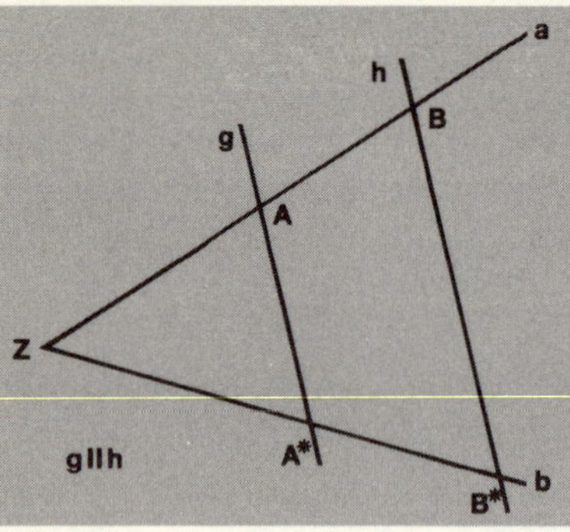

Gegeben sind zwei Halbgeraden a und b mit einem gemeinsamen Anfangspunkt Z und zwei Parallelen g und h, die diese Halbgeraden in den Punkten A, A* und B, B* schneiden.

Das Längenverhältnis irgend zweier Strecken auf der Halbgeraden a ist gleich dem Längenverhältnis der entsprechenden Strecken auf der Halbgeraden b.

$$\frac{|ZA|}{|ZB|} = \frac{|ZA^*|}{|ZB^*|}$$

Herleitung der Strahlensätze

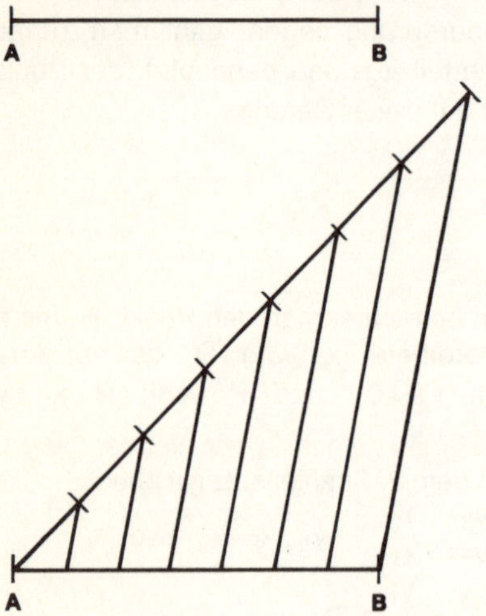

Wenn man eine Strecke wie die hier gezeichnete von 4 cm Länge in sieben gleich große Teile zerlegen möchte, ist dies nur durch Ausmessen nicht exakt möglich.

Um diese Aufgabe lösen zu können, trägt man auf einer Halbgeraden vom Punkt A aus 7 gleich lange Strecken ab. Den Endpunkt der letzten Strecke verbindet man mit B. Zu dieser Verbindungslinie zeichnet man nun Parallelen durch die markierten Punkte auf der zweiten Strecke. So erhält man auch auf der Strecke $\overline{AB}$ sieben gleich große Abschnitte.

Grundlage für diese Konstruktion ist der Projektionssatz, der hier ohne weiteren Beweis angegeben wird.

Projektionssatz:

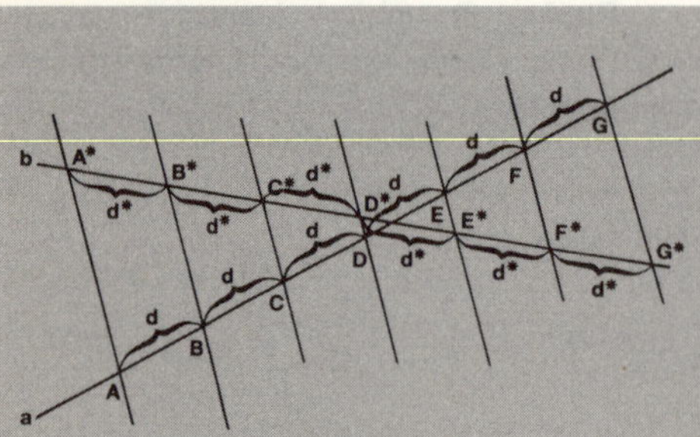

Gegeben sind zwei Geraden a und b, die von einer Schar paralleler Geraden geschnitten werden.

Wenn die Parallelenschar die Gerade a in gleich lange Strecken unterteilt, dann unterteilt sie auch die Gerade b in gleich lange Strecken.

Mit $|AB| = |CD| = |EF| = \ldots$

gilt auch $|A^*B^*| = |C^*D^*| = |E^*F^*| = \ldots.$

Welcher Zusammenhang besteht nun zwischen dem Projektionssatz und den Strahlensätzen? Hier noch einmal zur Erinnerung die Strahlensatzfigur:

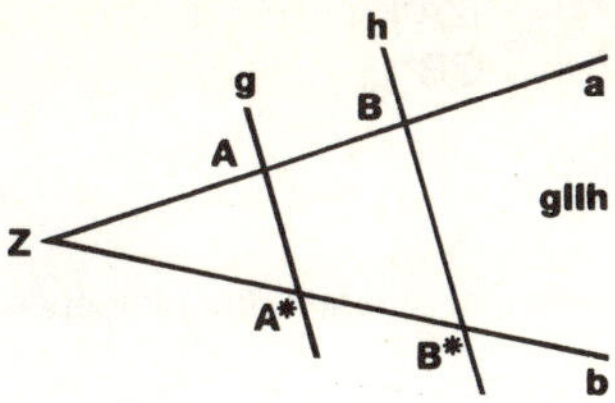

Gegeben sind hier zwei Halbgeraden a und b mit dem gemeinsamen Anfangspunkt Z und die beiden Parallelen g und h.

Wenn es gelingt, eine Parallelenschar zu finden, die die beiden Parallelen g und h enthält und die Strecke $\overline{ZB}$ in gleich lange Abschnitte unterteilt, dann können weitere Aussagen über die Streckenverhältnisse in dieser Figur gemacht werden.

Eine solche Parallelenschar kann nur dann konstruiert werden, wenn man eine Einheitsstrecke e findet, die sowohl in der Strecke $\overline{ZA}$ als auch in der Strecke $\overline{ZB}$ ganzzahlig enthalten ist.

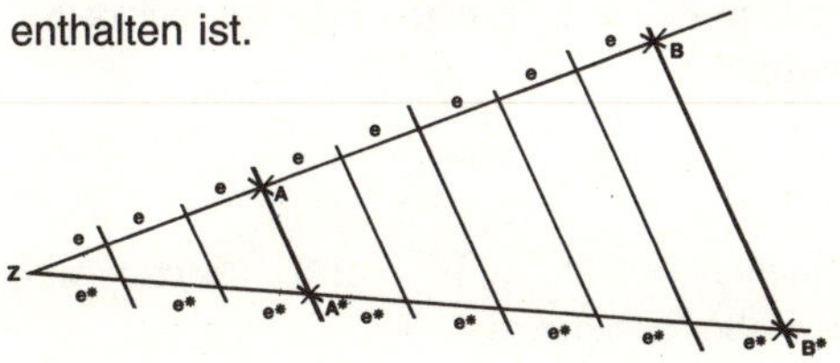

Es müßte also immer gelten:
$|ZA| = p \cdot e$ und $|ZB| = q \cdot e$
mit $p, q \in \mathbb{N}$

Die Maßzahlen der Streckenlängen $|ZA|$ und $|ZB|$ seien positive rationale Zahlen.[2] Zum leichteren Verständnis sollen die allgemeinen Überlegungen an einem Zahlenbeispiel verdeutlicht werden:
Alle positiven rationalen Zahlen lassen sich als Brüche darstellen, deren Zähler und Nenner natürliche Zahlen sind. Es gilt also für die Maßzahlen:

$|ZA| = \frac{5}{4}$ und $|ZB| = \frac{8}{3}$. $\qquad$ $|ZA| = \frac{k}{l}$ und $|ZB| = \frac{m}{n}$

mit $k, l, m, n \in \mathbb{N}$.

Diese Brüche lassen sich so erweitern, daß sie einen gemeinsamen Nenner haben:

$|ZA| = \frac{5 \cdot 3}{4 \cdot 3}$ und $|ZB| = \frac{8 \cdot 4}{3 \cdot 4}$ $\qquad$ $|ZA| = \frac{k \cdot n}{l \cdot n}$ und $|ZB| = \frac{m \cdot l}{n \cdot l}$

Durch Umschreiben in

$|ZA| = \frac{1}{4 \cdot 3} \cdot 5 \cdot 3$ und $|ZB| = \frac{1}{3 \cdot 4} \cdot 8 \cdot 4$ $\qquad$ $|ZA| = \frac{1}{l \cdot n} \cdot k \cdot n$ und $|ZB| = \frac{1}{n \cdot l} \cdot m \cdot l$

$|ZA| = \frac{1}{12} \cdot 15$ und $|ZB| = \frac{1}{12} \cdot 32$ $\qquad$ $|ZA| = e \cdot p$ und $|ZB| = e \cdot q$

sieht man, daß durch den gleichen Faktor $\frac{1}{l \cdot n}$ ein gemeinsames Maß e für die Strecken $|ZA|$ und $|ZB|$ gefunden ist. Die Produkte aus den natürlichen Zahlen k und n sowie l und m, die ja auch natürliche Zahlen sind, werden p und q genannt.

Somit gibt es für zwei Strecken (mit rationalen Maßzahlen) $|ZA|$ und $|ZB|$ immer ein gemeinsames Maß e, so daß gilt: $|ZA| = e \cdot p$ und $|ZB| = e \cdot q$.
Damit gibt es zu g und h auch immer eine Parallelenschar, die sowohl $|ZA|$ als auch $|ZB|$ in gleich große Abschnitte der Länge e unterteilt.

Diese Parallelenschar unterteilt dann laut Projektionssatz auch $|ZA^*|$ und $|ZB^*|$ in gleich viele ebenfalls gleich lange Abschnitte, so daß gilt:

$$|ZA^*| = e^* \cdot p \quad \text{und} \quad |ZB^*| = e^* \cdot q \text{ ,}$$

wobei e und e* in der Regel unterschiedlich lang sind.

---

[2] Wir beschränken uns hier auf rationale Zahlen. Irrationale Zahlen werden erst in Lektion 7 eingeführt.

Damit gilt für $|ZA|$ und $|ZB|$ dasselbe Streckenverhältnis wie für $|ZA^*|$ und $|ZB^*|$.

$\frac{|ZA|}{|ZB|} = \frac{e \cdot p}{e \cdot q} = \frac{p}{q}$ und $\frac{|ZA^*|}{|ZB^*|} = \frac{e^* \cdot p}{e^* \cdot q} = \frac{p}{q}$. Daraus folgt: $\frac{|ZA|}{|ZB|} = \frac{|ZA^*|}{|ZB^*|}$.

Dies ist die Aussage des 1. Strahlensatzes.

Mit Hilfe des 1. Strahlensatzes kann der 2. Strahlensatz bewiesen werden. Man wählt dazu folgende Figur:

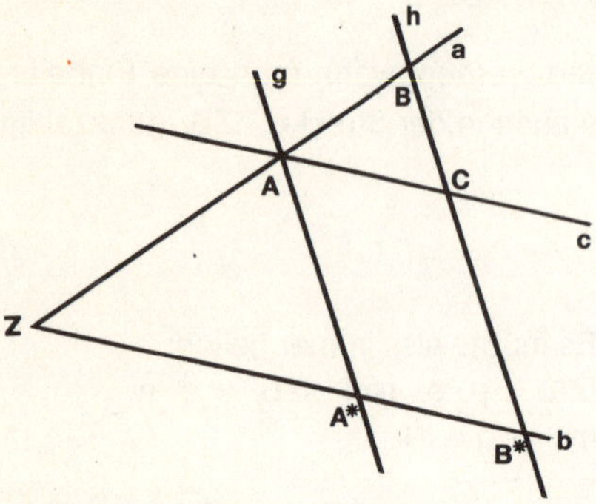

In die alte Strahlensatzfigur wird eine zusätzliche Gerade c eingezeichnet, die parallel zu b ist und durch A geht. Dadurch entsteht eine zweite Strahlensatzfigur mit dem Anfangspunkt B, den Halbgeraden a und h und den Parallelen c und b. In dieser Figur gilt nach dem 1. Strahlensatz:

$$\frac{|BA|}{|ZB|} = \frac{|BC|}{|BB^*|}.$$

Die Strecken $|BA|$ und $|BC|$ setzen sich folgendermaßen zusammen:

$$|BA| = |ZB| - |ZA|$$
$$|BC| = |BB^*| - |CB^*|.$$

Dies wird in das obenstehende Verhältnis eingesetzt:

$$\frac{|ZB| - |ZA|}{|ZB|} = \frac{|BB^*| - |CB^*|}{|BB^*|}$$

$$\frac{|ZB|}{|ZB|} - \frac{|ZA|}{|ZB|} = \frac{|BB^*|}{|BB^*|} - \frac{|CB^*|}{|BB^*|}$$

$$1 - \frac{|ZA|}{|ZB|} = 1 - \frac{|CB^*|}{|BB^*|} \qquad | -1 \quad | \cdot(-1)$$

$$\frac{|ZA|}{|ZB|} = \frac{|CB^*|}{|BB^*|}$$

Durch die parallelen Geradenpaare g, h und b, c wird ein Viereck AA^*B^*C gebildet. Dieses Viereck ist ein Parallelogramm. Die Seiten $|AA^*|$ und $|CB^*|$ sind demnach gleich lang.

Mit $|CB^*| = |AA^*|$ gilt $\frac{|ZA|}{|ZB|} = \frac{|AA^*|}{|BB^*|}$.

Da außerdem $\frac{|ZA|}{|ZB|} = \frac{|ZA^*|}{|ZB^*|}$, gilt auch $\frac{|ZA^*|}{|ZB^*|} = \frac{|AA^*|}{|BB^*|}$ und damit der 2. Strahlensatz.

Strahlensätze werden häufig benutzt, um fehlende Streckenlängen zu berechnen.

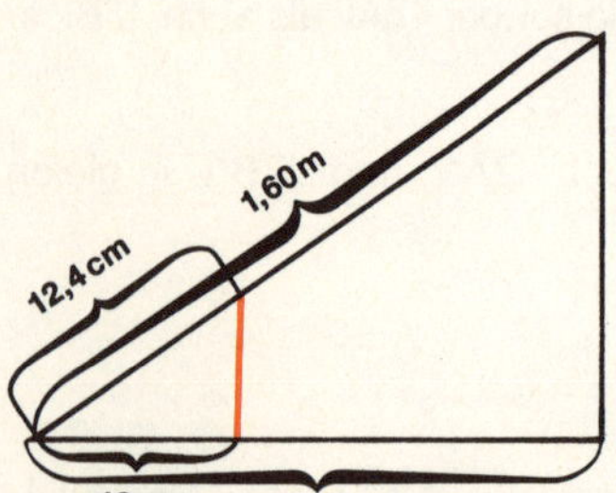

Dazu folgendes Beispiel: Das Modell einer Bergbahn soll eine Schienenlänge von 1,60 m haben. Von einem Teilstück ist bekannt, daß 12 cm in der Horizontalen 12,4 cm Bahnlänge entspricht. Welche horizontale Länge muß ein Tisch haben, damit man das gesamte Modell darauf aufbauen kann?

Da die Strecken, die in der Skizze für die Pfeiler der Bergbahn eingezeichnet sind, parallel zueinander sind, kann der 1. Strahlensatz angewendet werden:

$$\frac{12{,}4}{160} = \frac{12}{x} \quad | \cdot x$$

Führen Sie bitte nun die angegebenen Umformungen durch und berechnen Sie die benötigte Tischlänge.

$$| \cdot 160$$

$$| : 12{,}4$$

→ 3

x = ... Die benötigte Tischlänge ist .... cm.

3

Aufgaben zu 3.2

1. Teilen Sie eine Strecke von 7 cm Länge in 6 gleich große Abschnitte.

2. Ein Mast wirft einen 3,60 m langen Schatten. Durch Markierung bestimmt man, daß der Schatten in 1,50 m Höhe des Mastes 1,20 m lang ist. Wie hoch ist der Mast?

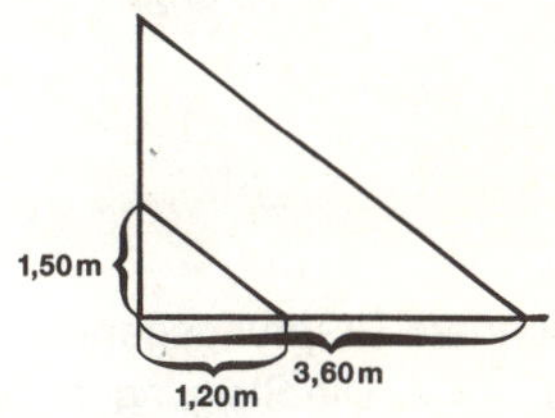

3. Um die Breite x eines Flusses zu bestimmen, mißt man im Gelände die angegebenen Streckenlängen. Bestimmen Sie aus den gegebenen Größen die Länge x .

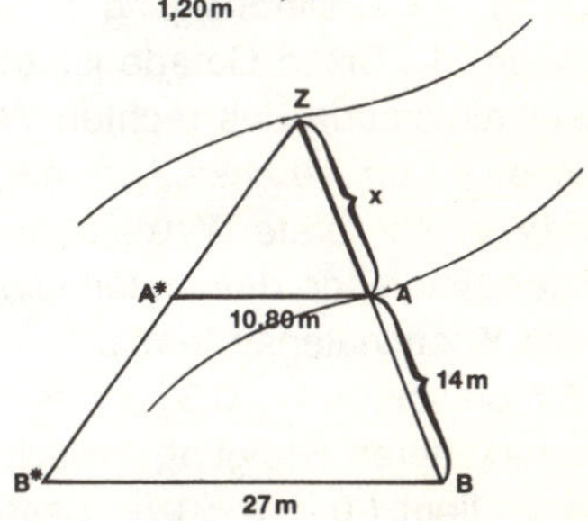

3.3 Die Steigung der Ursprungsgeraden

Im letzten Kapitel wurde ausführlich gezeigt: Alle Punkte des Graphen von $y = m \cdot x$ liegen auf einer Geraden durch den Koordinatenursprung. Dieser Nachweis konnte erbracht werden, weil alle Punkte $(x|y)$ des Graphen die Eigenschaft $\frac{y}{x} = m$ haben.

Dieser wichtige Faktor m in der Gleichung beschreibt die **Steigung** der Geraden. Mit Hilfe der Steigung kann man den Graph einer Ursprungsgeraden leicht zeichnen.

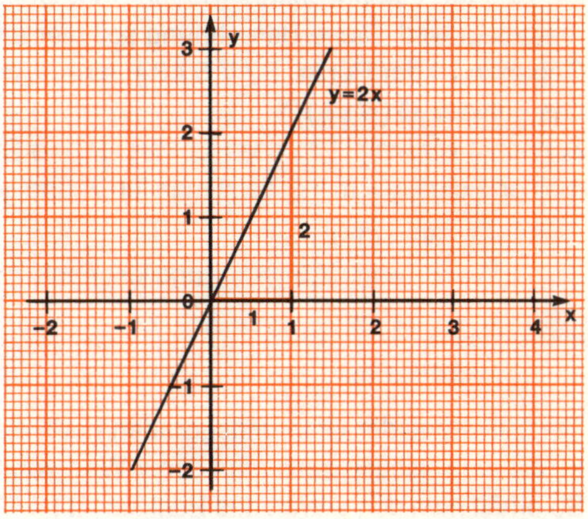

Als Beispiel soll der Graph von $y = 2 \cdot x$ gewählt werden.
Eine Gerade ist durch zwei Punkte bestimmt. Einer der Punkte ist $(0|0)$, der Koordinatenursprung. Einen zweiten Punkt erhält man, wenn man $x = 1$ einsetzt. In dem Beispiel ist das der Punkt $(1|2)$. Mit Hilfe dieser beiden Punkte kann nun die Gerade gezeichnet werden.

Ganz allgemein kann jeder Graph mit der Gleichung $y = m \cdot x$ durch die Punkte $(0 \mid 0)$ und $(1 \mid m)$ gezeichnet werden.

Das Dreieck, das aus den Koordinaten 1 , m und dem zugehörigen Geradenstück entsteht, nennt man Steigungsdreieck. An der y-Koordinate des Steigungsdreiecks kann man ablesen, welchen Anstieg die Gerade auf den x-Wert 1 zurücklegt. In dem Beispiel zeigt die y-Koordinate die Steigung 2 an.

Zeichnen Sie in das gleiche Koordinatensystem den Graphen zu $y = 3 \cdot x$ ein. → ①

Wenn Sie die beiden Graphen vergleichen, dann stellen Sie fest, der Graph zu $y = 3 \cdot x$ steigt steiler an als der Graph zu $y = 2 \cdot x$. Die Größe der Steigung m sagt also auch etwas darüber aus, wie steil der Graph ansteigt. Für positive Werte m gilt:

Je größer m , desto steiler die Gerade.

Eine besondere Ursprungsgerade ist der Graph zu $y = x$. Die Steigung m hat hier den Wert 1 . Diese Gerade ist zugleich Winkelhalbierende des rechten Winkels zwischen x- und y-Achse. Man nennt die Gerade $y = x$ *erste Winkelhalbierende* (Winkelhalbierende des ersten Quadranten des Koordinatensystems).
Der Graph von $y = 0{,}3 \cdot x$ zeigt, daß Geraden, deren Steigung zwischen 0 und 1 liegt ($0 < m < 1$) , besonders flach verlaufen.

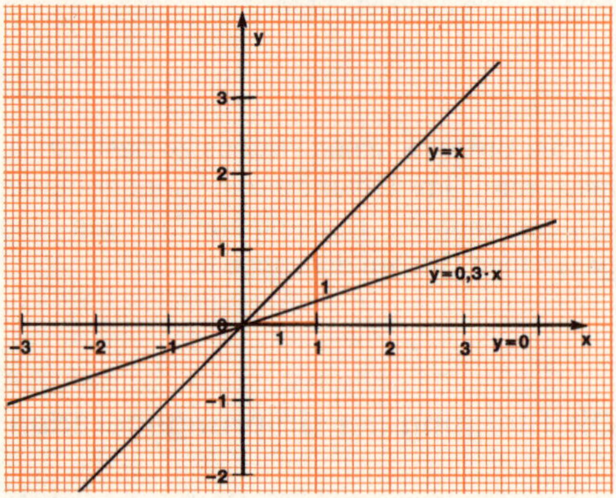

Die Gerade $y = 0 \cdot x$ (oder $y = 0$) hat die Steigung 0 und beschreibt die x-Achse.

Vom Zeichnen des Graphen her wissen Sie bereits, daß neben dem Koordinatenursprung *ein* weiterer Punkt genügt, um die Gerade zeichnen zu können. Das heißt auch, daß durch die Angabe *eines* Punktes (neben dem Ursprung) die Gleichung einer Ursprungsgeraden festgelegt wird. Diese Berechnung soll hier an einem Beispiel dargestellt werden:
Gegeben ist der Punkt $P(7{,}5 \mid 3)$ einer Ursprungsgeraden. Wie groß ist die y-Koordinate des Punktes $Q(4 \mid ?)$?
Zunächst wird mit Hilfe des Punktes P die Gleichung der Geraden aufgestellt. In der allgemeinen Form $y = m \cdot x$ setzt man für x und y die Werte von P ein:

$$y = m \cdot x$$

$$3 = m \cdot 7{,}5 \qquad \text{und löst nach } m \text{ auf:}$$

$$\frac{3}{7{,}5} = m$$

$$0{,}4 = m$$

Die Gleichung der Ursprungsgeraden heißt also $y = 0{,}4 \cdot x$
In diese Gleichung setzt man den x-Wert von Q ein: $y = 0{,}4 \cdot 4$
So erhält man den y-Wert des Punktes $Q(4 \mid 1{,}6)$. $y = 1{,}6$

Ein solches Verkehrsschild gibt die Steigung von besonders steilen Straßen an. Dabei wird der Straßenverlauf durch eine Gerade dargestellt. Welcher Wert für die Steigung m ist mit der Angabe 12 % gemeint?

Die Angabe % ist die Abkürzung für $\frac{1}{100}$ (pro centum - von Hundert).
12 % bedeutet also $\frac{12}{100}$ und damit $m = 0{,}12$.

Eine Gerade mit der Steigung 12 % hat als Ursprungsgerade die Funktionsgleichung $y = 0{,}12 \cdot x$.

Auch umgekehrt läßt sich eine gegebene Steigung m in % umrechnen:
Eine Gerade mit der Gleichung $y = 0{,}054 \cdot x$ hat die Steigung $m = 0{,}054 = \frac{5{,}4}{100}$ und damit die Steigung 5,4 % .
Die 1. Winkelhalbierende mit der Geradengleichung $y = x$ hat die Steigung $m = 1 = \frac{100}{100}$ und damit 100 % Steigung.

Aufgaben zu 3.3

1. Zeichnen Sie die Graphen zu a) $y = 0{,}8 \cdot x$ und b) $y = 3{,}5 \cdot x$.

2. Bestimmen Sie die Geradengleichung einer Ursprungsgeraden durch
   a) P (6 | 3) , b) Q (1,8 | 2,4)

3. P (2,5 | 3) ist Punkt einer Ursprungsgeraden. Wie groß ist der y-Wert von Q (4 | ?) ?

4. Eine Straße steigt auf 5 km gleichmäßig um 180 m an. Wie groß ist die Steigung (Angabe in %) ?

Wiederholungsaufgaben

1. Wie lauten die fehlenden Koordinaten der Punkte P (0,5 | ?) und Q (? | 3,6) auf der Geraden mit der Gleichung $y = 2{,}4 \cdot x$?

2. Das Teilstück einer Ursprungsgeraden von (0 | 0) bis P (4 | 3) ist 5 cm lang. Wie lang ist auf dieser Geraden die Strecke von (0 | 0) bis Q (? | 7,5) ? Fertigen Sie eine Skizze an.

3. P (3,5 | 4,2) ist Punkt einer Ursprungsgeraden. Welchen x-Wert hat der Punkt Q (? | 7,2) auf derselben Geraden?

4. Die allgemeine Geradengleichung

Vor der Sendung

Die Lektion 4 knüpft an die Behandlung der Ursprungsgeraden aus Lektion 3 an. Sie benötigen vor allem folgende Kenntnisse aus der Lektion 3:

- Wie bestimmt man zu einem gegebenen Graphen im Koordinatensystem die Funktionsgleichung?
- Wie zeichnet man zu einer gegebenen Funktionsgleichung den Graphen?

Diese Kenntnisse werden in der Lektion 4 vertieft und erweitert. Es werden nun auch solche Geraden betrachtet, die nicht durch den Koordinatenursprung verlaufen. Für alle Geraden wird die allgemeine Geradengleichung entwickelt.

Ebenso wird die Beschränkung auf Geraden mit positivem Steigungsfaktor aufgehoben und überlegt, wie sich ein negativer Steigungsfaktor auf den Verlauf des Graphen im Koordinatensystem auswirkt.

Übersicht

1. Der in der Sendung gezeigte Zusammenhang zwischen den Lösungsschritten einer Dreisatzaufgabe und der Ursprungsgeraden als **proportionale Funktion** wird hier zusammenfassend dargestellt.

2. Durch Verschieben einer Ursprungsgeraden entsteht graphisch die **lineare Funktion** mit der Funktionsgleichung **$y = m \cdot x + b$**.

3. Bisher wurden nur Geraden mit positiver Steigung (m>0) betrachtet. Die Funktionenschar wird nun ergänzt durch **lineare Funktionen mit negativem Steigungsfaktor**.

4. Zu den besonderen Kennzeichen für den Verlauf eines Graphen gehören die Nullstellen. Eine erste Übung dazu ist die Bestimmung der **Nullstelle einer linearen Funktion**.

5. Der in der Sendung gegebene Ausblick auf **konstante Funktionen** und **abschnittweise definierte Funktionen** wird hier zusammenfassend dargestellt.

4.1 Die proportionale Funktion

In der Sendung wurde anhand eines Beispiels der Zusammenhang zwischen einer Dreisatzaufgabe und der zugehörigen proportionalen Funktion gezeigt. Als Textaufgabe formuliert sieht dieses Beispiel so aus:

In einem Geschäft können die Waren in Schweizer Franken (SFr) oder in DM bezahlt werden. Für einen Artikel zahlt man statt 4 SFr 4,80 DM. Ein anderer Artikel kostet 5,50 SFr. Wieviel DM muß man für diesen Artikel bezahlen ?

Eine solche Aufgabe kann man in drei Schritten lösen. Dieses Verfahren hat zu der Bezeichnung „Dreisatzaufgabe" geführt.[1]

Die in der Aufgabe gegebene Information bildet den ersten der drei Sätze:	1. Statt 4 SFr zahlt man 4,80 DM.
Im zweiten Schritt erfolgt der Schluß auf die Einheit:	2. Statt 1 SFr zahlt man $\frac{4,80}{4}$ DM.
Der dritte Schritt ist der Schluß von der Einheit auf die Vielheit:	3. Statt 5,50 SFr zahlt man $\frac{4,80}{4} \cdot 5,50$ DM.

Durch Berechnung von $\frac{4,80}{4} \cdot 5,50$ DM erhält man die Lösung: 6,60 DM.

Die in der Aufgabe gegebene Information erlaubt es, auch weitere SFr-Werte in DM-Werte umzurechnen. Berechnen Sie, wieviel DM man statt 7 SFr bezahlen muß:

Statt .... SFr zahlt man .... DM = ... DM → (4)

Nach diesem Schema lassen sich beliebig viele weitere Werte ausrechnen. Wenn man diese weiteren Werte allgemein x und y nennt, ergibt sich:

$$\text{Statt } x \text{ SFr zahlt man } \frac{4,80}{4} \cdot x \text{ DM} = y \text{ DM}$$

Da $\frac{4,80}{4} = 1,2$ ist, erhält man zur Berechnung weiterer Werte die Gleichung:

$$\boxed{y = 1,2 \cdot x}$$

Dies ist die Funktionsgleichung einer Ursprungsgeraden. Der Umrechnung von einer Währung in eine andere liegt also eine proportionale Funktion zugrunde.
Die Lösungsschritte einer Dreisatzaufgabe kann man unter funktionalem Aspekt deuten und im Koordinatensystem veranschaulichen:

1. Statt 4 SFr zahlt man 4,80 DM.

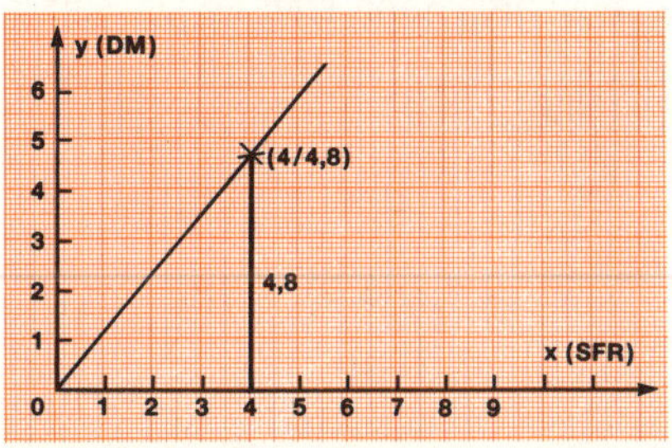

Mit diesem ersten Satz ist ein Punkt im Koordinatensystem gegeben. Unter der Voraussetzung, daß es sich bei der Zuordnung SFr → DM um eine proportionale Zuordnung handelt, bestimmt dieser Punkt eindeutig die Funktion, weil es durch diesen Punkt nur eine Ursprungsgerade gibt.

2. Statt 1 SFr zahlt man $\frac{4,80}{4} = 1,2$ DM.

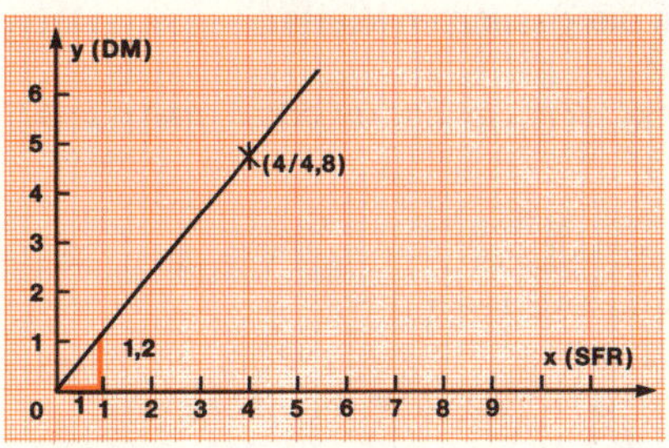

Der Schluß auf die Einheit im zweiten Satz beschreibt die Steigung der zugehörigen Ursprungsgeraden. Im Steigungsdreieck mit der x-Länge 1 entspricht der y-Wert (hier: 1,2) der Steigung der Geraden.

---

[1] In dieser Folge werden nur Dreisatzaufgaben mit proportionaler Zuordnung behandelt. Dreisatz aufgaben mit der umgekehrten Proportion werden in Folge 10 betrachtet.

3. Statt 5,50 SFr zahlt man 1,2 · 5,50 DM = 6,60 DM.

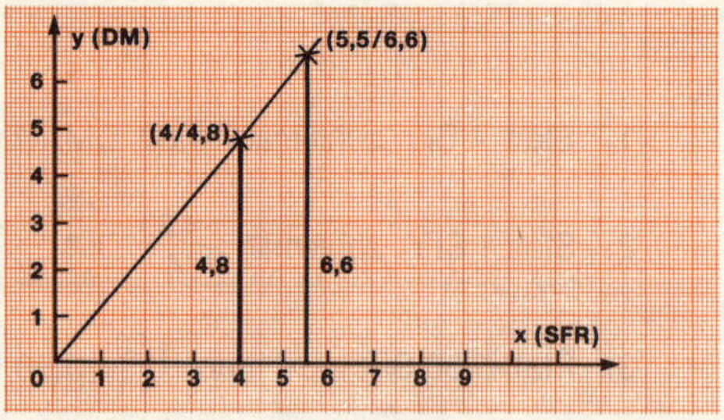

Im dritten Schritt wird zu einem weiteren x-Wert der proportionalen Funktion (im Beispiel: 5,50 SFr) der zugehörige y-Wert bestimmt (im Beispiel: 6,60 DM).

Zur Berechnung weiterer Werte setzt man in die Funktionsgleichung ein:

Statt x SFr zahlt man 1,2 · x DM = y DM.

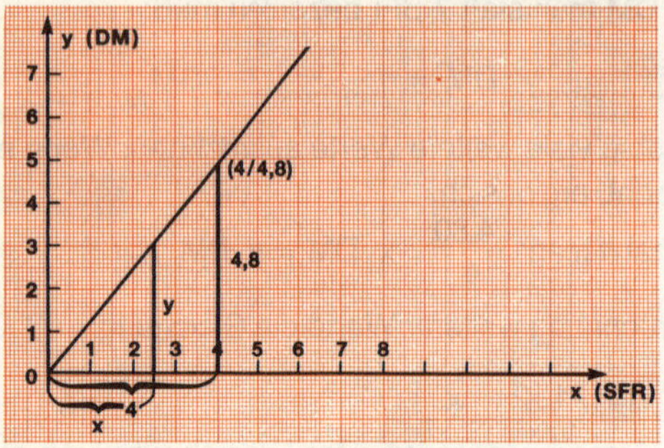

Den zugehörigen x-Werten (für SFr) und y-Werten (für DM) entsprechen die Punkte (x | y) auf der Geraden y = 1,2 · x . Für diese Punkte (x | y) gilt laut 2. Strahlensatz:

$$\frac{x}{4} = \frac{y}{4{,}8} \quad | :x \quad \cdot 4{,}8$$

$$\frac{4{,}8}{4} = \frac{y}{x}$$

Alle Paare (x | y) , deren Punkte auf der Geraden y = 1,2 · x liegen, haben den gleichen Quotienten: $\frac{4{,}8}{4} = 1{,}2$.

Die Zahlenpaare (x | y) sind quotientgleich.

Eine Sachaufgabe mit quotientgleichen Zahlenpaaren kann statt im Dreisatz auch über diese Proportion gelöst werden.

Der Ansatz ist für dieses Beispiel: $\frac{y}{x} = \frac{4{,}8}{4}$

Einsetzen des gegebenen Wertes: $\frac{y}{5{,}50} = 1{,}2 \quad | \cdot 5{,}50$

Auflösen nach dem gesuchten Wert: $y = 1{,}2 \cdot 5{,}50 = 6{,}60$

Aufgaben zu 4.1

Stellen Sie zu den folgenden Aufgaben mit proportionalen Zuordnungen jeweils die Funktionsgleichung auf und berechnen Sie damit die gesuchten Werte:

1. Aus 60 kg Zuckerrüben erhält man 12 kg Zucker. Wieviel Zucker erhält man aus 50 kg (80 kg, 100 kg, 350 kg) Zuckerrüben ?

2. Mit einem Webstuhl kann man in 8 Stunden 44 m Stoff herstellen. Wieviel m Stoff kann man in 3 Stunden (5 Stunden, 11 Stunden, 1 Tag) herstellen ?

3. Eine Wasserpumpe befördert in 8 Minuten 6000 l Wasser in ein Becken.
   a) Wieviel l Wasser laufen in 10 Minuten (30 Minuten, 50 Minuten, 2 Stunden) in das Becken ein ?
   b) Das Becken faßt 240 000 l Wasser. Nach welcher Zeit ist es voll ?

4.2 Die lineare Funktion $y = m \cdot x + b$

Betrachtet man allgemein Geraden im Koordinatensystem, so sind die bisher behandelten Ursprungsgeraden mit der Funktionsgleichung $y = m \cdot x$ Sonderfälle.

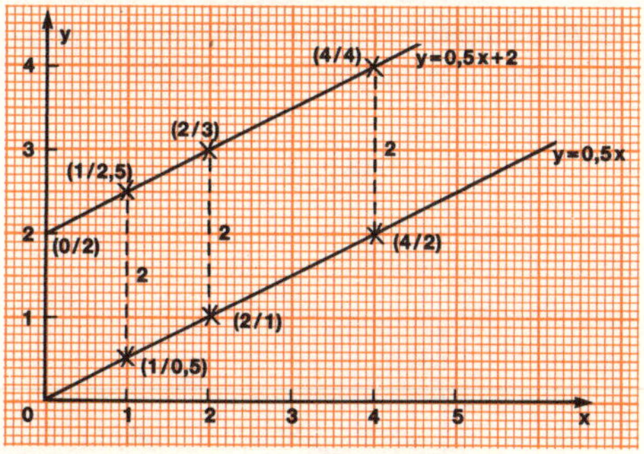

Die Ursprungsgerade g in diesem Beispiel hat die Steigung $m = 0{,}5$. Die Funktionsgleichung von g lautet $y = 0{,}5 \cdot x$. Die Gerade h verläuft parallel zur Geraden g, hat also die gleiche Steigung $m = 0{,}5$. Bei Punkten mit gleichem x-Wert ist der y-Wert der Geraden h jeweils um 2 Einheiten größer als der von g. Wenn man g um 2 Einheiten in y-Richtung verschiebt, erhält man h. Die Funktionsgleichung der Geraden h ist: $y = 0{,}5 \cdot x + 2$.

4

Der Wert 2 kennzeichnet den Schnittpunkt (0 I 2) mit der y-Achse und wird deshalb *y-Achsenabschnitt* der Geraden genannt.

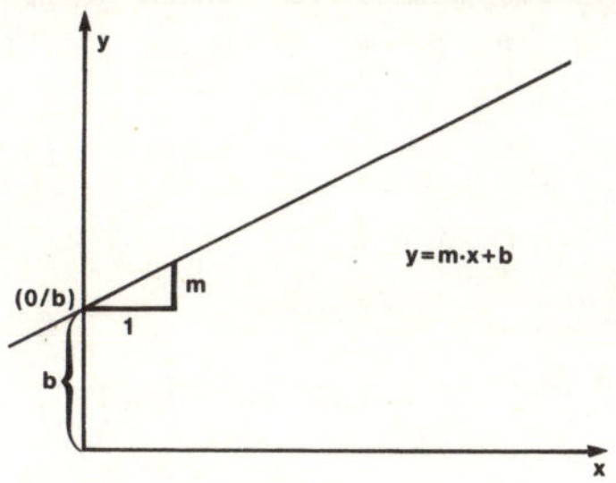

Allgemein lautet die Funktionsgleichung einer Geraden:

$y = m \cdot x + b$

Eine Funktion mit der Funktionsgleichung $y = m \cdot x + b$ nennt man

lineare Funktion

Der Graph ist eine Gerade mit dem y-Achsenabschnitt b und der Steigung m.

Die Graphen von linearen Funktionen sind immer Geraden. Für verschiedene Werte von m und b erhält man Geraden in unterschiedlichen Lagen.

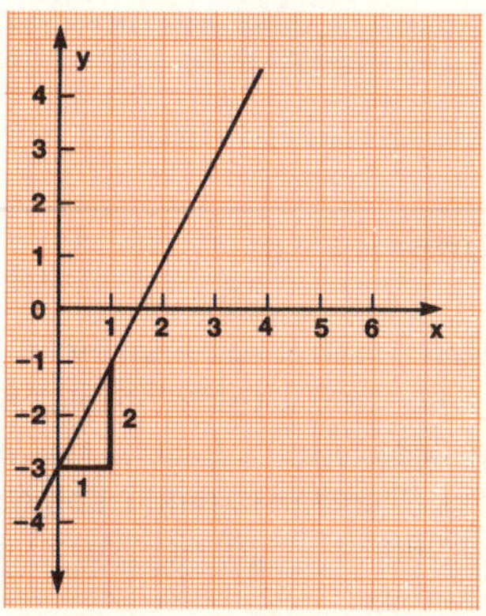

Wie lautet die Funktionsgleichung dieser Geraden ?
Überlegen Sie bitte erst einmal selbst, bevor Sie weiterlesen.

In diesem Beispiel ist der y-Achsenabschnitt negativ: $b = -3$. Zur Bestimmung der Steigung m zeichnet man ein Steigungsdreieck ein und liest ab: Auf *eine* x-Einheit steigt die Gerade um zwei y-Einheiten: $m = 2$. Damit ist die Funktionsgleichung dieses Graphen:

$$y = 2 \cdot x - 3.$$

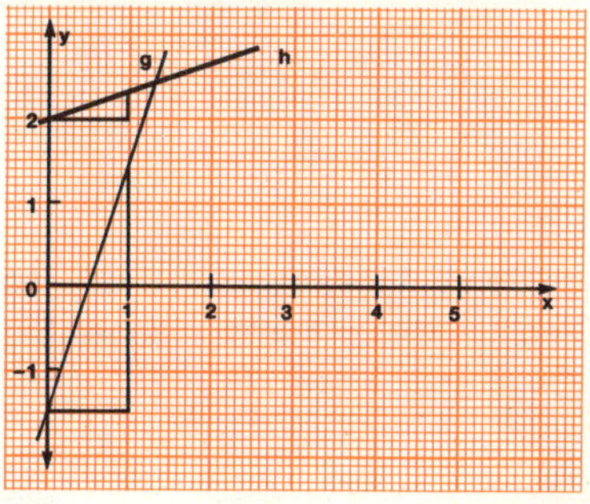

Bestimmen Sie nun entsprechend die Funktionsgleichungen der Geraden g und h :

g: y = ...

h: y = ...

→ ①

Betrachten wir nun die umgekehrte Aufgabenstellung: Zu einer gegebenen Funktionsgleichung $y = m \cdot x + b$ soll der Graph im Koordinatensystem gezeichnet werden. Durch zwei Punkte ist eine Gerade festgelegt. Den ersten Punkt erhält man über den y-Achsenabschnitt; es ist der Schnittpunkt mit der y-Achse $(0 \mid b)$. Den zweiten Punkt erhält man über die Steigung. Von $(0 \mid b)$ ausgehend zeichnet man das Steigungsdreieck mit einer x-Einheit und m y-Einheiten. Der so erhaltene Punkt hat dann den x-Wert 1 und (eingesetzt in die Funktionsgleichung) den y-Wert $(m + b)$; es ist der Punkt $(1 \mid m+b)$.

→ ③

Zeichnen Sie den Graph zu $y = 1{,}5 \cdot x - 1$ in ein Koordinatensystem..

Aufgaben zu 4.2

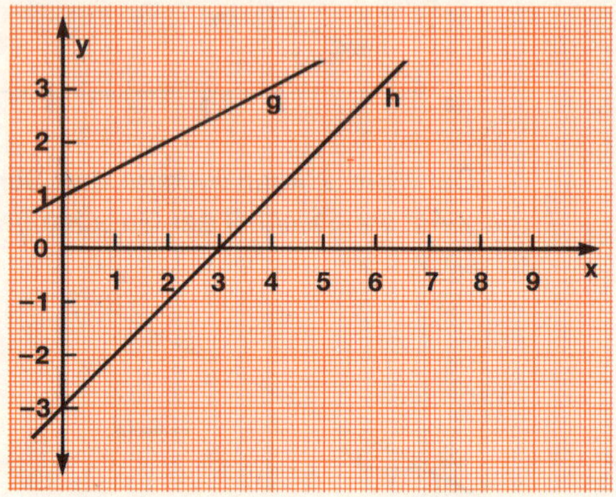

1. Bestimmen Sie die Funktionsgleichungen der Geraden g und h.

   g: y = ...

   h: y = ...

2. Zeichnen Sie die Graphen zu folgenden linearen Funktionen in ein Koordinatensystem:

   g: $y = 2 \cdot x - 2$
   h: $y = 1{,}2 \cdot x + 1$

4.3 Lineare Funktionen mit negativem Steigungsfaktor

Nicht immer ist die Gleichung zu einer linearen Funktion schon in der Form $y = m \cdot x + b$ gegeben. Auch diese Gleichung: $6 \cdot y - 3 \cdot x = 12$ ist die Funktionsgleichung einer linearen Funktion. Alle Paare $(x \mid y)$, die diese Gleichung erfülllen, lassen sich im Koordinatensystem als Punkte einer Geraden darstellen. Damit man den Graph so zeichnen kann, wie im vorangegangenen Kapitel beschrieben wurde, muß die Gleichung erst so umgeformt werden, daß man die Form $y = m \cdot x + b$ erhält:

$$\begin{aligned} 6 \cdot y - 3 \cdot x &= 12 && \mid + 3 \cdot x \\ 6 \cdot y &= 3 \cdot x + 12 && \mid : 6 \\ y &= 0{,}5 \cdot x + 2 \end{aligned}$$

Aus der Form $y = 0{,}5 \cdot x + 2$ kann man nun den y-Achsenabschnitt und die Steigung ablesen und damit die Gerade zeichnen. Den Graph zu dieser Funktion sehen Sie im ersten Beispiel zum Kapitel 4.2 .

Als zweites Beispiel betrachten wir die Funktion mit der Gleichung $4 \cdot y + 8 \cdot x - 16 = 0$.

Auch hier wird die Funktionsgleichung erst so umgeformt, daß sie die Form $y = m \cdot x + b$ erhält.

$$\begin{aligned} 4 \cdot y + 8 \cdot x - 16 &= 0 && | -8 \cdot x + 16 \\ 4 \cdot y &= -8 \cdot x + 16 && | :4 \\ y &= -2 \cdot x + 4 \end{aligned}$$

Beim Umformen der Gleichung erkennt man, daß $y = -2 \cdot x + 4$ eine lineare Funktion mit dem *negativen Steigungsfaktor* $m = -2$ ist. Wie sieht der Graph dieser Funktion aus? Um die Lage der Geraden im Koordinatensystem festzustellen, bestimmt man mit Hilfe der Funktionsgleichung zwei Punkte des Graphen.

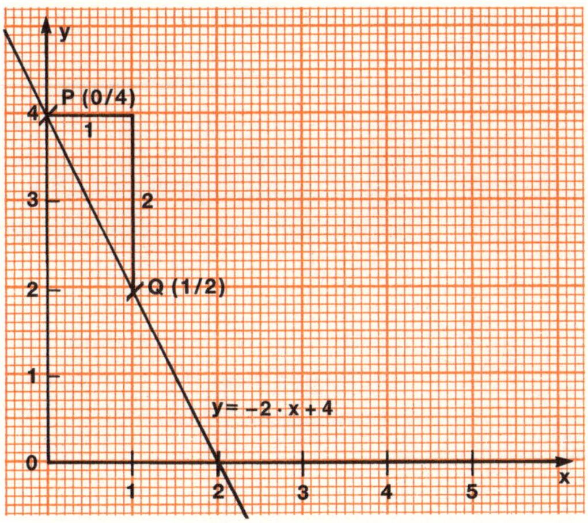

Den ersten Punkt erhält man mit Hilfe des y-Achsenabschnitts: P (0 | 4).
Den zweiten Punkt erhält man, indem man $x = 1$ in die Funktionsgleichung einsetzt:

$$y = -2 \cdot 1 + 4$$
$$y = 2 \quad ,$$

damit Q (1 | 2).
Wenn man durch die Punkte P und Q eine Gerade zeichnet, sieht man, daß diese im Koordinatensystem von links oben nach rechts unten verläuft. Man sagt: Die Gerade fällt.

Die Berechnung des Punktes Q entspricht dem Einzeichnen des Steigungsdreiecks mit dem x-Wert 1 vom Schnittpunkt mit der y-Achse aus. Da der Steigungsfaktor nun negativ ist, wird im Steigungsdreieck die y-Kathete nach unten abgetragen.

Für die Kombination von positivem oder negativem Steigungsfaktor mit einem positiven oder negativen Wert für den y-Achsenabschnitt b in der Funktionsgleichung ergeben sich vier Fälle für den Verlauf einer Geraden im Koordinatensystem:

$m > 0$, $b > 0$

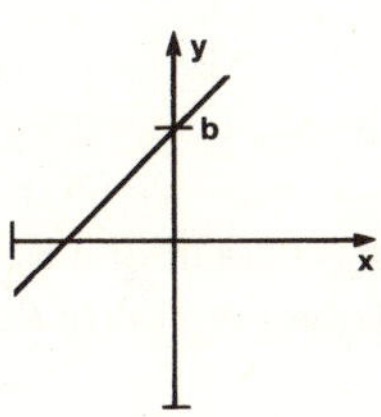

Die Gerade verläuft im I., II. und III. Quadranten.

$m > 0$, $b < 0$

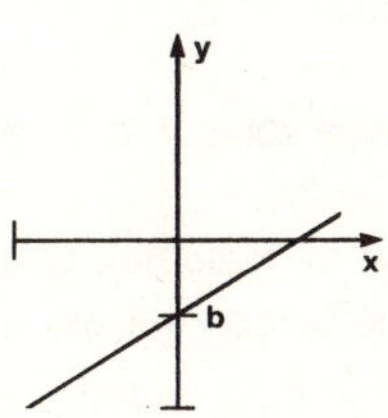

Die Gerade verläuft im I., III. und IV. Quadranten.

$m < 0$, $b > 0$

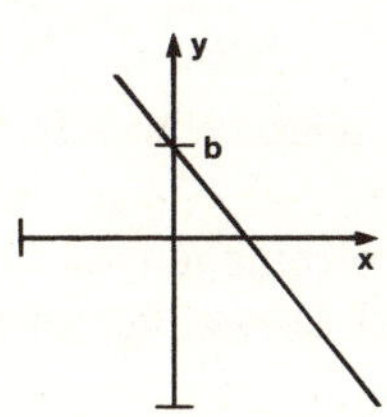

Die Gerade verläuft im I., II. und IV. Quadranten.

$m < 0$, $b < 0$

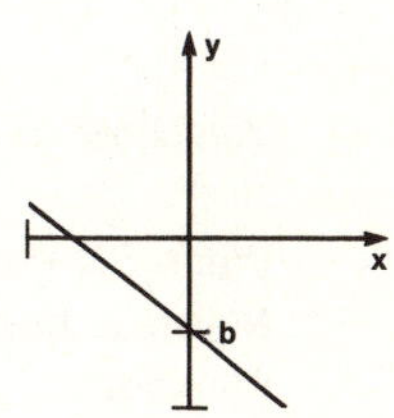

Die Gerade verläuft im II., III. und IV. Quadranten.

Aufgaben zu 4.3

1. Zeichnen Sie die Graphen zu folgenden linearen Funktionen in ein Koordinatensystem:
   a) $y = -0{,}5 \cdot x$ b) $y = -x + 2$

2. Bestimmen Sie durch Umformung der Gleichung für die folgenden linearen Funktionen den Steigungsfaktor m und den y-Achsenabschnitt b:
   a) $5 \cdot y + 8 \cdot x = 20$ b) $3 \cdot y - 6 \cdot x + 9 = 0$ c) $2{,}5 \cdot x + 2{,}5 \cdot y + 6{,}25 = 0$

4.4 Die Nullstelle der linearen Funktion

Aus der Sendung kennen Sie das folgende Beispiel für eine lineare Funktion mit negativem Steigungsfaktor: Ein Fallschirmspringer springt aus einer Höhe von 115 m und fällt mit konstanter Geschwindigkeit von 5 m pro Sekunde.

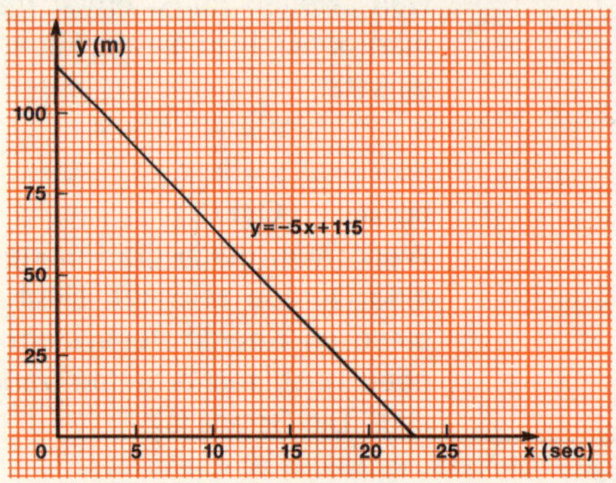

Die Weg-Zeit-Funktion dieses Beispiels läßt sich darstellen durch: $y = -5 \cdot x + 115$
Nach wieviel Sekunden landet der Fallschirmspringer auf der Erde? Diese Frage bezieht sich auf die *Nullstelle der linearen Funktion.*

> Unter der Nullstelle einer Funktion versteht man die Stelle, in der der Funktionswert Null ist.

Da der Graph einer linearen Funktion eine Gerade ist, hat jede solche Funktion genau eine Nullstelle. Eine Ausnahme bilden nur die Funktionen mit $m = 0$, die im nächsten Abschnitt behandelt werden.
Zurück zum Beispiel: An der Zeichnung kann man ablesen, daß die Nullstelle hier etwa $N\ (23\,|\,0)$ sein muß. Der Fallschirmspringer erreicht also nach ungefähr 23 Sekunden die Erde.
Um die Nullstelle einer linearen Funktion genau zu bestimmen bzw. die abgelesenen Daten zu bestätigen, kann man die Nullstelle auch ausrechnen, denn man kennt bereits den y-Wert von N: $y = 0$.
Diesen setzt man in die Funktionsgleichung ein:

$$0 = -5 \cdot x + 115 \quad | +5 \cdot x$$

und löst nach x auf:

$$5 \cdot x = 115 \quad | :5$$
$$x = 23$$

Berechnen Sie nun entsprechend die Nullstelle von $y = 3 \cdot x - 9$. N (..... | .....)

→ ②

Wenn Sie genauso vorgegangen sind wie im Beispiel, dann haben sie in drei Schritten die Nullstelle bestimmt. Dieses Vorgehen übertragen wir auf die allgemeine Form der linearen Funktion:

In der allgemeinen Gleichung $y = m \cdot x + b$
setzt man $y = 0$ ein $0 = m \cdot x + b \quad | -m \cdot x$
und löst nach x auf: $-m \cdot x = b \quad | :(-m)$

$$x = -\frac{b}{m}$$

Die Nullstelle einer linearen Funktion mit der Funktionsgleichung $y = m \cdot x + b$ und $m \neq 0$ ist $N\left(-\frac{b}{m} \mid 0\right)$.

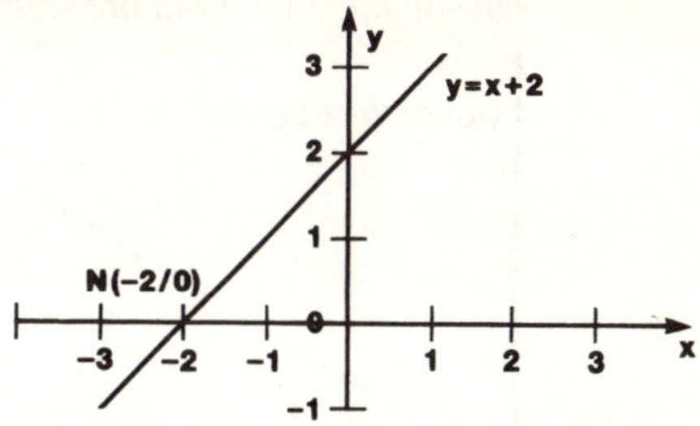

Falls $-\frac{b}{m}$ eine negative Zahl ist, befindet sich die Nullstelle im negativen Bereich der x-Achse, wie hier im Beispiel mit $y = x + 2$.

Mit den gleichen Umformungsschritten läßt sich die Nullstelle berechnen, wenn die Funktionsgleichung nicht in der Form $y = m \cdot x + b$ gegeben ist.

Hier ein Beispiel aus 4.3:	$4 \cdot y + 8 \cdot x - 16 = 0$	
Man setzt $y = 0$	$0 + 8 \cdot x - 16 = 0$	$\mid +16$
und löst nach x auf:	$8 \cdot x = 16$	$\mid :8$
	$x = 2$	

Man erhält die Nullstelle $N(2 \mid 0)$, die auch in der Zeichnung zu 4.3 zu sehen ist.

Aufgaben zu 4.4

Bestimmen Sie jeweils die Nullstelle der linearen Funktion:

a) $y = -4 \cdot x + 6$ b) $9 \cdot y - 6 \cdot x = 15$ c) $5 \cdot y - 4 \cdot x - 12 = 0$

4.5 Konstante Funktion und abschnittweise definierte Funktion

Im letzten Kapitel – bei der Bestimmung der Nullstelle einer linearen Funktion – wurden die Geraden mit der Steigung $m = 0$ als Ausnahme genannt. Wie sieht der Graph einer linearen Funktion mit dem Steigungsfaktor 0 aus ? Als Beispiel betrachten wir: $y = 0 \cdot x - 3$.

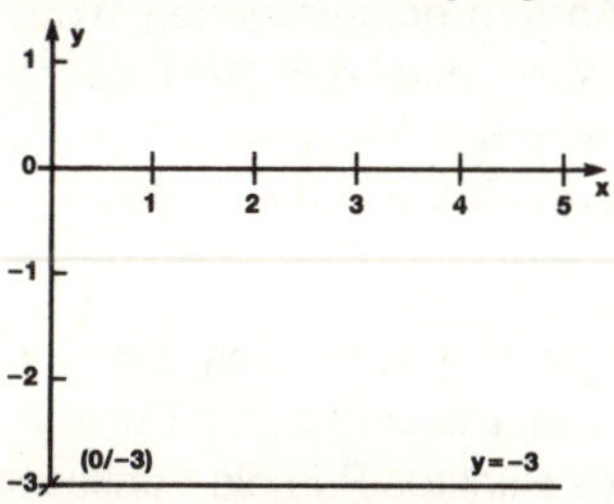

Setzt man den x-Wert 1 in die Gleichung $y = 0 \cdot x - 3$ ein, so erhält man −3 als zugehörigen y-Wert. Auch jeder andere x-Wert führt zum y-Wert −3. Die Gerade ist daher eine Parallele zur x-Achse durch den Punkt $(0 \mid -3)$.

Eine lineare Funktion mit der Funktionsgleichung $y = 0 \cdot x + b$ oder kürzer $\mathbf{y = b}$ nennt man **konstante Funktion**, da für jeden x-Wert der y-Wert konstant bleibt.

Auch die x-Achse selbst läßt sich als konstante Funktion beschreiben. Die zugehörige Funktionsgleichung lautet $y = 0$.

Zeichnen Sie als Übung in das Koordinatensystem den Graph zu $y = 2$, und geben Sie die Funktionsgleichung von g an.

g: ....

→ (5)

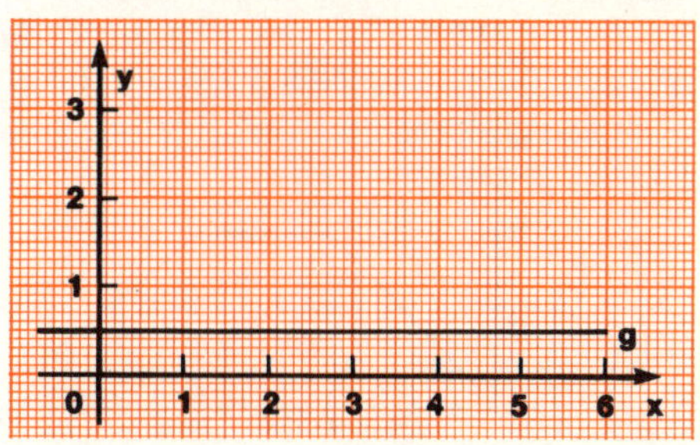

In der Sendung wurde das Geschwindigkeits-Zeit-Diagramm eines S-Bahn-Zuges gezeigt, das folgenden Verlauf beschreibt:

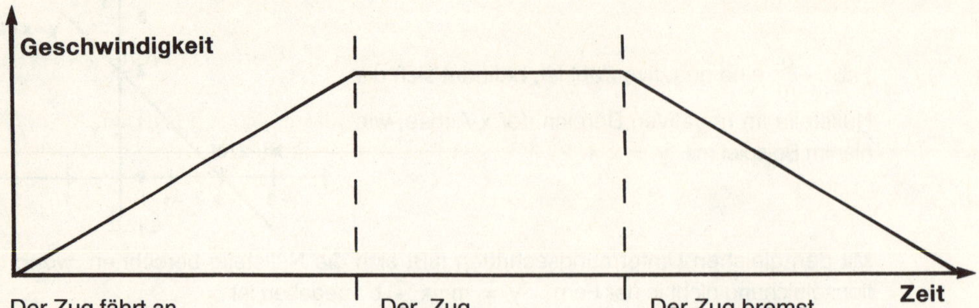

Der Zug fährt an und beschleunigt, die Geschwindigkeit nimmt gleichmäßig zu.

Der Zug behält die erreichte Geschwindigkeit bei.

Der Zug bremst, wird gleichmäßig langsamer bis zum Stillstand.

Um mit einem solchen Diagramm arbeiten zu können, braucht man für den gesamten Bewegungsvorgang die zugehörige Funktionsgleichung. Der Graph besteht aus drei geraden Teilstücken, die sich aber nicht durch einen einheitlichen Term beschreiben lassen. Man muß für jeden Abschnitt der Definitionsmenge eine eigene lineare Funktion angeben. Es handelt sich hier um eine **abschnittweise definierte Funktion**.

Die Aufgabe lautet: Zu jedem Abschnitt muß der Definitionsbereich angegeben und die Funktionsgleichung bestimmt werden.

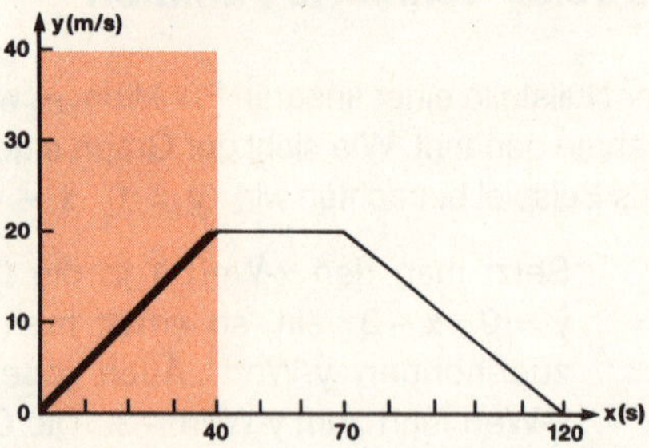

In diesem Diagramm ist auf der x-Achse die Zeit in Sekunden (s) und auf der y-Achse die Geschwindigkeit in Meter pro Sekunde ($\frac{m}{s}$) abgetragen. An den eingetragenen Werten auf der x-Achse kann man den Definitionsbereich für jeden Abschnitt erkennen. Für den *ersten Abschnitt* ist dies: $0 \leq x \leq 40$.

Das Geradenstück im ersten Abschnitt ist Teil einer Ursprungsgeraden. Die Funktionsgleichung lautet also $y = m \cdot x$. Gesucht ist die Steigung m. Bekannt ist der Punkt P (40 | 20). Zur Berechnung von m setzt man die Koordinaten des Punktes P in die Funktionsgleichung ein und löst nach m auf:

$$20 = m \cdot 40 \quad | : 40$$
$$0{,}5 = m$$

Der erste Abschnitt läßt sich beschreiben durch: $y = 0{,}5 \cdot x$ für $0 \leq x \leq 40$

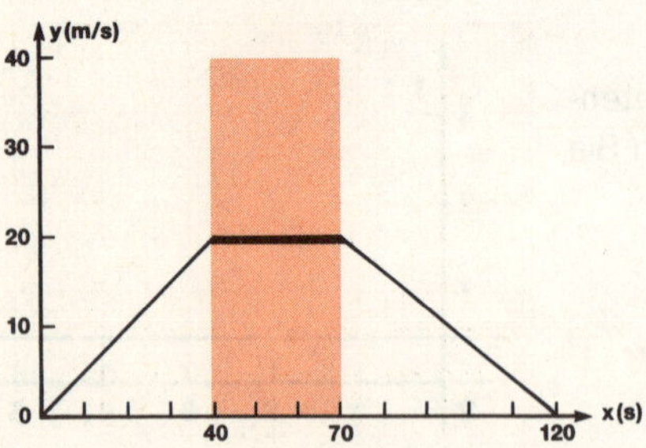

Die gesuchte Funktionsgleichung für den zweiten Abschnitt gilt nur für x-Werte zwischen 40 und 70. Da sich der Definitionsbereich der einzelnen Abschnitte nicht überschneiden darf, muß man entscheiden, zu welchem Abschnitt der Punkt (40 | 20) gehört. Da dieser Punkt schon dem ersten Abschnitt zugeordnet wurde, lautet der Definitionsbereich des zweiten Abschnitts: $40 < x \leq 70$.

Das Geradenstück des zweiten Abschnitts ist Teil einer konstanten Funktion. Der konstante y-Wert ist 20. Der zweite Abschnitt läßt sich beschreiben durch: $y = 20 \quad \text{für } 40 < x \leq 70$

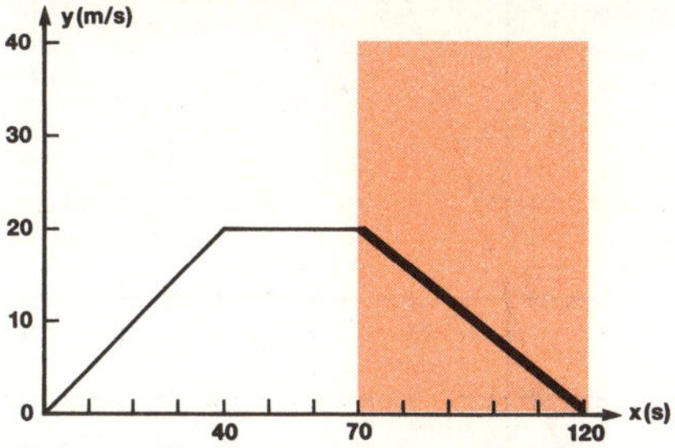

Die Funktionsgleichung für den dritten Abschnitt gilt nur für x-Werte zwischen 70 und 120: $70 < x \leq 120$.

Das Geradenstück des dritten Abschnitts ist Teil einer linearen Funktion mit negativem Steigungsfaktor, da die Gerade fällt. Für die Funktionsgleichung $y = m \cdot x + b$ muß der Wert für m und der Wert für b bestimmt werden.

Den Faktor m kann man aus den gegebenen Werten der Zeichnung bestimmen. Auf 50 x-Einheiten fällt die Gerade um 20 y-Einheiten. Auf 1 y-Einheit fällt die Gerade um $\frac{20}{50}$ y-Einheiten.

Es gilt: $m = -\frac{20}{50} = -0{,}4$. Die Funktionsgleichung lautet also bis jetzt: $y = -0{,}4 \cdot x + b$.

Den y-Achsenabschnitt b kann man aus der Zeichnung nicht ablesen. Dazu müßte man das Geradenstück bis zur y-Achse verlängern. In der Sendung wurde mit Hilfe dieser Verlängerung und durch Anwendung des zweiten Strahlensatzes der Wert für b berechnet. Hier soll eine andere Möglichkeit vorgestellt werden. Die Nullstelle N (120 | 0) der Funktion ist bekannt. Wenn man die Koordinaten von N in die bisher erarbeitete Funktionsgleichung einsetzt, kann man damit b ausrechnen:

N (120 | 0) einsetzen,	$0 = -0{,}4 \cdot 120 + b$	
zusammenfassen,	$0 = -48 + b$	$\mid + 48$
nach b auflösen:	$48 = b$	

Damit erhält man für den dritten Abschnitt: $y = -0{,}4 \cdot x + 48 \quad \text{für } 70 < x \leq 120$

Die drei Funktionsterme für die drei Abschnitte der Definitionsmenge sind nun bestimmt. Um zu verdeutlichen, daß es sich um eine einzige Funktion handelt, die nur durch mehrere Terme beschrieben wird, schreibt man diese abschnittweise definierte Funktion so auf:

$$y = \begin{cases} 0{,}5 \cdot x & \text{für } 0 \leq x \leq 40 \\ 20 & \text{für } 40 < x \leq 70 \\ -0{,}4 \cdot x + 48 & \text{für } 70 < x \leq 120 \end{cases}$$

Aufgaben zu 4.5

1. Zeichnen Sie in ein Koordinatensystem den Graph zu

$$y = \begin{cases} -2 \cdot x - 2 & \text{für } -4 \leq x \leq -2 \\ 2 & \text{für } -2 < x \leq 1 \\ x + 1 & \text{für } 1 < x \leq 4 \end{cases}$$

2. Bestimmen Sie die Funktionsgleichung zum nebenstehenden Graph:

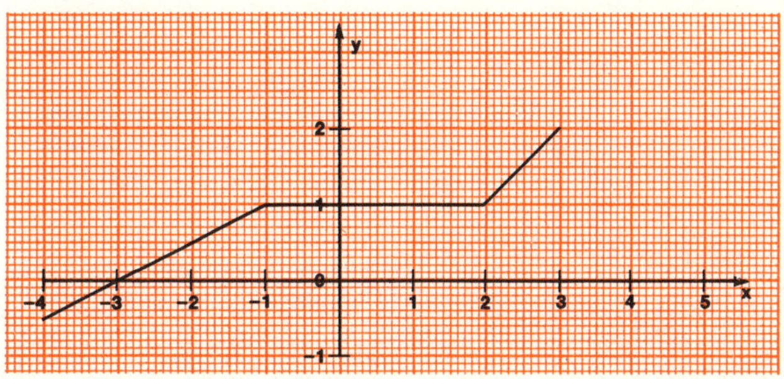

4.6 Wiederholungsaufgaben

1. Bestimmen Sie die Funktionsgleichungen zu den Geraden g, h und i.

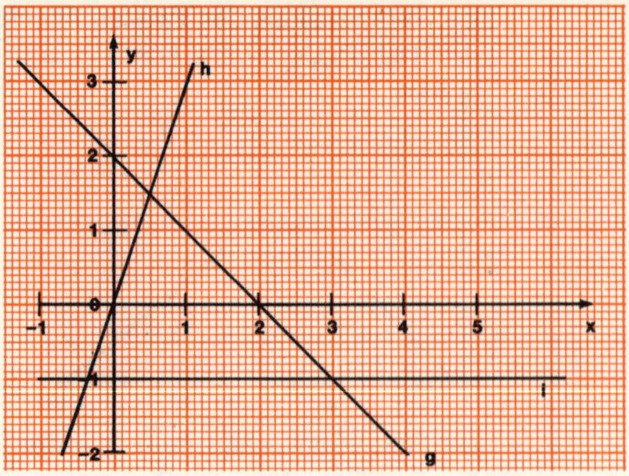

2. 6 m Stoff kosten 43,80 DM. Wieviel kosten 15 m desselben Stoffes?

3. Frau H. hat für 53,20 DM 35 l Benzin getankt. Herr F. will 40 l derselben Sorte tanken. Wieviel muß er bezahlen?

4. Zeichnen Sie in ein Koordinatensystem die Graphen zu folgenden linearen Funktionen:
   g: $y = 1{,}5 \cdot x - 2$ h: $4 \cdot y + 2 \cdot x - 12 = 0$

5. Berechnen Sie die Nullstellen der folgenden linearen Funktionen:
   a) $y = 5 \cdot x + 2{,}5$ b) $3 \cdot y - 4 \cdot x + 10 = 0$ c) $7{,}5 \cdot y + 8 \cdot x = -12$

6. Ein Eisenstück mit dem Volumen 35 cm³ wiegt 276,5 g. Wie schwer ist ein Eisenstück mit dem Volumen 20 cm³?

7. Für 5 kg Brot braucht man 4 kg Mehl. Wieviel Mehl braucht man für 3 kg Brot?

8. a) Eine Gerade mit der Funktionsgleichung $y = 5 \cdot x + b$ verläuft durch P (2 | 8,5). Bestimmen Sie den y-Achsenabschnitt b.
   b) Eine Ursprungsgerade verläuft durch Q (−2 | 6). Bestimmen Sie die Funktionsgleichung.

5. Wachstumsprozesse - Zahlenfolgen

Vor der Sendung

Sie haben Funktionen und ihre Graphen kennengelernt; insbesondere haben Sie sich mit linearen Funktionen beschäftigt. Diese Funktionen wurden meistens auf der Menge der rationalen Zahlen, also der Menge aller Bruchzahlen $\mathbb{Q}$, betrachtet. Nun werden Funktionen, deren Definitionsbereich die Menge der natürlichen Zahlen $\mathbb{N} = \{0, 1, 2, 3, \ldots\}$ ist, genauer betrachtet. Unter dem Gesichtspunkt der Anwendungsmöglichkeit in praktischen Zusammenhängen werden Ihnen verschiedene Arten von Wachstumsprozessen vorgestellt. In der Natur kommen Wachstumsprozesse unterschiedlicher Art vor; man muß jedesmal überlegen, mit welcher mathematischen Beschreibung man diese Prozesse erfassen kann. Bei einem stärkeren Wachstum als dem der linearen Funktion kommt man unter Umständen sehr rasch zu recht großen Zahlen. Um solche Zahlen bequem schreiben zu können, führt man die Potenzschreibweise ein, die Sie aus Ihrem früheren Mathematikunterricht kennen. Zum Rechnen mit größeren Zahlen sollten Sie Ihren Taschenrechner bereithalten und - falls nötig - sich mit dem Potenzieren auf dem Taschenrechner (wieder) vertraut machen. Hinweise zur Arbeit mit dem Taschenrechner finden Sie in dem Band „Funktionen in Anwendungen - Grundlegende Rechentechniken und Lösungswege".

Übersicht

1. Funktionen, die auf der Menge der natürlichen Zahlen $\mathbb{N} = \{0, 1, 2, 3, \ldots\}$ definiert sind, haben nur *diskrete* Funktionswerte, das heißt ihre Graphen bestehen aus einzelnen Punkten. Solche Funktionen heißen **Folgen**. Da die Definitionsmenge für eine Folge festliegt, nämlich $\mathbb{N}$ oder auch ein Teilstück von $\mathbb{N}$ wie $\mathbb{N}^* = \{1, 2, 3, 4, \ldots\}$, schreibt man oft nur die einzelnen **Folgenglieder** nacheinander auf, z. B. 2, 4, 8, 16, 32, ...

2. Wachsen die Glieder einer Folge immer um einen festen Betrag, so spricht man von einem **linearen Wachstum**; eine solche Folge heißt **arithmetische Folge**. Der feste Wachstumsbetrag kann positiv oder negativ sein; im ersten Fall entsteht aus jedem Folgenglied das nächste durch Addition einer festen Zahl, im zweiten Fall durch Subtraktion einer festen Zahl. Gleichmäßig abnehmende Folgen sind also auch arithmetische Folgen.

3. Wachsen die Glieder einer Folge derart, daß aus jedem Folgenglied das nächste durch Multiplikation mit einer festen Zahl (Wachstumsfaktor) entsteht, so spricht man von **exponentiellem Wachstum;** eine solche Folge heißt **geometrische Folge**. Ist der **Wachstumsfaktor** größer als 1, so steigt die Folge; liegt er zwischen 0 und 1, so fällt die Folge.

4. Ein exponentielles Wachstum liegt auch dann vor, wenn die Glieder der Folge auseinander durch prozentuale Zuschläge hervorgehen. Man spricht dann auch vom **prozentualen Wachstum.** Ein wichtiger Anwendungsfall ist die **Zinseszinsberechnung**.

5.1 Die Folge als Funktion auf $\mathbb{N}$

Als ein Beispiel für lineare Funktionen haben Sie Weg-Zeit-Funktionen kennengelernt. Wenn ein Zug gleichbleibend mit einer Geschwindigkeit von 120 $\frac{\text{km}}{\text{Std.}}$ fährt, so wird die zugehörige lineare Funktion mit der Wertetabelle

x	y
0,0	0
0,5	60
1,0	120
1,5	180
2,0	240
2,5	300
3,0	360
3,5	420
4,0	480

durch den Graphen

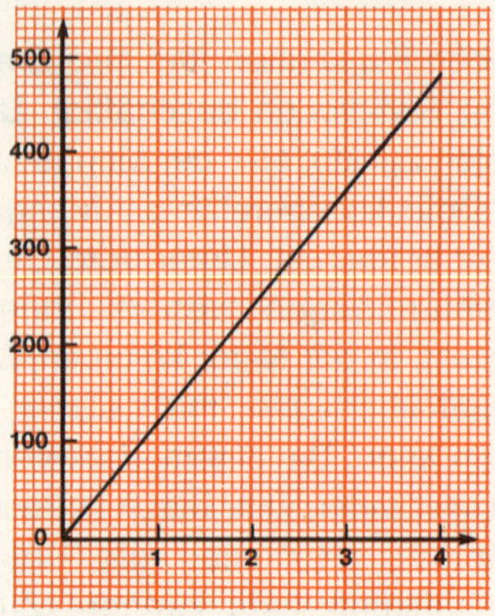

dargestellt.

Jeder Zeitspanne (x-Wert) wird ein Weg (y-Wert) zugeordnet. So können Sie zum Beispiel zu $\frac{1}{2}$ Stunde, zu 5 Stunden oder auch zu $\frac{27}{35}$ Stunden den zugehörigen Weg bestimmen.

Anders ist es bei dem Sachverhalt, den Sie aus der Fernsehsendung kennen. Wenn die Bahnfahrkarte für eine bestimmte Reise 50 DM kostet, dann kann man berechnen, wieviel man für zwei, drei, vier, . . . siebzehn, . . . solcher Reisen ausgeben muß. Die Fahrpreisberechnung für $2\frac{1}{3}$ Reisen ergibt aber keinen Sinn.

Als Wertetabelle erhält man (unter Berücksichtigung, daß man für 0 Reisen 0 DM bezahlen muß):

x	y
0	0
1	50
2	100
3	150
4	200
5	250
6	300

Der zugehörige Graph sieht so aus:

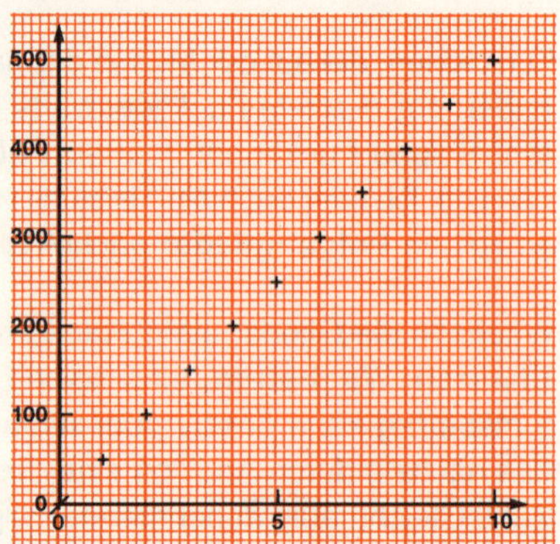

Wenn man nun eine BahnCard für Junioren zum Preis von 110 DM kauft und dann die Reisen die Hälfte vom normalen Fahrpreis kosten, besteht die Definitionsmenge auch aus ganzen Zahlen.

Die zugehörige Wertetabelle ist:

x	y
0	110
1	135
2	160
3	185
4	210
5	235
6	260

Der zugehörige Graph:

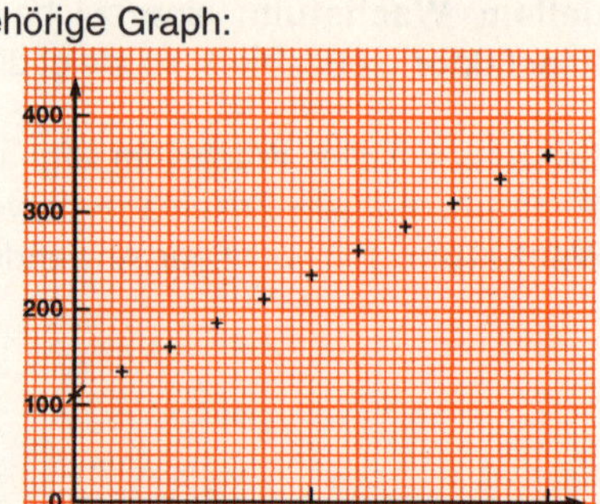

Sie sehen, daß die Graphen bei diesen Beispielen nur aus Punkten bestehen, die man nicht durch eine gerade Linie verbinden darf. Für die „Zwischenwerte" (die Bruchzahlen zwischen den ganzen Zahlen) der x-Werte sind keine Funktionswerte definiert.

Ein vergleichbarer Sachverhalt liegt zum Beispiel bei der Telefonrechnung vor: Man bezahlt eine Grundgebühr von 24,00 DM und für jede Gebühreneinheit 0,23 DM. Dauert ein Ortsgespräch etwa nur 1 Minute, so muß man doch den vollen Betrag für eine Gebühreneinheit bezahlen. Die Deutsche Bundespost-Telekom läßt sich nicht auf Bruchteile von Gebühreneinheiten ein. Telefoniert man von einer öffentlichen Telefonzelle aus, so zahlt man für eine Gebühreneinheit 0,30 DM. Man hat dabei keine Grundgebühr zu entrichten.
Stellen Sie für die beiden Sachverhalte die Wertetabellen und die Graphen der entsprechenden Funktionen auf! → ①

Die beiden Beispiele haben Ihnen gezeigt, daß hier Funktionen vorliegen, deren Definitionsmenge nur aus ganzen Zahlen besteht, genauer: Die Definitionsmenge besteht aus Zahlen der Menge $\mathbb{N}$. Setzt man dies voraus, so genügt es, nur die Funktionswerte aufzuschreiben.

Für die Gebühren bei einem Privatanschluß (in Pfennigen geschrieben):

2400 | 2423 | 2446 | 2469 | 2492 | 2515 | 2538 | 2561 | 2584 | ....

Für die Gebühren bei einem öffentlichen Fernsprecher (in Pfennigen gechrieben):

0 | 30 | 60 | 90 | 120 | 150 | 180 | 210 | 240 | ....

Diese Funktionen können also einfach durch eine Folge von Zahlen geschrieben werden. Man spricht deswegen auch von einer Zahlenfolge oder kurz von einer Folge.

> Funktionen, deren Definitionsmenge die Menge der natürlichen Zahlen $\mathbb{N}$ oder ein Teilstück davon ist, heißen **Folgen.** Die Funktionswerte heißen **Folgenglieder**.

Aufgaben zu 5.1

1. Prüfen Sie, ob den folgenden Sachverhalten Folgen zugrunde liegen.
   a) Kiwi-Früchte werden stückweise verkauft. Eine Kiwi-Frucht kostet 78 Pfennige.
   b) Käse wird nach Gewicht verkauft. 1 kg Käse kostet 19,90 DM.
   c) Ein Taxameter eines Taxis springt alle 100 m um 20 Pfennige weiter. Der Grundpreis zur Benutzung des Taxis ist 3,80 DM.

2. Stellen Sie für die Sachverhalte aus Aufgabe 1, denen Folgen zugrundeliegen, jeweils eine Wertetabelle auf und zeichnen Sie den zugehörigen Graphen.

5.2 Lineares Wachstum - die arithmetische Folge

Bei den Beispielen von Folgen in Abschnitt 5.1 nehmen die Folgenglieder immer um einen festen Betrag zu. Das erkennen Sie sehr leicht an den Wertetabellen (z.B. an der für das Telefonieren in einer Telefonzelle):

0 | 30 | 60 | 90 | 120 | 150 | 180 | 210 | 240 | ....

+30 +30 +30 +30 +30 +30 +30 +30 +30

Man kann bei einer solchen Folge aus einem Folgenglied immer das nächste berechnen, indem man den immer gleichen Unterschiedsbetrag (die Differenz) zuzählt, zum Beispiel: 90 + 30 = 120 .

Welche gleichmäßige Zunahme liegt bei den Fahrpreisen ohne und mit BahnCard für Junioren vor, welche bei den Telefongebühren für einen Privatanschluß? → (4)

Allgemein kann man die Glieder einer Folge f so schreiben:

f(0) I f(1) I f(2) I f(3) I f(4) I f(5) I f(6) I f(7) I f(8) I . . . .

Meistens schreibt man statt der Zwischenstriche Kommata:

f(0), f(1), f(2), f(3), f(4), f(5), f(6), f(7), f(8), ...

Schreibt man für die Differenz der Folgenglieder den Buchstaben d, so gilt zum Beispiel

$f(0) + d = f(1)$, $f(1) + d = f(2)$, ... , $f(7) + d = f(8)$, ...

oder allgemein $f(x) + d = f(x+1)$.

Man spricht in diesem Fall von linearem Wachstum. Für das lineare Wachstum gilt:

Lineares Wachstum:
Erhöht man den x-Wert jeweils um 1, so muß man zum zugehörigen Funktionswert f(x) jeweils dieselbe Zahl d addieren.

$$\mathbf{f(x) + d = f(x+1)}$$

Eine Folge mit linearem Wachstum heißt **arithmetische Folge**.

Aufgaben zu 5.2

1. In einem halbkreisförmigen Amphitheater sind in der ersten Reihe 20 Sitzplätze und in jeder folgenden Reihe 4 Sitzplätze mehr. Wieviele Sitzplätze sind in der 5. Reihe, in der 10. Reihe? Stellen die Zahlen der Sitzplätze in den Reihen eine arithmetische Folge dar?

2. Berechnen Sie die ersten 6 Glieder einer arithmetischen Folge mit $f(0) = 7$ und $d = 3$.

3. Prüfen Sie, welche der folgenden Folgen arithmetisch sind, also lineares Wachstum haben.
   a) 10, 17, 24, 31, 38, 45, 52, . . .
   b) 10, 21, 32, 43, 54, 65, . . .
   c) 10, 8, 6, 4, 2, . . .
   d) 3, 7, 11, 15, 18, 22, 26, . . .

4. Geben Sie von den arithmetischen Folgen aus Aufgabe 3 die Zahl d an und bestimmen Sie jeweils das folgende (noch nicht aufgeschriebene) Folgenglied.

5.3 Exponentielles Wachstum - die geometrische Folge

Sachverhalte, bei denen eine nur für natürliche Zahlen definierte Funktion, also eine Folge, vorliegt, kommen öfter vor. In der Fernsehsendung haben Sie erfahren, daß die Spaltung von Uran durch Neutronen so vor sich geht, daß zunächst 1 Neutron auf ein Uranatom trifft, dabei 2 Neutronen frei werden, die wieder auf Uranatome auftreffen und je 2 Neutronen frei machen und so fort. Schreibt man in die erste Zeile einer Tabelle die Anzahl der Spaltungen und in die zweite die Anzahl der freien Neutronen, so erhält man folgende Wertetabelle:

0	1	2	3	4	5	6	7	8	9	10	11
1	2	4	8	16	32	64	128	256	512	1024	2048

Die Anzahl der Neutronen wird also durch die Folge

1 | 2 | 4 | 8 | 16 | 32 | 64 | 128 | 256 | 512 | 1024 | 2048 |

dargestellt. Dies ist sicher kein lineares Wachstum; von Glied zu Glied wird ja nicht dieselbe Zahl dazuaddiert. Sie können aber leicht nachrechnen, daß jedes Glied aus dem vorhergehenden durch Multiplikation mit 2 hervorgeht.

1 | 2 | 4 | 8 | 16 | 32 | 64 | 128 | 256 | 512 | 1024 | 2048 |

·2 ·2 ·2 ·2 ·2 ·2 ·2 ·2 ·2 ·2 ·2

Statt die Folge mit den ausgerechneten Zahlenwerten zu schreiben, wie hier

1 | 2 | 4 | 8 | 16 | 32 | 64 | 128 | 256 | 512 | 1024 | 2048 |

kann man sie als Potenzen von 2 aufschreiben. (Falls Sie nicht mehr so genau über Potenzen Bescheid wissen, orientieren Sie sich bitte erst über den Potenzbegriff.)

2^0 | 2^1 | 2^2 | 2^3 | 2^4 | 2^5 | 2^6 | 2^7 | 2^8 | 2^9 | 2^{10} | 2^{11} |

Aus einem Folgenglied erhält man das nächste durch Multiplikation mit 2.
$f(x) \cdot 2 = f(x+1)$

Die Zuordnungsvorschrift für diese Folge ist demnach
$x \rightarrow 2^x$ mit $x \in \mathbb{N}$
oder als Funktionsgleichung geschrieben
$f(x) = 2^x$ mit $x \in \mathbb{N}$

Aus der Wertetabelle kann der Graph bestimmt werden.

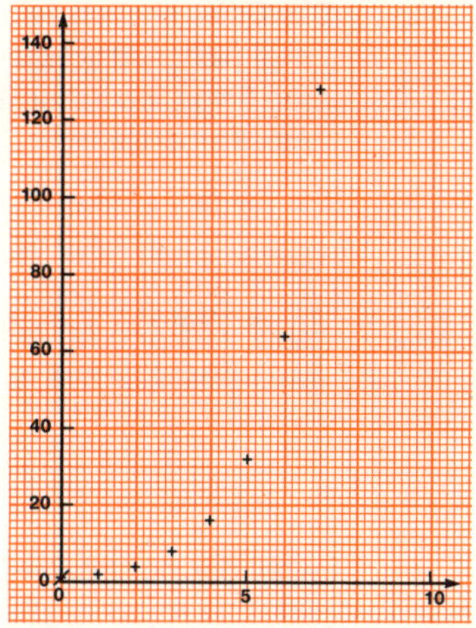

Wenn das erste Glied der Folge nicht 1 ist, sondern allgemein a genannt wird und der Faktor, mit dem jedes Glied multipliziert wird, q , dann ist die Funktionsvorschrift:

$x \rightarrow a \cdot q^x$ mit $x \in \mathbb{N}$

bzw. $f(x) = a \cdot q^x$ mit $x \in \mathbb{N}$.

(Beachten Sie, daß das erste Glied in der Termschreibweise stets $f(0)$ genannt wird, hier also $f(0) = a$ gilt.)
Der Buchstabe q wurde gewählt, weil der Faktor q sich als Quotient zweier benachbarter Folgenglieder ergibt; q heißt **Wachstumsfaktor.**
Bei dieser Zuordnungsvorschrift steht die Variable x im Exponenten, daher nennt man ein solches Wachstum **exponentielles Wachstum**. Die zugehörige Folge heißt **geometrische Folge.**

Für das **exponentielle Wachstum** gilt:
Erhöht man den x-Wert jeweils um 1, so muß man den zugehörigen Funktionswert f(x) jeweils mit derselben Zahl q multiplizieren.

$$\mathbf{f(x) \cdot q = f(x+1)}$$

Eine Folge mit exponentiellem Wachstum heißt **geometrische Folge**.

Bei einer **geometrischen Folge** hat der Quotient zweier aufeinanderfolgender Glieder stets denselben Wert.

$f(x) = a \cdot q^x$ mit $x \in \mathbb{N}$ $\qquad f(x) \cdot q = f(x+1)$ $\qquad q = \frac{f(x+1)}{f(x)}$

Berechnen Sie sechs Glieder einer geometrischen Folge, deren erstes Glied 4 und deren Wachstumsfaktor 3 ist.

→ ③

Die Beispiele mit dem Wachstumsfaktor 2 bzw. dem Wachstumsfaktor 3 zeigen, daß die Folgenglieder sehr schnell zu sehr großen Zahlen anwachsen können. Dies zeigt sich auch beim Graphen in einem immer steileren Anstieg.

Bestimmen Sie die ersten sechs Glieder der geometrischen Folge mit dem Anfangsglied 5 und dem Wachstumsfaktor 1.

→ ②

Das Beispiel eben zeigt Ihnen: Ist der Wachstumsfaktor 1, so ändern sich die Glieder der Folge nicht. Multiplikation mit 1 reproduziert ja die Zahlen. Offenbar wächst eine geometrische Folge, wenn der Wachstumsfaktor größer als 1 ist. Was ist nun bei einem Wachstumsfaktor kleiner als 1 ?

Ein Palast in Florenz ist so gebaut, daß das Erdgeschoß eine Höhe von 6 m hat, das 1. Obergeschoß 5 m hoch ist, das 2. Obergeschoß $4\frac{1}{6}$ m hoch ist, das 3. Obergeschoß $3\frac{17}{36}$ m. Bei der Geschoßhöhe handelt es sich um eine Folge. Ist dies eine Folge mit exponentiellem „Wachstum"?

$$6\text{ m},\quad 5\text{ m},\quad 4\tfrac{1}{6}\text{ m},\quad 3\tfrac{17}{36}\text{ m}$$

$$6\text{ m} \xrightarrow{\cdot \frac{5}{6}} 5\text{ m}$$

Prüfen Sie, ob stets die Multiplikation $\cdot \frac{5}{6}$ das nächste Glied ergibt.

Tatsächlich können Sie herausfinden, daß hier $f(x) \cdot \frac{5}{6} = f(x+1)$ ergibt.

Die Zuordnungsvorschrift ist

$$x \rightarrow 6 \cdot \left(\frac{5}{6}\right)^x$$

$$f(x) = 6 \cdot \left(\frac{5}{6}\right)^x$$

Es gilt $\frac{f(x+1)}{f(x)} = \frac{5}{6}$

Durch die Berechnung des Quotienten zweier aufeinanderfolgender Glieder errechnet man den Wachstumsfaktor und kommt so auf die Funktionsgleichung.

Der Graph zeigt, daß die Folge fällt.

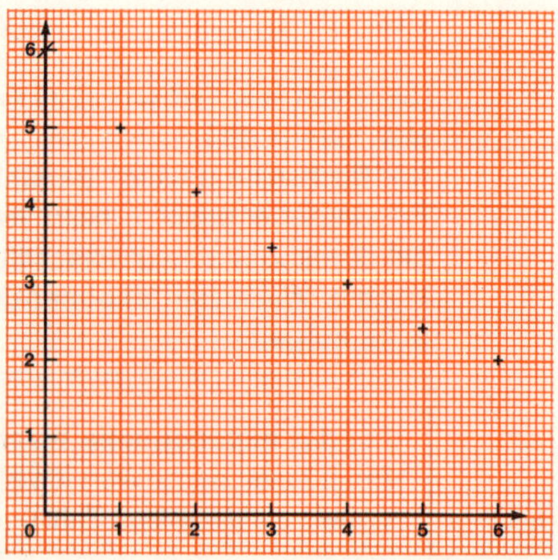

Wie Sie an den Beispielen mit einem Wachstumsfaktor > 1 bereits gesehen haben, werden durch ein exponentielles Wachstum schnell sehr große Werte erreicht. Werden etwa bei einer ansteckenden Krankheit von jedem neu Erkrankten jede Woche 10 weitere Personen infiziert, so ergibt sich als Folge der jeweils neu Erkrankten

nach	0	1	2	3	4	5	6	Wochen
	1	10	100	1 000	10 000	100 000	1 000 000	neu Erkrankte.

Glücklicherweise „wachsen in der Natur die Bäume nicht in den Himmel“, wie man sagt, sondern es gibt immer wieder Einflüsse, die das Wachstum verlangsamen.

Dies zeigt sich zum Beispiel auch bei der Vermehrung von Tieren. Viele junge Tiere leben nicht so lange, um sich wieder vermehren zu können. Sie finden nicht genug Nahrung oder fallen Räubern zum Opfer. Es ist aber keinesfalls jedes Jahr eine feste Anzahl von Tieren, die so stirbt, vielmehr hängt die Anzahl der jeweils sterbenden Tiere davon ab, wieviele Tiere dieser Art es gerade gibt. Je mehr Tiere es gibt, um so mehr Tiere sterben. Dies muß aber keineswegs eine lineare Beziehung zwischen der Anzahl der Tiere und der Anzahl der sterbenden Tiere sein. Wenn es wenige Tiere gibt, steigt die Anzahl erst stark an, dann aber verlangsamt sich der Anstieg. Der Graph rechts zeigt einen solchen möglichen Verlauf.

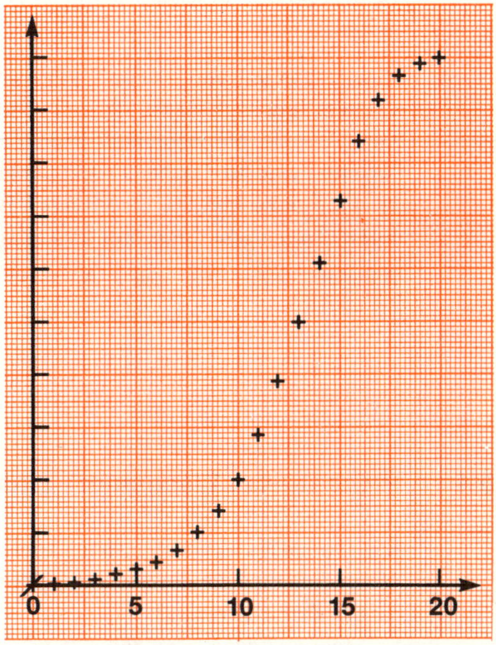

Bei der hier vorliegenden Folge ist der Wachstumsfaktor nicht konstant. Er ändert sich von Jahr zu Jahr mit der Anzahl der vorhandenen Individuen. Ein solches Wachstum nennt man **logistisches Wachstum**. Sie haben ein Beispiel dazu auch in der Fernsehsendung gesehen. Das logistische Wachstum soll jedoch hier nicht näher bearbeitet werden.

Aufgaben zu 5.3

1. a) Wie würde eine „Folge mit exponentiellem Wachstum“ bei einem Wachstumsfaktor 0 aussehen? Überprüfen Sie für das Anfangsglied 5.
   b) Was ergäbe sich für einen negativen „Wachstums“faktor? Überprüfen Sie an dem Anfangsglied 3 und dem Faktor -2.

2. Das 4. und das 5. Glied einer geometrischen Folge sind 250 und 1250. Welches Anfangsglied hat die Folge? Wie lautet die Funktionsvorschrift? Zeichnen Sie einen Graphen für die ersten 7 Glieder. (Beachten Sie, daß das erste Glied stets f(0) genannt wurde.)

*3. Der Erfinder des Schachspiels Sessa erbat sich vom König Schehram als Belohnung auf das erste Feld des Schachbretts 1 Weizenkorn, auf das zweite 2 usw. auf jedes nächste Feld das doppelte vom vorhergehenden. Wieviele Weizenkörner mußte der König auf das 20. Feld legen?

4. Bei Hasen hat ein Elternpaar jährlich 14 Junge, die im nächsten Jahr entsprechend viele Junge haben. Stellen Sie die zugehörige Folge auf und zeichnen Sie einen Graphen für die Anzahl der Hasen in den verschiedenen Generationen. Wieviele junge Hasen sind in der fünften Generation vorhanden, wenn man annimmt, daß keine Hasen sterben? (Dies ist natürlich eine sehr theoretische Überlegung, da der Sachverhalt so in der Natur nicht vorkommt.)

5. Ein Gerücht verbreitet sich so, daß jede Person, die es bereits kennt, es innerhalb einer Stunde an vier weitere Personen weitererzählt. Stellen Sie die zugehörige Folge auf und berechnen Sie, wieviele Personen das Gerücht nach Ablauf eines Arbeitstags (8 Stunden) kennen.

*6. Einem Quadrat von $1\ cm^2$ Flächeninhalt wird ein Quadrat umbeschrieben, diesem wieder ein Quadrat usw., wie es die nebenstehende Zeichnung zeigt. Welche Folge an Flächeninhalten entsteht? Wie groß ist die Fläche des 50. Quadrates? (Verwenden Sie Ihren Taschenrechner mit der Taste $\boxed{y^x}$. Eine Anleitung dazu finden Sie in Abschnitt 5.4.)

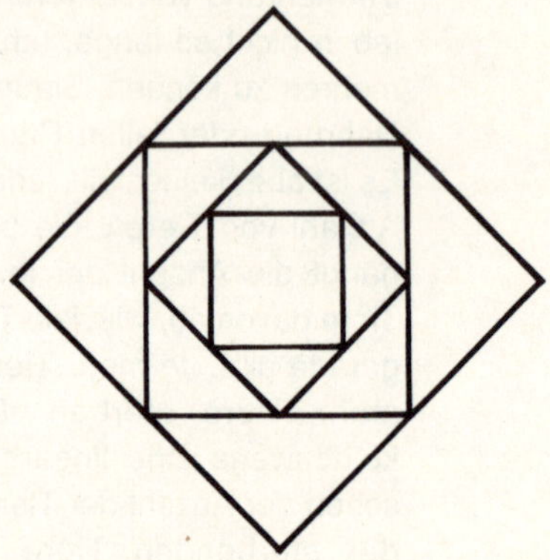

5.4 Prozentuales Wachstum - Zinseszinsen

Exponentielles Wachstum liegt auch bei der Zinseszinsrechnung vor. Sie erinnern sich sicher, wie man die Zinsrechnung durchführt. Dafür muß man die **Prozentrechnung** beherrschen. Zum Beispiel gilt

1% von $700 = \frac{1}{100} \cdot 700 = 7$ $\qquad$ 3% von $700 = \frac{3}{100} \cdot 700 = 21$

105% von $700 = \frac{105}{100} \cdot 700 = 735$

oder allgemein $\quad p\%$ von $K = \frac{p}{100} \cdot K = \frac{K \cdot p}{100}$

Bei der Zinsrechnung spielt die Zeit eine Rolle. Man erhält die Zinsen jeweils für ein Jahr. Zum Beispiel: Wieviel Zinsen bringen 700 DM Kapital bei einem Zinssatz von 3% in 5 Jahren?

In 1 Jahr erhält man $\quad 3\%$ von $700\ DM = \frac{3}{100} \cdot 700\ DM = 21\ DM.$

In 5 Jahren erhält man $\quad 5$ mal 3% von $700\ DM = 5 \cdot \frac{3}{100} \cdot 700\ DM = 105\ DM$

Allgemein:
Wieviel Zinsen **z** bringt ein Kapital **K** bei einem Zinssatz von **p**% in **i** Jahren?

$$z = \frac{K \cdot i \cdot p}{100}$$

Dies ist die Zinsformel für einfache Zinsen, nicht für Zinseszinsen. Der Buchstabe i steht für die Zeit in Jahren. Sind Zinsen für eine Anzahl von Tagen z.B. für 42 Tage zu berechnen, so muß man für i die Anzahl der Tage dividiert durch 360 einsetzen, also z.B. $\frac{42}{360}$.

Bei den **Zinseszinsen** geht man davon aus, daß nach jeweils einem Jahr die Zinsen zum Kapital geschlagen werden und mit dem Kapital zusammen weiterverzinst werden. Hat man etwa ein Kapital von 200 DM, das über 8 Jahre hin zu 8% verzinst wird, so erhält man folgende

Wertetabelle

Jahr	Kapital
0	200,00
1	216,00
2	233,28
3	251,94
4	272,10
5	293,87
6	317,37
7	342,76
8	370,19

und diesen Graphen

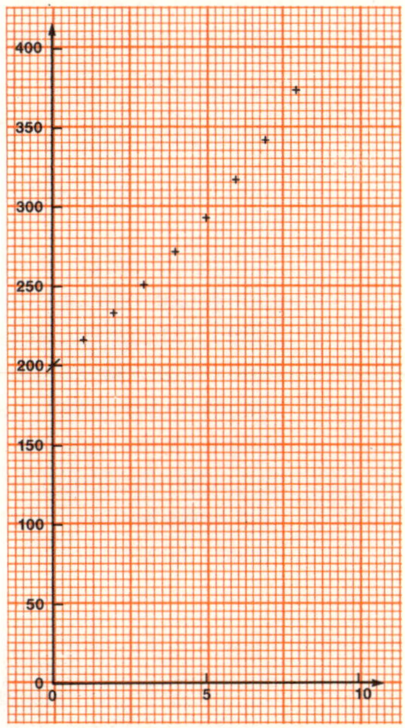

Sie erkennen an der Wertetabelle, daß die Kapitalien einem exponentiellen Wachstum unterliegen. Das jeweils folgende Kapital ergibt sich aus dem vorhergehenden durch Multiplikation mit 1,08. Dies ist der Wachstumsfaktor q, hier auch Zinsfaktor genannt. Allgemein gilt

$$q = \left(1 + \frac{p}{100}\right)$$

Die Funktionsvorschrift für die Berechnung des Endkapitals K_n bei Zinsenzinsen ist

$$K_n = K_0 \cdot q^n = K_0 \cdot \left(1 + \frac{p}{100}\right)^n$$

Zunächst ein einfaches Beispiel: Ein Kapital von 5000 DM wird auf 2 Jahre zu 10% Zinseszins angelegt. Wie groß ist das Endkapital nach dieser Zeit?
Es ist $K_0 = 5000$, $p = 10$ und $n = 2$. Setzt man diese Werte in die Formel ein, so ergibt sich

$$K_2 = 5000 \cdot \left(1 + \frac{10}{100}\right)^2 = 5000 \cdot 1{,}1^2 = 6050 \text{ DM}$$

Potenzen können **mit dem Taschenrechner** mit Hilfe der y^x - Taste einfach berechnet werden. Sie können nach folgendem Ablaufplan vorgehen. Zum Beispiel: $1{,}1^5$.

Drücken Sie die Taste C (CLEAR = Löschen).	CLEAR
Geben Sie die Basis ein.	1,1
Drücken Sie die Taste y^x.	y^x
Geben Sie den Exponenten ein.	5
Drücken Sie die Taste =	=
Sie erhalten das Ergebnis.	1,61051

Auf welchen Betrag wächst ein Kapital von 4000 DM in 6 Jahren bei einem Zinssatz von 6,5%? Verwenden Sie Ihren Taschenrechner, um eine Wertetabelle zu erstellen und einen Graphen zu zeichnen. → (5)

Mit Hilfe der Funktionsgleichung für Zinseszinsen läßt sich das Endkapital so berechnen:

$$K_n = K_0 \cdot (1 + \frac{p}{100})^n = K_0 \cdot q^n$$

$$K_6 = 4000 \cdot (1 + \frac{6,5}{100})^6 = 4000 \cdot 1,065^6 = 4000 \cdot 1,459 = 5836,57$$

Man erhält also nach Ablauf von 6 Jahren ein Endkapital von 5836,57 DM.

Sie erkennen, daß beim exponentiellen Wachstum mit dem Exponenten x, das heißt hier mit der Anzahl der Jahre n, der Wert stark ansteigt. Bietet Ihnen jemand für ein Darlehen von 1000 DM auf 10 Jahre eine feste jährliche Zinszahlung von 100 DM statt einer Verzinsung von 8% an, so können Sie mit der Zinseszinsrechnung prüfen, ob es günstiger ist, das Angebot anzunehmen oder die Zinseszinsen zu wählen. (Da 100 DM mehr als 8% von 1000 DM sind, ist das Angebot natürlich dann günstiger, wenn Sie die Zinsen jedes Jahr verbrauchen wollen.) Der Vergleich im einzelnen zeigt, daß es sich bei der festen Zahlung um ein lineares Wachstum handelt, bei der Zinseszinsberechnung dagegen um ein exponentielles. Hier finden Sie die Wertetabellen und die Graphen.

Jahr	lineares Wachstum	exponentielles Wachstum
0	1000	1000,00
1	1100	1080,00
2	1200	1166,40
3	1300	1259,71
4	1400	1360,49
5	1500	1469,33
6	1600	1586,87
7	1700	1713,82
8	1800	1850,93
9	1900	1999,00
10	2000	2158,92

Graphen:

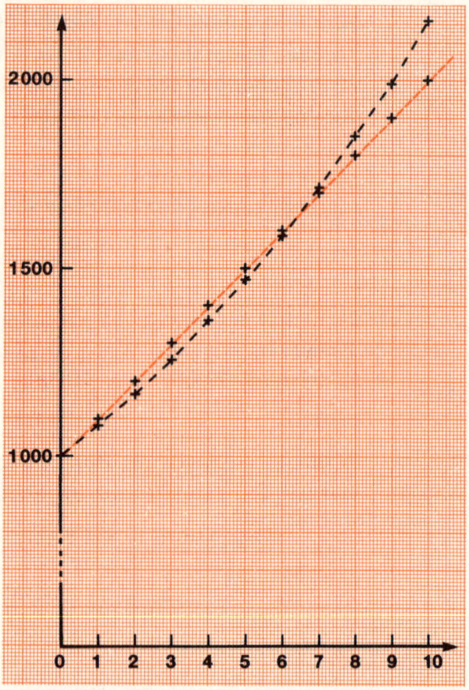

Aufgaben zu 5.4

Verwenden Sie - soweit erforderlich - Ihren Taschenrechner.

1. Wieviel Zinsen bringt ein Kapital von 12 000 DM, das mit 7,8% verzinst wird, in 6 Monaten und 21 Tagen?

2. Ein Kapital von 20 000 DM soll auf 12 Jahre zu 9% auf Zinseszinsen festgelegt werden. Wie groß wird das Endkapital nach dieser Zeit?

*3. Welchen Betrag hätten Sie heute zur Verfügung, wenn ein Vorfahre für Sie zur Zeit Karls des Großen (um 800) 1 Mark zu 3% Zinseszinsen angelegt hätte (und natürlich keine Geldentwertungen, Inflationen usw. aufgetreten wären). Rechnen Sie mit 1200 Jahren. Der Taschenrechner kann die Zahl nur in der Schreibweise mit Zehnerpotenzen anzeigen.

4. Eine Summe von 1000 DM wird jährlich um den festen Betrag von 100 DM erhöht. Nach wieviel Jahren würde eine größere Summe als durch die gleichbleibende Zuzahlung erreicht sein, wenn die 1000 DM zu 9% auf Zinseszins angelegt würden? Stellen Sie Wertetabelle und Graph auf.

Wiederholungsaufgaben

5

1. Welche der angegebenen Folgen sind arithmetische, welche geometrische Folgen?

   a) 100, 92, 84, 76, 68, . . . b) 3, 12, 48, 56, 64, . . . c) 1, 10, 10^2, 10^3, 10^4, . . .

2. Berechnen Sie die ersten 5 Glieder

   a) einer arithmetischen Folge mit $f(0) = 60$ und $d = -4$,

   b) einer geometrischen Folge mit $f(0) = 60$ und $q = 0{,}25$.

3. Das zweite und das dritte Glied einer geometrischen Folge sind 40 und 20. Wie lautet die Funktionsvorschrift? Zeichnen Sie den Graphen für die ersten fünf Glieder.

4. Welches Endkapital ergibt ein Anfangskapital von 20 000 DM bei 8% Zinsen in 30 Jahren?

6. Potenzen, Wurzeln und Exponentialfunktion

Vor der Sendung

Falls Ihnen der Wurzelbegriff nicht mehr so geläufig ist, können Sie sich in Abschnitt 6.1 mit ihm auseinandersetzen. Er wird nämlich anschließend wieder gebraucht. Sie werden auch einige Anwendungen der Quadratwurzel sehen. Aus der vorhergehenden Lektion kennen Sie das exponentielle Wachstum und die Exponentialfunktion, jedoch nur für Werte aus der Menge IN der natürlichen Zahlen. Im folgenden wird die Exponentialfunktion auch auf anderen Zahlenmengen betrachtet. Da in der Funktionsvorschrift der Exponentialfunktion eine Potenz auftritt, mit der weiter gerechnet werden muß, sollten Ihnen die Potenzgesetze für natürliche Exponenten bekannt sein. Diese finden Sie - falls Sie sie brauchen - in dem Buch „Funktionen in Anwendungen - Grundlegende Rechentechniken und Lösungswege". Die Fernsehsendung wird Ihnen Sachverhalte zeigen, bei deren Berechnung man die Exponentialfunktion anwendet. Gleichzeitig werden Sie an diesen Anwendungsbeispielen sehen, daß man die mathematischen Festlegungen so trifft, daß sie für Anwendungen sinnvoll sind.

Übersicht

1. Die Umkehrung des Potenzierens ist das Wurzel-Ziehen oder **Radizieren**. Weiß man zum Beispiel, daß $x^2 = a$ (bzw. $y^3 = b$ bzw. $z^4 = c$) ist, so muß man, um x (bzw. y bzw. z) zu bestimmen, eine Zahl suchen, deren zweite (bzw. dritte bzw. vierte) Potenz gleich a (bzw. b bzw. c) ist. Diese Zahlen nennt man die zweite (bzw. dritte bzw. vierte) **Wurzel von a** (bzw. b bzw. c) und schreibt dafür $x = \sqrt[2]{a}$ (bzw. $y = \sqrt[3]{b}$ bzw. $z = \sqrt[4]{c}$). Für die zweite Wurzel sagt man auch Quadratwurzel aus a oder kurz Wurzel a und schreibt $\sqrt{\mathbf{a}}$.

2. Die Quadratwurzel tritt auch im täglichen Leben auf. Ein Beispiel der **Anwendung von Quadratwurzeln** sind die Papierformate nach DIN, die mit Hilfe der $\sqrt{2}$ aufgestellt worden sind. Für das Verdoppeln und Halbieren von Papierformaten entstehen dadurch wesentliche Vorteile.

3. Die geometrische Folge stellt ein exponentielles Wachstum dar. Bei ihr handelt es sich um eine **Exponentialfunktion** mit dem Definitionsbereich der **Menge der natürlichen Zahlen** $\mathbb{N} = \{0, 1, 2, 3, 4, 5, \ldots\}$. Die Exponentialfunktion wird durch die Funktionsgleichung $f(x) = f(0) \cdot q^x$ mit $x \in \mathbb{N}$ beschrieben.

4. Vollzieht sich ein Wachstumsvorgang mit exponentiellem Wachstum kontinuierlich, so braucht man zu seiner Beschreibung auch Werte der Exponentialfunktion für gebrochene x-Werte, zum Beispiel für $\frac{1}{2}, \frac{2}{3}, \frac{9}{8}$ u.ä. Man muß daher die Erklärung der **Exponentialfunktion** auf den **Definitionsbereich** $\mathbb{Q}_+^*$ aller positiven gebrochenen Zahlen erweitern. Man definiert dafür **Potenzen mit positiven gebrochenen Exponenten.** Potenzen mit positiven gebrochenen Exponenten sind das Gleiche wie die bereits bekannten **Wurzeln**. Die **Quadratwurzel** einer Zahl a ist die Zahl z, die mit sich selbst multipliziert die Zahl a ergibt ($z^2 = a$). Die **n-te Wurzel** einer Zahl a ist die Zahl z, deren n-te Potenz a ergibt ($z^n = a$). Es ist

$$a^{\frac{1}{2}} = \sqrt{a} \qquad a^{\frac{1}{n}} = \sqrt[n]{a}$$

6.1 Wurzeln

In der vorhergehenden Lektion haben Sie Zinseszinsen mit der Formel

$K_n = K_0 \cdot (1 + \frac{p}{100})^n = K_0 \cdot q^n$ berechnet.

Damit man das Endkapital K_n nach n Jahren berechnen kann, müssen

das Anfangskapital K_0,

der Zinsfaktor $q = (1 + \frac{p}{100})$ und

die Anzahl der Jahre der Verzinsung n gegeben sein.

Zum Beispiel: Wieviel Zinseszins bringt ein Kapital von 10 000 DM in 5 Jahren bei 6 % Verzinsung? Das Endkapital ist $K_5 = 10\,000 \cdot (1 + \frac{6}{100})^5 = 10\,000 \cdot 1{,}06^5 = 13\,382{,}26$

Das Kapital erbringt also innerhalb von 5 Jahren 3 382,26 DM an Zinseszins. Sie können diese Berechnung mit Ihrem Taschenrechner nachvollziehen.

Wie ist es aber, wenn ein Kapital von 6 000 DM für 5 Jahre festverzinslich angelegt ist und nach dieser Zeit einen Zinseszins von 1 299,92 DM erbringt? Zu welchem Zinssatz war es angelegt?

Zunächst läßt sich sofort angeben, daß das Endkapital nach 5 Jahren $K_5 = 7\,299{,}92$ DM beträgt (Anfangskapital + Zinseszinsbetrag).
Hier ist nun der Zinssatz p gesucht. Den Zinssatz p könnte man ganz leicht berechnen, wenn man den Zinsfaktor $q = (1 + \frac{p}{100})$ kennen würde. Wäre zum Beispiel $q = 1{,}07$, so wäre der Zinssatz $p = 7$ %. Wie aber läßt sich aus den obigen Angaben der Zinsfaktor q berechnen?

Verwendet man die Formel $K_n = K_0 \cdot q^n$
und setzt die gegebenen Werte ein $7299{,}92 = 6000 \cdot q^5$,
so erhält man eine Gleichung mit der Unbekannten q in der 5. Potenz.

Diese Gleichung läßt sich nach q^5 auflösen $\frac{7\,299{,}92}{6\,000} = q^5$

oder $q^5 = 1{,}216653$

Gesucht ist demnach eine Zahl q, die hoch 5 gerechnet (man sagt auch: mit 5 potenziert oder in die 5. Potenz erhoben) 1,216653 liefert, oder anders ausgedrückt, für die

$q \cdot q \cdot q \cdot q \cdot q = 1{,}216653$ ist.

Nun können Sie mit dem Taschenrechner ausprobieren:

Wäre $q = 1{,}07$, so müßte $q^5 = 1{,}402552 \neq 1{,}216653$ sein.
Wäre $q = 1{,}06$, so müßte $q^5 = 1{,}338226 \neq 1{,}216653$ sein.
Wäre $q = 1{,}05$, so müßte $q^5 = 1{,}276282 \neq 1{,}216653$ sein.
Wäre $q = 1{,}04$, so müßte $q^5 = 1{,}216653 = 1{,}216653$ sein.

Offensichtlich ist das gesuchte q die Zahl 1,04 und damit der gesuchte Zinssatz $p = 4$ %.

Hier haben Sie eine Zahl gesucht, die mit 5 potenziert 1,216653 ergibt. Welche Zahl gibt mit 5 potenziert die Zahl Zahl 40 ? Gesucht ist also eine Zahl x, für die gilt $x^5 = 40$. An den Wert für diese Zahl x kann man sich mit dem Taschenrechner „herantasten", das heißt, man kann einen Näherungswert bestimmen:

$2^5 = 2 \cdot 2 \cdot 2 \cdot 2 \cdot 2 = 32$; $32 < 40$ (Mit dem Taschenrechner: 2 → [y^x] → 5 → [=] → 32 .)

Die Zahl muß demnach etwas größer als 2 sein. Man probiert zum Beispiel:

$2{,}1^5 = 40{,}841$	$40{,}841 > 40$	
$2{,}05^5 = 36{,}205$	$36{,}205 < 40$	
$2{,}08^5 = 38{,}933$	$38{,}933 < 40$	
$2{,}09^5 = 39{,}878$	$39{,}878 < 40$	
$2{,}095^5 = 40{,}357$	$40{,}357 > 40$	
$2{,}092^5 = 40{,}069$	$40{,}069 > 40$	
$2{,}091^5 = 39{,}973$	$39{,}973 < 40$	2,091 ist schon ein recht guter Näherungswert für die gesuchte Zahl x.

$x \approx 2{,}091$ oder $2{,}091^5 \approx 40$

Die Zahl, die mit 5 potenziert 40 ergibt, nennt man die **5. Wurzel** aus 40 und schreibt $\sqrt[5]{40}$.

Will man entsprechend den Zinsfaktor q ausrechnen für eine vierjährige (bzw. eine zweijährige Verzinsung), so muß man die Gleichung $q^4 = \frac{K_4}{K_0}$ (bzw. $q^2 = \frac{K_2}{K_0}$) nach q auflösen.

Rechnen Sie dies für $K_0 = 1\,000$ DM und $K_4 = 1\,215{,}51$ DM durch. → ①

Die positive Zahl, die mit 4 potenziert die Zahl a ergibt, nennt man die **4. Wurzel** aus a und schreibt dafür $\sqrt[4]{a}$.

Die positive Zahl, die mit 2 potenziert die Zahl a ergibt, nennt man die **2. Wurzel** aus a und schreibt dafür $\sqrt[2]{a}$.

Allgemein erklärt man

> Die positive Zahl, die mit n potenziert die Zahl a ergibt, heißt n-te Wurzel aus a und wird als $\sqrt[n]{a}$ geschrieben.

Es ist daher z. B. $(\sqrt[5]{a})^5 = (\sqrt[5]{a})\cdot(\sqrt[5]{a})\cdot(\sqrt[5]{a})\cdot(\sqrt[5]{a})\cdot(\sqrt[5]{a}) = a$

oder $(\sqrt[4]{a})^4 = (\sqrt[4]{a})\cdot(\sqrt[4]{a})\cdot(\sqrt[4]{a})\cdot(\sqrt[4]{a}) = a$ oder $(\sqrt[2]{a})^2 = (\sqrt[2]{a})\cdot(\sqrt[2]{a}) = a$

und allgemein $(\sqrt[n]{a})^n = \underbrace{\sqrt[n]{a}\cdot\sqrt[n]{a}\cdot\sqrt[n]{a}\cdot\ldots\cdot\sqrt[n]{a}}_{n \text{ Faktoren } \sqrt[n]{a}} = a$

Das Berechnen der Wurzel aus einer Zahl a heißt **Wurzelziehen** oder **Radizieren**. $\sqrt{\ }$ nennt man das **Wurzelzeichen**, die Zahl a unter dem Wurzelzeichen **Radikand** und die Zahl n links oben auf dem Wurzelzeichen **Wurzelexponent**. Für den Radikanden läßt man nur Zahlen ≥ 0 zu, für den Wurzelexponenten treten hier zunächst nur positive natürliche Zahlen auf ($a \geq 0$, $n \in \mathbb{N}^*$). Für positive Zahlen ist das Radizieren die Umkehrung des Potenzierens.

Für die zweite Wurzel aus a sagt man **Quadratwurzel** aus a oder kurz **Wurzel a**. Man schreibt für die Quadratwurzel aus a einfach $\sqrt{\mathbf{a}}$.

Die näherungsweise Berechnung etwa für $\sqrt[4]{50}$ oder $\sqrt[5]{40}$, wie Sie sie oben durchgeführt haben, ist - auch mit einem Taschenrechner - recht zeitaufwendig. In der nächsten Lektion werden Sie kennenlernen, wie man solche Wurzeln mit dem Taschenrechner einfach bestimmen kann.

Für die Quadratwurzel hat der Taschenrechner eine eigene Taste, bezeichnet mit $\boxed{\sqrt{x}}$.

(Manche Taschenrechner haben auch für die dritte Wurzel eine eigene Taste: $\boxed{\sqrt[3]{x}}$)

Geben Sie zum Beispiel die Zahl 169 ein und drücken $\boxed{\sqrt{x}}$, so erhalten Sie die Zahl 13.

Beim Wurzelziehen erhält man aber - wie Sie schon gesehen haben - nicht immer eine „glatte" Zahl. Wollen Sie zum Beispiel die Wurzel aus 200 ziehen, so sehen Sie, daß diese zwischen 14 und 15 liegen muß, denn $14^2 = 196$ und $15^2 = 225$. Für den Wert der Wurzel können Sie sich in dieser Lektion mit einer rationalen Näherung begnügen, wie sie der Taschenrechner liefert. Welche mathematische Problematik dahinterliegt, werden Sie in der nächsten Lektion kennenlernen.

Das Quadratwurzel-Ziehen mit dem Taschenrechner läßt sich so beschreiben.

Berechnung von $\sqrt{a}$ mit $a \geq 0$	Beispiel $\sqrt{200}$
Drücken Sie **CLEAR**	Clear
Geben Sie den **Radikanden** a ein.	200
Drücken Sie die **$\sqrt{x}$- Taste**.	$\sqrt{x}$
Sie erhalten das Ergebnis.	14,14213562

Berechnen Sie mit Ihrem Taschenrechner $\sqrt{17}$, $\sqrt{3}$ und $\sqrt{50}$. → ④

Aufgaben zu 6.1

1. Berechnen Sie die folgenden Quadratwurzeln bzw. Potenzen von Quadratwurzeln mit dem Taschenrechner und geben Sie die Ergebnisse auf drei Dezimalen an.

   a) $\sqrt{831}$ b) $\sqrt{1000}$ c) $\sqrt{13,5}$ d) $\sqrt{0,05}$

   e) $(\sqrt{37})^3$ f) $(\sqrt{10})^2$ g) $(\sqrt{2,5})^5$ h) $(\sqrt{0,5})^4$

2. Bestimmen Sie (wie in Abschnitt 6.1 gezeigt) den Zinssatz für eine festverzinsliche Kapitalanlage eines Anfangskapitals von 8 000 DM, das in 6 Jahren Zinseszins in Höhe von 2720,77 DM erbringt.

3. Die folgenden Wurzeln kann man leicht ohne Taschenrechner berechnen, zum Beispiel $(\sqrt{3})^4 = (\sqrt{3}) \cdot (\sqrt{3}) \cdot (\sqrt{3}) \cdot (\sqrt{3}) = 3 \cdot 3 = 9$ oder $(\sqrt{9})^3 = 3^3 = 27$. Rechnen Sie ebenso:

   a) $(\sqrt{2,5})^2$ b) $(\sqrt{5})^4$ c) $(\sqrt{16})^3$ d) $(\sqrt{4})^7$

6.2 Anwendungen des Rechnens mit Quadratwurzeln

Als Autofahrer wissen Sie, daß man einen fahrenden Wagen nicht abrupt zum Stehen bringen kann. Bremst man, so legt der Wagen immer noch einen bestimmten Weg zurück: den Bremsweg. Als Faustformel für die Berechnung des Bremsweges auf trockener Fahrbahn kann man die Beziehung Bremsweg $= \frac{1}{200} \cdot (\text{Geschwindigkeit})^2$ verwenden, wobei die Geschwindigkeit in $\frac{\text{km}}{\text{Std.}}$ eingegeben wird und der Bremsweg sich in m ergibt. (Beachten Sie, daß im Straßenverkehr natürlich noch die Zeit vom Erkennen einer Gefahr bis zum Beginn des Bremsvorgangs, und damit ein Reaktionsweg, hinzukommt!) Wenn Sie also mit einer Geschwindigkeit von 100 $\frac{\text{km}}{\text{Std.}}$ fahren, läßt sich der reine Bremsweg berechnen als Bremsweg $= \frac{1}{200} \cdot (100)^2$ m. Der Bremsweg beträgt also 50 m.

Die umgekehrte Fragestellung ist: Wie hoch darf die Geschwindigkeit höchstens sein, wenn der Bremsweg eine bestimmte Länge, zum Beispiel 20 m, nicht überschreiten soll? Schreibt man für den Bremsweg die Variable y und für die Geschwindigkeit die Variable x , so wird die Beziehung zwischen Geschwindigkeit und Bremsweg dargestellt durch

$$y = \frac{1}{200}x^2$$

Setzt man für den Bremsweg y die Zahl 20 ein $\qquad 20 = \frac{1}{200}x^2 \quad | \cdot 200$

und löst die entstandene Gleichung nach x auf, $\qquad 4000 = x^2$

so hat man die (positive) Zahl zu suchen, deren

Quadrat 4000 ergibt, das ist aber $\qquad x = \sqrt{4000}$.

Mit dem Tachenrechner bestimmt ist $\qquad x \approx 63{,}25$.

Die Geschwindigkeit darf also nicht größer als 63,25 $\frac{km}{Std.}$ sein.

Ein anderes Beispiel: Ihr Telekolleg-Buch hat nicht das in Deutschland für Schreibpapier übliche Format. (Sein *Format* zeigt sich im Inhalt und nicht in der äußeren Form! Doch Scherz beiseite!) Bei dem für Schreibpapier üblichen Format handelt es sich um das DIN A - Format. Der übliche Briefbogen hat die Größe DIN A 4. Faltet man ihn einmal, so erhält man das Format DIN A 5. Nochmaliges Falten bringt die Postkartengröße DIN A 6 hervor. Wie sind diese Formate gewählt? Alle DIN A - Größen sollen in einem bestimmten Verhältnis zueinander stehen, und zwar durch Halbieren oder Verdoppeln auseinander hervorgehen. Ist der DIN A 4 - Bogen also zum Beispiel p = 29,7 cm lang und q = 21 cm breit, so muß die Breite q = 21 cm nach dem Falten die Länge des DIN A 5 - Bogens werden, während dessen Breite $\frac{p}{2}$ = 14,85 cm beträgt.

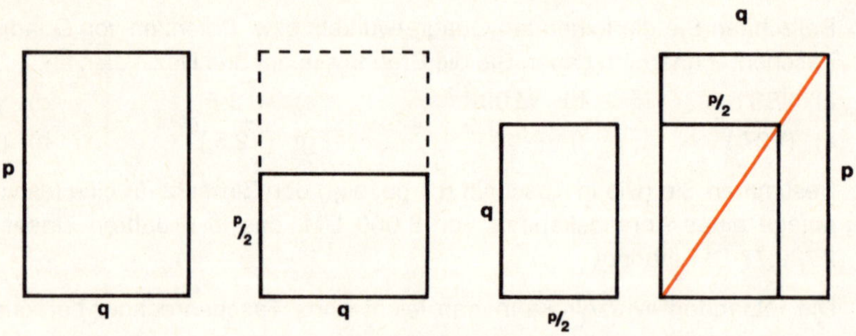

Sollen die Papierformate durch Halbieren oder Verdoppeln auseinander hervorgehen, so müssen alle Papierformate gleiches Seitenverhältnis haben, es muß zum Beispiel für A 4 und A5 gelten $\quad \frac{29{,}7}{21} = \frac{21}{14{,}85} \quad$ und allgemein, wenn für den ersten Bogen die Länge p und die Breite q und für den zweiten Bogen die Länge q und die Breite $\frac{p}{2}$ ist

$$\frac{p}{q} = \frac{q}{\frac{p}{2}}$$

Man möchte das Verhältnis $\frac{p}{q}$ zahlenmäßig angeben, daher multipliziert man diese Gleichung mit $\frac{p}{q}$ $\qquad \frac{p}{q} = \frac{q}{\frac{p}{2}} \quad | \cdot \frac{p}{q}$

und erhält (da sich auf der rechten Seite p und q herauskürzen) $\qquad \frac{p^2}{q^2} = \frac{1}{\frac{1}{2}}$

oder (da $1 : \frac{1}{2} = 2$ ist) $\qquad \frac{p^2}{q^2} = 2$

Da $\frac{p^2}{q^2} = (\frac{p}{q})^2$ ist, gilt also $(\frac{p}{q})^2 = 2$ bzw. $\mathbf{\frac{p}{q} = \sqrt{2}}$ oder $p = q \cdot \sqrt{2}$

Aus dieser Gleichung können Sie also jetzt die Breite berechnen, wenn die Länge gegeben ist und umgekehrt. Wenn die Breite eines DIN A 4 - Blattes 21 cm beträgt, läßt sich mit dem oben berechneten Ergebnis ausrechnen, wie lang das DIN A 4 - Blatt sein muß. Ebenso lassen sich damit die Maße eines DIN A 3 - Blattes (eines DIN A 5 - Blattes; einer Postkarte DIN A 6) berechnen. Führen Sie das bitte aus. → (6)

In der folgenden Tabelle sind die Maße einiger Papierformate in mm zusammengestellt.

	DIN A 0	DIN A 1	DIN A 2	DIN A 3	DIN A 4
Länge	1189	841	594	420	297
Breite	841	594	420	297	210

Wie kommt man aber gerade auf diese Maße? Man ist davon ausgegangen, daß ein Blatt der Größe DIN A 0 einen Flächeninhalt von $1\ m^2$ besitzen soll. Daraus ergeben sich dann die Längen, denn auch für das DIN A 0 - Blatt muß gelten $p = q \cdot \sqrt{2}$

und damit für den Flächeninhalt $A = p \cdot q = q \cdot q \cdot \sqrt{2}$.

Ist nun $A = 1$, dann muß man die Gleichung $q^2 \cdot \sqrt{2} = 1$ lösen.

Bestimmen Sie mit Ihrem Taschenrechner $1 : \sqrt{2}$ und ziehen Sie daraus die Quadratwurzel. Dies ergibt die Breite q des DIN A 0 - Blattes. Die Länge erhalten Sie aus $p = q \cdot \sqrt{2}$. Rechnen Sie auch diese Größe nach. → (2)

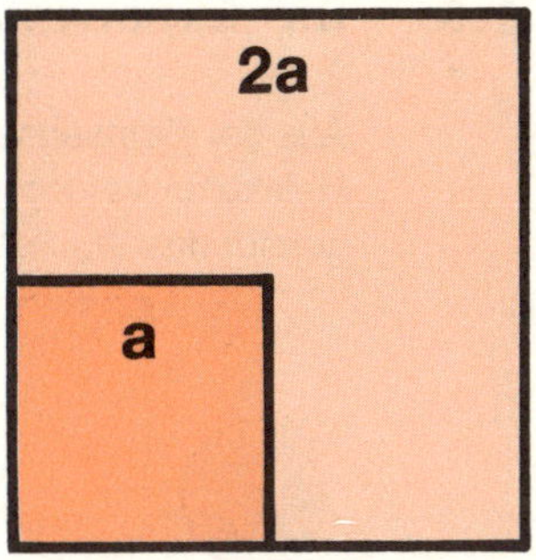

In einem anderen Fall muß man auch $\sqrt{2}$ anwenden. Wenn Sie zu einem vorgegebenen Quadrat ein Quadrat mit doppeltem Flächeninhalt zeichnen sollen, so kann man ja bekanntlich nicht die Seitenlänge verdoppeln. Wenn nämlich die Seitenlänge a ist, dann ist der Flächeninhalt des Quadrates a^2 . Nimmt man jetzt die doppelte Seitenlänge $2a$, so erhält man für die Fläche $(2a)^2 = 4 \cdot a^2$, also den vierfachen Flächeninhalt. Auf dem unteren der nebenstehenden Bilder können Sie erkennen, wie man zu einem Quadrat doppelten Flächeninhalts kommt. Die Seitenlänge des neuen Quadrates ist gleich der Diagonale d des ursprünglichen Quadrates mit der Seitenlänge a . Also ist $d^2 = a^2 \cdot 2$ oder

$d = a \cdot \sqrt{2}$.

Im Dialog *Menon* des griechischen Philosophen Platon beschäftigt sich bereits Sokrates mit diesem Problem. Durch geschickte Fragen bringt Sokrates einen Sklaven zu der Erkenntnis, daß die Diagonale des Quadrates die Seite eines Quadrates mit doppeltem Flächeninhalt sein muß. Natürlich standen den Griechen damals noch nicht die modernen Schreibweisen wie $\sqrt{2}$ zur Verfügung.

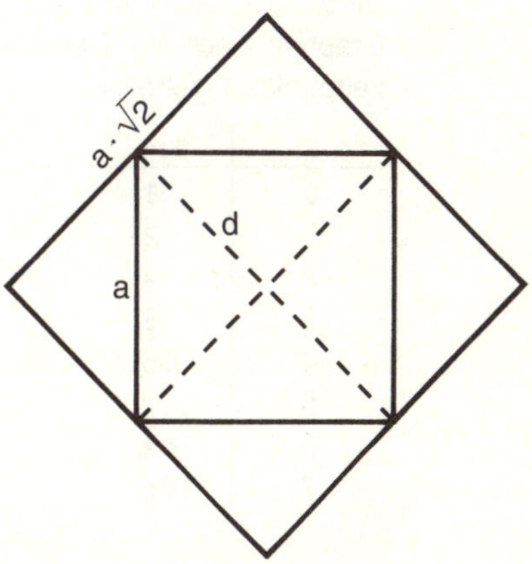

6

Aufgaben zu 6.2

1. 80 g - Papier, wie man es zum Beispiel zum Kopieren oder für den Drucker eines Computers benutzt, ist ein Papier, bei dem ein DIN A 0 - Blatt 80 g Gewicht hat. a) Berechnen Sie das Gewicht eines Blattes DIN A 4. b) Wie schwer ist ein auf solchem Papier angefertigtes Aktenstück, das 520 DIN A 4 - Blätter umfaßt? c) Was für eine Folge stellen die Gewichte der unterschiedlichen Bogen von A 0 ausgehend dar? d) Wie lautet die Funktionsgleichung dieser Folge?

2. Die DIN C - Formate werden für Briefumschläge benutzt. Damit die Briefbogen der DIN A - Formate in die Umschläge passen, müssen diese natürlich etwas größer sein als das A-Format; ansonsten sind sie aber entsprechend aufgebaut. Ein DIN C 6 - Briefumschlag hat eine Breite von 16,2 cm. a) Wie hoch ist er? b) Wie sind die Maße eines DIN C 5 - Umschlages; eines DIN C 4 - Umschlages?

3. Wie groß muß die Seitenlänge eines Quadrates sein, dessen Flächeninhalt dreimal so groß wie ein gegebenes Quadrat mit der Seitenlänge a ist? (Beachten Sie: Ist die gesuchte Seitenlänge b, der Flächeninhalt des neuen Quadrates also b^2, so muß $b^2 = 3 \cdot a^2$ sein.)

6.3 Die Exponentialfunktion auf der Definitionsmenge $\mathbb{N}$

Aus der Fernsehsendung kennen Sie das Wachstum einer Hefekultur. Die dort angesetzte Hefekultur verdoppelte die von ihr bedeckte Fläche jede Stunde. Hier finden Sie Abbildungen für das Wachstum der Hefekultur.

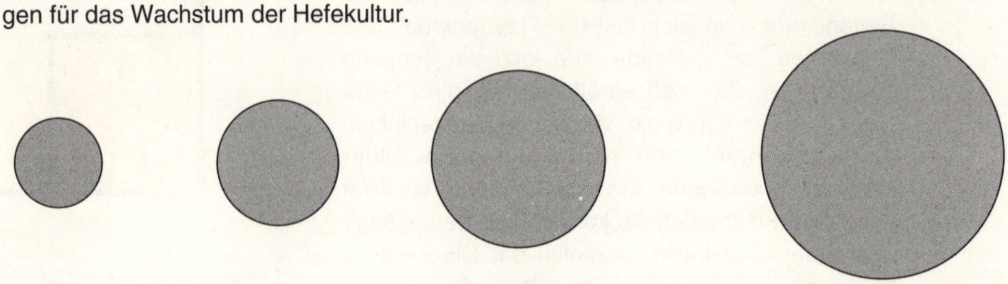

zu Beginn | nach 1 Stunde | nach 2 Stunden | nach 3 Stunden

Zeichnen Sie ein Bild der Hefekultur nach 4 Stunden. → (5)

Dieses Verhalten läßt sich - wie Sie wissen - in einer Wertetabelle aufschreiben und in einem Graphen zeichnen. Dabei werden nur die Punkte eingezeichnet, die zu den Beobachtungszeitpunkten gehören.

x	f(x)
0	1
1	2
2	4
3	8
4	16
5	32
6	64
7	128

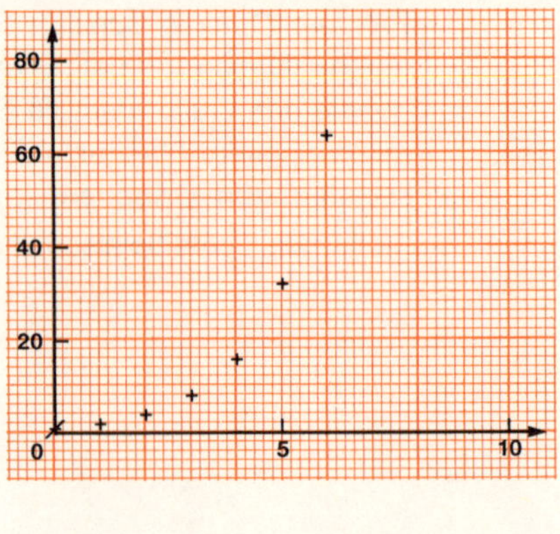

Dem Graphen sehen Sie an, daß es sich beim Wachstum der Hefekultur um ein exponentielles Wachstum handelt, wie Sie es aus der letzten Lektion kennen. Jedes Glied der Folge läßt sich aus dem vorhergehenden durch Multiplikation mit einer festen Zahl errechnen.

$$f(x+1) = f(x) \cdot q \quad \text{mit} \quad q > 0$$

Sie haben in der vorhergehenden Lektion auch bereits die Funktionsgleichung einer solchen Folge kennengelernt:

$$f(x) = f(0) \cdot q^x \quad \text{mit} \quad q > 0 \quad \text{und} \quad x \in \mathbb{N}$$

Vergleichen Sie die Werte, die sich mit dieser Funktionsgleichung berechnen lassen, mit den Werten der Folge. (q ergibt sich als Quotient benachbarter Glieder, z. B. $q = \frac{4}{2} = 2$.)

x	0	1	2	3	4	5	6
Folgenglied	1	2	4	8	16	32	64
$f(x) = f(0) \cdot 2^x$	2^0	2^1	2^2	2^3	2^4	2^5	2^6

Tatsächlich ist $4 = 2^2$, $8 = 2^3$, $16 = 2^4$ und so weiter. Nur bei den beiden ersten Folgengliedern ergibt sich eine zunächst etwas ungewöhnliche Schreibweise: 2 selbst schreibt man im allgemeinen nicht als Potenz und 1 schon gar nicht. Damit man die Funktionsvorschrift aber durchgehend verwenden kann, legt man fest:

$$2^0 = 1 \quad \text{und} \quad 2^1 = 2$$

oder allgemein

$$a^0 = 1 \quad \text{und} \quad a^1 = a$$

Die nullte Potenz einer jeden Zahl ist 1; die erste Potenz einer jeden Zahl ist die Zahl selbst.

Aufgaben zu 6.3

1. Wie lautet die Funktionsgleichung zu den angegebenen Folgen mit exponentiellem Wachstum?
   a) 4; 10; 25; $62\frac{1}{2}$; . . .   b) 0,5; 1,5; 4,5; 13,5; . . .
   c) 40; 20; 10; 5; $2\frac{1}{2}$ d) 100; 110; 121; 133,1; 146,41; . . .

2. Zeichnen Sie zu den Funktionen aus Aufgabe 1 die Graphen.

3. Berechnen Sie: a) 3^4 b) 17^2 c) 23^1 d) 345^0 e) b^0

6.4 Die Exponentialfunktion auf der Definitionsmenge $\mathbb{Q}_+^*$

Das Wachstum der Hefekultur wurde im vorhergehenden Abschnitt betrachtet, als stelle es eine Folge dar, sei also nur für die natürlichen Zahlen 0, 1, 2, 3, . . . erklärt. Der Graph bestand dann aus einzelnen diskreten Punkten. Dies lag daran, daß man nur die Werte zu den Beobachtungszeitpunkten 0, 1, 2, . . . bestimmt hat. Eine solche Auffassung beschreibt aber dieses Wachstum nicht vollständig. Tatsächlich wächst die Hefekultur kontinuierlich. Während bei den Beispielen der Lektion 5, etwa bei der Geschoßhöhe des Florentiner Palastes, die Funktionswerte nur für ganzzahlige x-Werte sinnvoll waren, die Graphen also zu Recht aus einzelnen Punkten bestanden, müßte der Graph, der das Wachstum der Hefekultur beschreibt, eine durchgehende Linie sein: Auch nach $\frac{1}{4}$ Std., $\frac{1}{2}$ Std., $\frac{3}{4}$ Std. usw. bedeckt die Hefekultur eine bestimmte Fläche. Die zugehörige Funktion muß also auf der Menge aller Bruchzahlen, d.h. der Menge aller positiven rationalen Zahlen $\mathbb{Q}_+^*$ definiert sein.

Läßt man sich - beispielsweise von einem Computer - den Graphen der Funktion $f(x) = 1 \cdot 2^x$ zeichnen, so erhält man folgendes Bild:

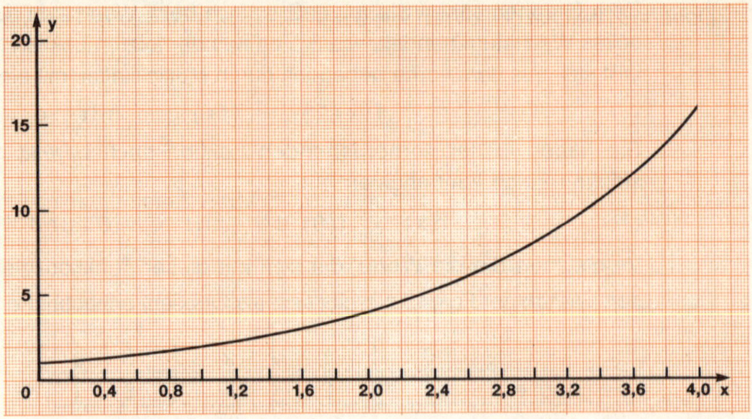

Es gibt also Funktionswerte y für $x = \frac{1}{2}, \frac{1}{3}, \frac{1}{4}, \frac{1}{5}, \frac{1}{6}, \ldots$. Greifen Sie einen davon zunächst heraus: Für $x = \frac{1}{2}$ ist der Funktionswert $y = f(x) = 2^{\frac{1}{2}}$. Doch: Welche Bedeutung soll $2^{\frac{1}{2}}$ haben? Dies kann man sich an Hand einer Wertetabelle mit der charakteristischen Bedingung für das exponentielle Wachstum (der Hefekultur) klarmachen.

Wächst der x-Wert um 1, so wächst der Funktionswert um den Faktor 2.

x-Wert	0	1	2	3	4	5	6
Funktionswert	1	2	4	8	16	32	64

·2 ·2 ·2 ·2 ·2 ·2 ·2

Wächst nun der x-Wert nicht um 1 sondern um $\frac{1}{2}$, dann hat sich aber die Art des Wachstums nicht geändert; es muß allgemein auch hier gelten:

> Wächst der x-Wert um einen festen Betrag, so wächst der Funktionswert um einen bestimmten Faktor.

Dieser Faktor wird zunächst einmal z genannt.

$+\frac{1}{2}$ $+\frac{1}{2}$ $+\frac{1}{2}$ $+\frac{1}{2}$ $+\frac{1}{2}$ $+\frac{1}{2}$ $+\frac{1}{2}$ $+\frac{1}{2}$ $+\frac{1}{2}$ $+\frac{1}{2}$ $+\frac{1}{2}$ $+\frac{1}{2}$

x-Wert	0	$\frac{1}{2}$	1	$1\frac{1}{2}$	2	$2\frac{1}{2}$	3	$3\frac{1}{2}$	4	$4\frac{1}{2}$	5	$5\frac{1}{2}$	6
Funktionswert	1		2		4		8		16		32		64

·z ·z ·z ·z ·z ·z ·z ·z ·z ·z ·z ·z

·2 ·2 ·2 ·2 ·2 ·2

Wächst der x-Wert von 0 auf $\frac{1}{2}$, also um den Schritt $\frac{1}{2}$, so muß der Funktionswert von 1 auf $1 \cdot z$ wachsen. Folglich gilt $f(\frac{1}{2}) = 2^{\frac{1}{2}} = z$

Wächst der x-Wert von $\frac{1}{2}$ wiederum um den Schritt $\frac{1}{2}$, erreicht also 1, so muß der Funktionswert von $1 \cdot z$ auf $1 \cdot z \cdot z$ wachsen, dies muß aber der Wert $2 = f(1)$ sein.

Daher gilt: Wächst der x-Wert von 0 um $+\frac{1}{2}+\frac{1}{2} = 1$, so wächst der Funktionswert auf $1 \cdot z \cdot z = 2$.

Es ist $\qquad f(1) = 2^{\frac{1}{2}} \cdot 2^{\frac{1}{2}} = z \cdot z = 2$

Damit erhält man $\qquad 2^{\frac{1}{2}} = z \quad \text{mit} \quad z \cdot z = 2 \quad \text{oder} \quad z^2 = 2$.

Die positive Zahl z, die mit sich selbst multipliziert 2 ergibt (das heißt deren Quadrat 2 ergibt) ist aber, wie Sie in Abschnitt 6.1 gesehen haben, $\sqrt{2}$.

Man kann demnach $\qquad \boxed{2^{\frac{1}{2}} = \sqrt{2}} \qquad$ setzen.

Damit läßt sich die obige Tabelle vervollständigen.

x-Wert	0	$\frac{1}{2}$	1	$1\frac{1}{2}$	2	$2\frac{1}{2}$	3	$3\frac{1}{2}$	4	$4\frac{1}{2}$	5	$5\frac{1}{2}$	6
Funktions-wert	1	$\sqrt{2}$	2	$2\sqrt{2}$	4	$4\sqrt{2}$	8	$8\sqrt{2}$	16	$16\sqrt{2}$	32	$32\sqrt{2}$	64

Damit ist die Definitionsmenge der Funktion $f(x) = 2^x$ erweitert um alle Vielfachen von $\frac{1}{2}$.

Die neue Schreibweise der Wurzeln als Potenzen mit gebrochenem Exponenten stimmt auch mit den Ihnen bekannten Potenzgesetzen überein (vgl. etwa „Funktionen in Anwendungen - Grundlegende Rechentechniken und Lösungswege", Abschnitt 7). Das erste Potenzgesetz lautet ja $\qquad a^m \cdot a^n = a^{m+n}$

Auf $2^{\frac{1}{2}}$ angewendet $\qquad 2^{\frac{1}{2}} \cdot 2^{\frac{1}{2}} = 2^{\frac{1}{2}+\frac{1}{2}} = 2^1$

in der Wurzelschreibweise $\qquad (\sqrt{2}) \cdot (\sqrt{2}) = 2$

oder auch $\qquad (\sqrt{2})^2 = (2^{\frac{1}{2}})^2 = 2^{(\frac{1}{2} \cdot 2)} = 2^{(2 \cdot \frac{1}{2})} = (2^2)^{\frac{1}{2}} = \sqrt{2^2} = 2$

Dies entspricht dem 5. Potenzgesetz $\qquad (a^m)^n = a^{m \cdot n}$

Läßt sich die Funktion $f(x) = 2^x$ auch für andere Brüche definieren? Probieren Sie es mit den Vielfachen von $\frac{1}{3}$ aus.

Wählt man als Schrittweite in der Definitionsmenge $\frac{1}{3}$, so kann man folgende Überlegung anstellen:

$+\frac{1}{3} \quad +\frac{1}{3} \quad +\frac{1}{3} \quad +\frac{1}{3} \quad +\frac{1}{3} \quad +\frac{1}{3} \quad +\frac{1}{3}$

x-Wert	0	$\frac{1}{3}$	$\frac{2}{3}$	1	$1\frac{1}{3}$	$1\frac{2}{3}$	2	$2\frac{1}{3}$
Funktions-wert	1			2			4	

$\cdot v \quad \cdot v \quad \cdot v \quad \cdot v \quad \cdot v \quad \cdot v \quad \cdot v$

$\cdot 2 \qquad \cdot 2$

Dieselbe Schlußweise wie eben zeigt Ihnen:
Wächst der x-Wert von 0 um $+\frac{1}{3}+\frac{1}{3}+\frac{1}{3} = 1$, so wächst der Funktionswert auf $1 \cdot v \cdot v \cdot v = 2$.

Es ist $\qquad f(1) = 2^{\frac{1}{3}} \cdot 2^{\frac{1}{3}} \cdot 2^{\frac{1}{3}} = v \cdot v \cdot v = 2$

Damit erhält man $\qquad 2^{\frac{1}{3}} = v \quad \text{mit} \quad v \cdot v \cdot v = 2 \quad \text{oder} \quad v^3 = 2$.

Die positive Zahl v, für die $v \cdot v \cdot v = 2$ ergibt, das heißt, deren 3. Potenz 2 ergibt, ist $\sqrt[3]{2}$.
Dies wissen Sie ebenfalls bereits aus dem Abschnitt 6.1.

Damit läßt sich die obige Tabelle vervollständigen.

x-Wert	0	$\frac{1}{3}$	$\frac{2}{3}$	1	$1\frac{1}{3}$	$1\frac{2}{3}$	2	$2\frac{1}{3}$
Funktions-wert	1	$\sqrt[3]{2}$	$\sqrt[3]{2}^{\,2}$	2	$\sqrt[3]{2}^{\,4}$	$\sqrt[3]{2}^{\,5}$	3	$\sqrt[3]{2}^{\,7}$

Auf Grund dieser Überlegungen kann man festlegen:

$$2^{\frac{1}{3}} = \sqrt[3]{2}$$

Damit ist die Definitionsmenge der Funktion $f(x) = 2^x$ erweitert um alle Vielfachen von $\frac{1}{3}$.

Auch hier bleibt die Gültigkeit der Potenzgesetze erhalten, etwa auf $2^{\frac{1}{3}}$ angewendet:

$$2^{\frac{1}{3}} \cdot 2^{\frac{1}{3}} \cdot 2^{\frac{1}{3}} = 2^{\frac{1}{3}+\frac{1}{3}+\frac{1}{3}} = 2^1 ,$$

in der Wurzelschreibweise $(\sqrt[3]{2})^3 = (\sqrt[3]{2}) \cdot (\sqrt[3]{2}) \cdot (\sqrt[3]{2}) = 2$

Zu welcher Wurzel kommt man bei der Schrittweite $\frac{1}{4}$? Was bedeutet demnach $2^{\frac{1}{4}}$? → ③

Wählt man nun allgemein als Schrittweite in der Definitionsmenge $\frac{1}{n}$, so kommt man analog zu den obigen Festlegungen zu der Definition

$$2^{\frac{1}{n}} = \sqrt[n]{2}$$

und für eine beliebige positive Basis b

$$b^{\frac{1}{n}} = \sqrt[n]{b}$$

Diejenige positive Zahl u, die mit n potenziert die Zahl b ergibt, das heißt, deren n-te Potenz die Zahl b ergibt, ist die n-te Wurzel aus b: $u = \sqrt[n]{b} = b^{\frac{1}{n}}$.

Aufgaben zu 6.4

1. Schreiben Sie in die Wurzelschreibweise um.

   a) $2^{\frac{1}{5}}$ b) $3^{\frac{1}{2}}$ c) $2^{\frac{1}{10}}$ d) $5^{\frac{1}{4}}$ e) $10^{\frac{1}{3}}$

2. Schreiben Sie in die Potenzschreibweise um.

   a) $\sqrt{5}$ b) $\sqrt[3]{20}$ c) $\sqrt[6]{3}$ d) $\sqrt[12]{7}$ e) $\sqrt[n]{x}$

3. Berechnen Sie eine Wertetabelle für die Exponentialfunktion $f(x) = 4^x$ auf der Definitionsmenge $\{ 0, \frac{1}{2}, 1, 1\frac{1}{2}, 2, 2\frac{1}{2}, 3, 3\frac{1}{2} \}$ und zeichnen Sie den Graphen.

4. Welche Funktionsgleichung gehört zu einer Exponentialfunktion mit der Wertetabelle:

x-Wert	0	$\frac{1}{7}$	$\frac{2}{7}$	$\frac{3}{7}$	$\frac{4}{7}$	$\frac{5}{7}$	$\frac{6}{7}$
Funktions-wert	1	3	9	27	81	243	729

Wiederholungsaufgaben

1. Formen Sie die folgenden Ausdrücke in die Wurzelschreibweise um:

   a) $17^{\frac{1}{2}}$ b) $3^{\frac{1}{3}}$ c) $2^{\frac{1}{3}}$ d) $0{,}5^{\frac{1}{2}}$ e) $20^{\frac{1}{5}}$ f) $a^{\frac{1}{20}}$

2. Schreiben Sie die folgenden Wurzeln als Potenzen mit gebrochenem Exponenten.

   a) $\sqrt{5}$ b) $\sqrt[3]{25}$ c) $\sqrt[2]{3}$ d) $\sqrt[10]{2}$ e) $\sqrt[3]{3}$

3. Ein quadratisches Baugrundstück hat einen Flächeninhalt von 1200 m^2. Es grenzt mit einer Seite an eine Straße. Wie lang ist die Straßenfront? Wie teuer ist die Straßenreinigung, wenn je Meter Straßenfront 4,80 DM jährlich bezahlt werden müssen?

*4. Ein Grundstück ist 50 m lang und 40 m breit. Im Rahmen einer Umlegung soll es mit einem quadratischen Grundstück getauscht werden. Welche Seitenlänge muß dieses quadratische Grundstück haben?

*5. Ein Kapital von 12 000 DM bringt in 9 Jahren 11 988,06 DM an Zinseszins. Zu welchem Zinssatz wurde es verzinst?

6

7. Irrationale Zahlen

Vor der Sendung

Für die Lektion 7 sollten Sie Ihre Kenntnisse über Wurzeln aus der Lektion 6 bereit haben. Diese werden Ihnen sicher beim Verständnis des ersten Abschnittes hilfreich sein. Wenn Sie die Erweiterung des Definitionsbereichs für die Exponentialfunktion in der vorhergehenden Fernsehsendung verstanden haben, werden Ihnen die neuerlichen Erweiterungen keine Schwierigkeiten bereiten. Sie benötigen die Zahlenmengen der natürlichen Zahlen $\mathbb{N} = \{ 0, 1, 2, 3, 4, 5, \dots \}$, der ganzen Zahlen $\mathbb{Z} = \{ \dots, -3, -2, -1, 0, 1, 2, 3, \dots \}$ und aller (positiven wie negativen) Bruchzahlen, die sogenannte Menge der rationalen Zahlen $\mathbb{Q} = \{ \frac{p}{q} \mid p \in \mathbb{Z} \text{ und } q \in \mathbb{N}^* \}$ (vgl. auch Mathematische Schreibweisen).

Übersicht

1. Wurzeln lassen sich als Potenzen mit gebrochenen Exponenten schreiben. Daher kann man beliebige **Wurzeln mit dem Taschenrechner** durch Potenzieren (näherungsweise) berechnen. Man verwendet dafür wieder die $\boxed{y^x}$-Taste. Da sich die Potenzgesetze auch bei Potenzen mit gebrochenen Hochzahlen anwenden lassen, kann man die Potenzen vorher nach diesen Gesetzen umformen: $a^{\frac{m}{n}} = \sqrt[n]{a^m}$

2. Eine Beschränkung der Exponentialfunktion auf positive Exponenten erscheint willkürlich. Aus der Erweiterung auf den **Definitionsbereich $\mathbb{Z}$** der ganzen Zahlen ergibt sich die Notwendigkeit, **Potenzen mit negativen ganzen Exponenten** zu erklären. Es gilt

$$a^{-n} = \frac{1}{a^n} \quad .$$

3. Erweitert man schließlich die **Exponentialfunktion auf den Definitionsbereich $\mathbb{Q}$** aller rationalen Zahlen, so benötigt man **Potenzen a^x mit $x \in \mathbb{Q}$.**

4. Die Entdeckung, daß $\sqrt{2}$ keine Bruchzahl ist, sondern eine neue Art von Zahl darstellt, nämlich eine **Irrationalzahl**, war eine der wesentlichen Erkenntnisse der Mathematiker. Schon die griechischen Mathematiker des Altertums haben diese Entdeckung gemacht.

5. Für das praktische Rechnen braucht man gute **Näherungswerte für Irrationalzahlen**. In der Regel hilft man sich mit dem Taschenrechner. Der Taschenrechner berechnet diese Werte nach mathematischen Verfahren. Ein Beispiel ist das **Verfahren von Heron**, mit dem sich Näherungswerte für Quadratwurzeln recht schnell berechnen lassen. Nicht nur für Quadratwurzeln, sondern für beliebige Irrationalzahlen lassen sich gute Näherungswerte mit der Methode einer **Einschachtelung** ermitteln. Dabei wird eine Irrationalzahl immer enger zwischen zwei rationalen Zahlen „eingeschachtelt".

6. Wie auch die bisher bekannten Zahlen lassen sich die irrationalen Zahlen als Punkte auf der **Zahlengeraden** darstellen. Die rationalen und die irrationalen Zahlen zusammen bezeichnet man als die **Menge der reellen Zahlen $\mathbb{R}$**. Die reellen Zahlen bedecken die Zahlengerade lückenlos, während bei den rationalen Zahlen noch Lücken auf der Zahlengeraden geblieben waren. Jede reelle Zahl ist einem Punkt der Zahlengeraden zugeordnet und umgekehrt ist auch jedem Punkt der Zahlengeraden eine reelle Zahl zugeordnet.
   Der **Aufbau des Zahlensystems** erfolgt ausgehend von der Menge der natürlichen Zahlen $\mathbb{N}$ über die Menge der ganzen Zahlen $\mathbb{Z}$ und die Menge der rationalen Zahlen $\mathbb{Q}$ zur Menge der reellen Zahlen $\mathbb{R}$.

7.1 Berechnung von allgemeinen Wurzeln $\sqrt[n]{a}$ und Potenzen $a^{\frac{m}{n}}$

In der vorhergehenden Lektion haben Sie Potenzen mit gebrochenem Exponenten kennengelernt und gesehen, daß diese sich als Wurzeln schreiben lassen. Die allgemeine oder n-te Wurzel können Sie als Potenz schreiben.

$$a^{\frac{1}{n}} = \sqrt[n]{a} \quad \text{mit } a \geq 0 \text{ und } n \in \mathbb{N}^*$$

$\sqrt[n]{a}$ ist die positive Zahl, die mit n potenziert a ergibt.

$$(\sqrt[n]{a})^n = a$$

Auch wenn der Taschenrechner - abgesehen von einer $\sqrt[3]{\ }$-Taste bei einigen Rechnern - keine eigene $\sqrt[n]{\ }$-Taste hat, kann man mit ihm rationale Näherungswerte für n-te Wurzeln bestimmen, da man mit Hilfe der y^x-Taste Potenzen berechnen kann und die Wurzeln ja als Potenzen mit gebrochenen Hochzahlen aufgefaßt werden können.

Berechnung von $\sqrt[n]{a}$ mit $a \geq 0$	Beispiel: $\sqrt[7]{200}$
Drücken Sie **CLEAR**	CLEAR
Geben Sie den **Radikanden** ein.	200
Drücken Sie die **y^x**-Taste.	y^x
Geben Sie den **Wurzelexponenten** ein.	7
Drücken Sie die $\frac{1}{x}$ - Taste.	$\frac{1}{x}$
Drücken Sie die = Taste.	=
Sie erhalten das Ergebnis.	2,13166312

Berechnen Sie mit Ihrem Taschenrechner $\sqrt[3]{2}$, $\sqrt[6]{100}$, $\sqrt[5]{25}$. → ①

Aus der Fernsehsendung kennen Sie ein Beispiel einer exponentiell wachsenden Folge, bei der man auf den Wert $\sqrt[12]{2}$ kommt: die Orgelpfeifen. Eine Verdopplung der Länge tritt erst nach der zwölften Orgelpfeife ein, weil eine Oktave aus 12 Halbtonschritten besteht und damit der Ton eine Oktave tiefer erreicht ist. Haben die Längen der Pfeifen exponentielles Wachstum, so sagt man, sie haben die wohltemperierte Stimmung. (Vielleicht kennen Sie das Werk von J. S. Bach „Das wohltemperierte Klavier".)
Bezeichnet x die Anzahl der Oktaven (zu den tieferen Tönen hin), so ist die Funktionsgleichung der zugehörigen Exponentialfunktion $f(x) = 2^x$.

f(x) gibt die Länge der Orgelpfeifen an, also sind für die Pfeifenlängen die Funktionswerte für die x-Werte $0, \frac{1}{12}, \frac{2}{12}, \frac{3}{12}, \frac{4}{12}, \frac{5}{12}, \frac{6}{12}, \frac{7}{12}, \frac{8}{12}, \frac{9}{12}, \frac{10}{12}, \frac{11}{12}, \frac{12}{12} = 1$ zu bestimmen.

Da $1 \cdot z \cdot z \cdot z \cdot z \cdot z \cdot z \cdot z \cdot z \cdot z \cdot z \cdot z \cdot z = z^{12} = 2$ ergeben muß und damit $z = \sqrt[12]{2}$ ist, ist die Wertetabelle

x-Wert	0	$\frac{1}{12}$	$\frac{2}{12}$	$\frac{3}{12}$	$\frac{4}{12}$	$\frac{5}{12}$	$\frac{6}{12}$	$\frac{7}{12}$	$\frac{8}{12}$	$\frac{9}{12}$	$\frac{10}{12}$	$\frac{11}{12}$	$\frac{12}{12}$
Funktionswert	1	$\sqrt[12]{2}$											2

In den noch nicht ausgefüllten Feldern muß der Reihe nach stehen

$$\sqrt[12]{2} \cdot \sqrt[12]{2} = (\sqrt[12]{2})^2$$
$$\sqrt[12]{2} \cdot \sqrt[12]{2} \cdot \sqrt[12]{2} = (\sqrt[12]{2})^3$$
$$\sqrt[12]{2} \cdot \sqrt[12]{2} \cdot \sqrt[12]{2} \cdot \sqrt[12]{2} = (\sqrt[12]{2})^4$$
$$\sqrt[12]{2} \cdot \sqrt[12]{2} \cdot \sqrt[12]{2} \cdot \sqrt[12]{2} \cdot \sqrt[12]{2} = (\sqrt[12]{2})^5$$
$$\sqrt[12]{2} \cdot \sqrt[12]{2} \cdot \sqrt[12]{2} \cdot \sqrt[12]{2} \cdot \sqrt[12]{2} \cdot \sqrt[12]{2} = (\sqrt[12]{2})^6$$
$$\sqrt[12]{2} \cdot \sqrt[12]{2} \cdot \sqrt[12]{2} \cdot \sqrt[12]{2} \cdot \sqrt[12]{2} \cdot \sqrt[12]{2} \cdot \sqrt[12]{2} = (\sqrt[12]{2})^7$$
$$\sqrt[12]{2} \cdot \sqrt[12]{2} \cdot \sqrt[12]{2} \cdot \sqrt[12]{2} \cdot \sqrt[12]{2} \cdot \sqrt[12]{2} \cdot \sqrt[12]{2} \cdot \sqrt[12]{2} = (\sqrt[12]{2})^8$$

usw.

Die zugehörigen Funktionswerte sind also

$$1 = (\sqrt[12]{2})^0, (\sqrt[12]{2})^1, (\sqrt[12]{2})^2, (\sqrt[12]{2})^3, (\sqrt[12]{2})^4, (\sqrt[12]{2})^5, (\sqrt[12]{2})^6, (\sqrt[12]{2})^7,$$
$$(\sqrt[12]{2})^8, (\sqrt[12]{2})^9, (\sqrt[12]{2})^{10}, (\sqrt[12]{2})^{11}, (\sqrt[12]{2})^{12} = 2.$$

Die Wurzeln kann man als Potenzen mit gebrochenen Exponenten schreiben, also zum Beispiel $(\sqrt[12]{2})^7 = (2^{\frac{1}{12}})^7$ und (falls die Potenzgesetze anwendbar sind) $(2^{\frac{1}{12}})^7 = (2^{\frac{1}{12} \cdot 7})$

Da man auch für Potenzen mit gebrochenen Exponenten die bekannten Potenzgesetze anwenden möchte, definiert man

$$(\sqrt[n]{a})^m = (a^{\frac{1}{n}})^m = a^{\frac{1}{n} \cdot m} = a^{\frac{m}{n}}$$

Wenn man $(\sqrt[12]{2})^5$ mit dem Taschenrechner ausrechnen möchte, schreibt man $(\sqrt[12]{2})^5$ zunächst um in die Schreibweise $(2^{\frac{1}{12}})^5$. Nun kann man mit dem Taschenrechner $(2^{\frac{1}{12}})$ berechnen und das Ergebnis mit 5 potenzieren.

Wie die Tastenfolge auf dem Taschenrechner ist, zeigt Ihnen hier der Plan für die Berechnung von $(\sqrt[n]{a})^m = (a^{\frac{1}{n}})^m$. Um ohne Klammer-Tasten auszukommen, muß man einmal zwischendurch die [=]-Taste benutzen.

Berechnung von $(\sqrt[n]{a})^m$ mit $a \geq 0$, $m \in \mathbb{N}$, $n \in \mathbb{N}^*$

Beispiel: $(\sqrt[12]{2})^5 = \left(2^{\frac{1}{12}}\right)^5$

Schritt	Beispiel
Drücken Sie **CLEAR**	CLEAR
Geben Sie den **Radikanden** ein.	2
Drücken Sie die **y^x** -Taste.	y^x
Geben Sie den **Wurzelexponenten n** ein.	12
Drücken Sie die $\frac{1}{x}$ - Taste.	$\frac{1}{x}$
Drücken Sie die = Taste.	=
Drücken Sie die **y^x** -Taste.	y^x
Geben Sie den **Exponenten m** ein.	5
Drücken Sie die = Taste.	=
Sie erhalten das Ergebnis.	1,3348399

Berechnen Sie nun nach dieser Methode $(\sqrt[3]{2})^4$, $(\sqrt[6]{100})^5$, $(\sqrt[5]{25})^7$.

→ ④

Nachdem Sie jetzt Näherungswerte für Wurzeln mit dem Taschenrechner bestimmen können, können Sie auch die Längen der Orgelpfeifen, die Sie in der Fernsehsendung gesehen haben, ausrechnen. Die Länge (von der Lippe aus gemessen) der Orgelpfeife, deren Ton eine Oktave tiefer liegt als der der ersten, ist doppelt so groß wie die der ersten Pfeife. Eine Oktave besteht aus 12 Halbtonschritten.

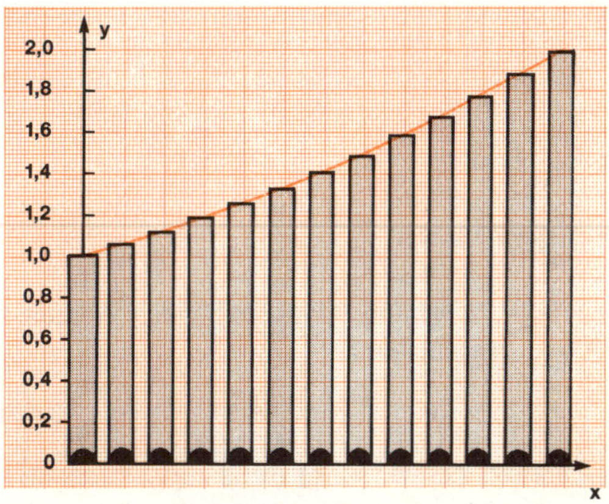

Nehmen Sie an, die Länge der kleinsten (der nullten) Pfeife sei 50 cm, dann hat die fünfte Pfeife die Länge

$$50 \cdot (\sqrt[12]{2})^5 \text{ cm} = 50 \cdot \left(2^{\frac{1}{12}}\right)^5 = 50 \cdot 1{,}3348 \text{ cm} = 66{,}742 \text{ cm}.$$

Schreibt man die Potenz einer Wurzel in der Form $(\sqrt[n]{a})^m = a^{\frac{m}{n}}$, so kann man auch von dieser Schreibweise aus ein Rechenverfahren mit dem Taschenrechner durchführen. Man betrachtet bei $a^{\frac{m}{n}}$ den Bruch $\frac{m}{n}$ als Quotienten $(m:n)$ und berechnet $a^{(m:n)}$ unter Zuhilfenahme von Klammern, wie es der folgende Plan beschreibt.

Berechnung von $(\sqrt[n]{a})^m = a^{\frac{m}{n}}$ mit $a \geq 0$, $m \in \mathbb{N}$, $n \in \mathbb{N}^*$ Beispiel: $(\sqrt[7]{20})^3 = 20^{\frac{3}{7}}$

Schritt	Beispiel
Drücken Sie **CLEAR**	CLEAR
Geben Sie den **Radikanden** ein.	20
Drücken Sie die **y^x** -Taste.	y^x
Drücken Sie die **Klammer auf** -Taste [	[
Geben Sie den **Zähler des gebrochenen Exponenten** ein.	3
Drücken Sie die : - Taste.	:
Geben Sie den **Nenner des gebrochenen Exponenten** ein.	7
Drücken Sie die **Klammer zu** -Taste]	]
Drücken Sie die = Taste.	=
Sie erhalten das Ergebnis.	3,6106408

Berechnen Sie mit Ihrem Taschenrechner $(\sqrt[3]{2})^4$, $(\sqrt[6]{100})^5$, $(\sqrt[5]{25})^7$ und vergleichen Sie, ob Sie dieselben Ergebnisse erhalten wie oben.

→ ⑦

Aufgaben zu 7.1

1. Berechnen Sie die folgenden Wurzeln mit dem Taschenrechner und geben Sie sie auf drei Dezimalen an.

   a) $\sqrt[3]{831}$ b) $\sqrt[5]{537}$ c) $\sqrt[3]{0{,}4765}$ d) $\sqrt[3]{4}$ e) $\sqrt[5]{7}$

   f) $(\sqrt{7})^3$ g) $(\sqrt[4]{5})^3$ h) $(\sqrt[5]{6})^2$ i) $(\sqrt[3]{256})^4$ j) $(\sqrt[12]{2})^{13}$

*2. Berechnen Sie die Länge aller weiteren 12 Orgelpfeifen, wenn die kleinste Pfeife eine Länge von 1 m hat (auf 3 Stellen hinter dem Komma).

3. Berechnen Sie eine Wertetabelle für die x-Werte 0, $\frac{1}{7}$, $\frac{2}{7}$, $\frac{3}{7}$, $\frac{4}{7}$, $\frac{5}{7}$, $\frac{6}{7}$, 1, $\frac{8}{7}$ der Exponentialfunktion mit der Gleichung $f(x) = 0{,}5 \cdot 5^x$, die auf der Menge $\mathbb{Q}_+$ definiert sein soll, und zeichnen Sie mit Hilfe der berechneten Funktionswerte den Graphen.

7.2 Die Exponentialfunktion auf der Definitionsmenge $\mathbb{Z}$

Durch die Festlegungen der vorhergehenden Lektion wurde die Exponentialfunktion nun auf der Menge $\mathbb{Q}_+$ definiert.

Gibt es auch Funktionswerte für negative x-Werte? Ist der Graph der Exponentialfunktion nach links zu erweitern?

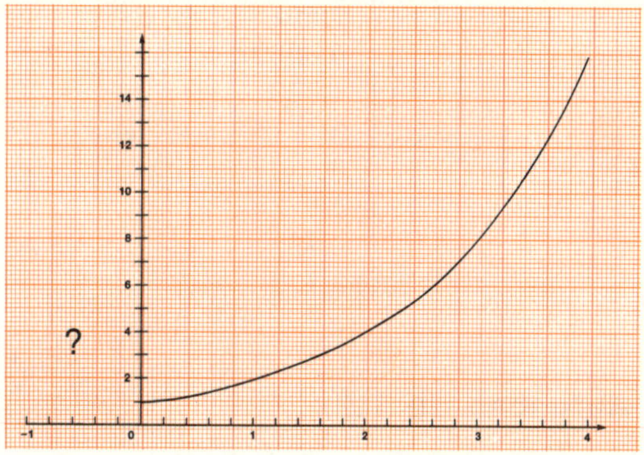

Dafür betrachten Sie bitte nochmals das Wachsen der Hefekultur. Der hier angenommene Zeitpunkt 0 war willkürlich gewählt. Die Kultur war bereits früher angesetzt worden und daher auch schon vorher gewachsen. Eine Stunde vor dem angenommenen Zeitpunkt 0 muß sie daher halb so groß gewesen sein. Zwei Stunden davor die Hälfte von der Hälfte, also ein Viertel betragen haben.

Größe der Hefekultur

bei –3 Stunden   bei –2 Stunden   bei –1 Stunde   zum Zeitpunkt 0

Dadurch erhält man eine Erweiterung der Wertetabelle in den Bereich negativer x-Werte und somit eine Erweiterung der Funktion auf diese negativen Werte.

Wächst der x-Wert um 1, so wächst der Funktionswert um den Faktor 2.

x-Wert	– 4	– 3	– 2	– 1	0	1	2
Funktions-wert	2^{-4}	2^{-3}	2^{-2}	2^{-1}	2^0	2^1	2^2
Funktions-wert	$\frac{1}{16}$	$\frac{1}{8}$	$\frac{1}{4}$	$\frac{1}{2}$	1	2	4

·2 ·2 ·2 ·2 ·2 ·2 ·2

Es erscheint daher sinnvoll, festzulegen:

$\ldots,\quad 2^{-4} = \frac{1}{16} = \frac{1}{2^4},\quad 2^{-3} = \frac{1}{8} = \frac{1}{2^3},\quad 2^{-2} = \frac{1}{4} = \frac{1}{2^2},\quad 2^{-1} = \frac{1}{2} = \frac{1}{2^1}$

Allgemein: $a^{-n} = \frac{1}{a^n}$ für $a \neq 0$ und $n \in \mathbb{N}^*$

Mit Hilfe dieser Definition kann die Exponentialfunktion auf der Definitionsmenge $\mathbb{Z}$ aller ganzen Zahlen erklärt werden. Der Graph besteht wieder aus einzelnen Punkten.
Berechnen Sie den Funktionswert von $f(x) = 2 \cdot 1{,}5^x$ für $x = -9$ und $x = -10$. → (2)

Auf der nächsten Seite finden Sie eine Wertetabelle und den Graphen für diese Funktion.

x	y
−4	0,3951
−3	0,5926
−2	0,8889
−1	1,333
0	2
1	3
2	4,5
3	6,75
4	10,125

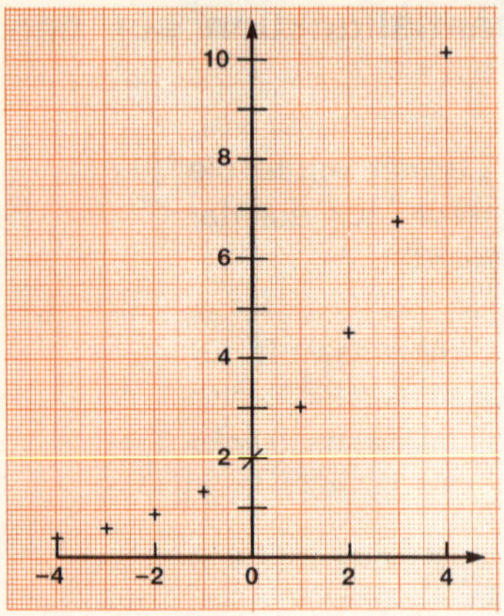

Aufgaben zu 7.2

1. Berechnen Sie: a) 3^{-4} b) 5^{-3} c) 12^{-2} d) 10^{-6}
2. Eine Hefekultur wächst jeden Tag auf das Fünffache ihres vorherigen Wertes. Zu einem Zeitpunkt 0 wurde die von ihr bedeckte Fläche mit 250 cm^2 ermittelt. Welche Fläche hat sie jeweils 1 Tag, 2 Tage, 3 Tage vorher eingenommen?

*3. Stellen Sie eine Wertetabelle auf und zeichnen Sie den Graphen für die Exponentialfunktion $f(x) = 2{,}5^x$ mit $x \in \mathbb{Z}$ im Intervall $-4 \leq x \leq 3$.

7.3 Die Exponentialfunktion auf der Definitionsmenge $\mathbb{Q}$

Um die Exponentialfunktion auf der gesamten Menge der rationalen Zahlen $\mathbb{Q}$ definieren zu können, muß man sie noch für Werte wie $-\frac{2}{3}$, $-\frac{7}{8}$, $-\frac{13}{12}$ und ähnliche, allgemein für Werte der Gestalt $-\frac{m}{n}$, definieren können.

Zum Beispiel: Was soll $5^{-\frac{3}{2}}$ bedeuten?
Sollte auch dafür das fünfte Potenzgesetz gelten, so könnte man

$5^{-\frac{3}{2}}$ umschreiben in $\left(5^{\frac{3}{2}}\right)^{-1}$

$\left(5^{\frac{3}{2}}\right)$ kennen Sie schon, das ist $(\sqrt{5})^3$.

Potenzieren mit −1 bedeutet, den Kehrwert zu nehmen. $5^{-\frac{3}{2}} = \frac{1}{(\sqrt{5})^3}$

Damit man auch mit den Potenzen mit negativen gebrochenen Exponenten in gleicher Weise nach den Potenzgesetzen rechnen kann wie bisher, legt man fest:

$$a^{-\frac{m}{n}} = \frac{1}{a^{\frac{m}{n}}} = \frac{1}{(\sqrt[n]{a})^m}$$

Beispiel: $5^{-\frac{2}{3}} = \frac{1}{5^{\frac{2}{3}}} = \frac{1}{(\sqrt[3]{5})^2} = 0{,}342$

Berechnen Sie entsprechend $3^{-\frac{3}{4}}$. → ⑤

Damit ist die Exponentialfunktion $f(x) = a \cdot b^x$ für jede Zahl x mit $x \in \mathbb{Q}$ definiert. Ihr Graph läßt sich vollständig durchzeichnen. Hier finden Sie einen solchen Graphen für die Funktion $f(x) = 2 \cdot 1{,}5^x$.

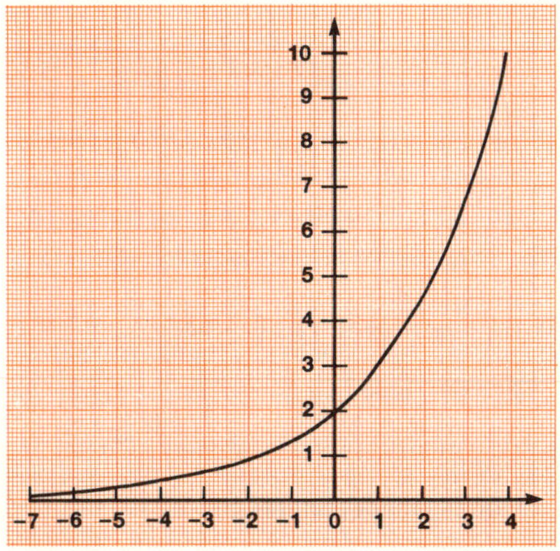

Wie schon früher überlegt, darf die Basis b nicht negativ sein. Bei ganzen Exponenten könnte man zwar die Funktionswerte noch ausrechnen, wenn diese auch dauernd vom Positiven ins Negative hin und zurück springen würden. Bei gebrochenen Exponenten und negativer Basis lassen sich aber keine Funktionswerte mehr berechnen. Es ist nämlich $b^{\frac{1}{2}} = \sqrt{b} = z$ mit $z^2 = b$. Wäre b negativ, so müßte es eine Zahl z geben, deren Quadrat negativ ist. Doch es ist sowohl das Quadrat einer positiven Zahl wie auch das Quadrat einer negativen Zahl positiv. Zum Beispiel $(-3)^2 = (-3) \cdot (-3) = +9 = (+3)^2$.

7

Aufgaben zu 7.3

1. Formen Sie so um, daß die Potenzen positive Exponenten haben.

   a) $2^{-\frac{3}{5}}$ b) $4^{-\frac{3}{4}}$ c) $6^{-\frac{1}{4}}$ d) $10^{-\frac{5}{7}}$

*2. Berechnen Sie die Werte der Ausdrücke aus Aufgabe 1 auf 4 Dezimalstellen.

3. Stellen Sie eine Wertetabelle auf für die Exponentialfunktion $f(x) = 0{,}1 \cdot 1{,}1^x$ mit $x \in \mathbb{Q}$ und zeichnen Sie den Graphen im Intervall $-2{,}4 \leq x \leq 1{,}8$.

7.4 Die Entdeckung der Irrationalität

Was ist eigentlich $\sqrt{2}$ für eine Zahl? Bisher haben Sie mit dem Wert für $\sqrt{2}$ gerechnet, den Ihr Taschenrechner Ihnen angegeben hat, zum Beispiel 1,4142136 . Ist $\sqrt{2}$ dieser endliche Dezimalbruch? Daß dieser Wert nur ein Näherungswert sein kann, wurde Ihnen in der Fernsehsendung gezeigt. Rechnet man $1{,}4142136^2$, so erhält man als Ergebnis 2,00000010642496 , also einen Dezimalbruch mit von Null verschiedener Ziffer hinter dem Komma. Auch wenn man weitere Näherungswerte für $\sqrt{2}$ mit endlich vielen Stellen hinter dem Komma (die nicht alle Null sein dürfen) findet, wird sich trotzdem niemals der Wert 2 ergeben, wenn man den gefundenen Näherungswert mit sich selbst multipliziert.

Folglich gilt

$\sqrt{2}$ kann kein endlicher Dezimalbruch sein.

Nun könnte $\sqrt{2}$ ein unendlicher periodischer Dezimalbruch sein. Ein solcher periodischer Dezimalbruch läßt sich - wie Sie sicher wissen - stets als Bruch schreiben, stellt also eine rationale Zahl dar. Zum Beispiel ist der periodische Dezimalbruch 0,6666... (kürzer geschrieben $0,\overline{6}$... und gesprochen 0 Komma Periode 6) gleich $\frac{2}{3}$.

Die Frage ist jetzt also: Läßt sich $\sqrt{2}$ als Bruch $\frac{p}{q}$ schreiben? Ist $\sqrt{2} \in \mathbb{Q}$?

Angenommen $\sqrt{2}$ ist gleich einem Bruch $\frac{p}{q}$. Dann kann man davon ausgehen, daß $\frac{p}{q}$ bereits ein vollständig gekürzter Bruch ist, denn Kürzen ändert am Wert des Bruches nichts.

Nun stellt man folgende Überlegungen an: $\frac{p}{q} = \sqrt{2}$

Dann ist aber sicher q von 1 verschieden, denn ein Bruch mit dem Nenner 1 wäre eine ganze Zahl. $\sqrt{2}$ liegt aber, wie Sie wissen, zwischen 1 und 2 . $q \neq 1$

Nun quadriert man die Ausgangsgleichung. $(\frac{p}{q})^2 = (\sqrt{2})^2$

Da $\sqrt{2}$ die positive Zahl ist, die quadriert 2 ergibt, ist dann $(\frac{p}{q})^2 = 2$

Da $\frac{p}{q}$ nicht weiter gekürzt werden konnte, kann man auch $(\frac{p}{q})^2 = \frac{p \cdot p}{q \cdot q}$ nicht weiter kürzen.

Dann steht aber auf der linken Seite der Gleichung ein Bruch , der **keine natürliche Zahl** ist. Auf der rechten Seite der Gleichung steht jedoch **eine natürliche Zahl.**

$(\frac{p}{q})^2$	$= 2$
↑ keine natürliche Zahl	↑ eine natürliche Zahl

Das kann nicht sein. Also kann $\sqrt{2}$ kein Bruch $\frac{p}{q}$ sein.

$\sqrt{2}$ läßt sich nicht als rationale Zahl $\frac{p}{q}$ darstellen. Die Dezimalbruchentwicklung von $\sqrt{2}$ kann nicht endlich und nicht unendlich-**periodisch** sein. Sie muß also unendlich und nicht periodisch sein.

$\sqrt{2}$ ist eine nicht-rationale Zahl.

Eine nicht-rationale Zahl heißt irrationale Zahl.

Daß es neben den natürlichen Zahlen und den gebrochenen Zahlen, die ja Verhältnisse, das heißt Quotienten, von natürlichen Zahlen darstellen, noch weitere Zahlen geben solle, war im Altertum für die griechischen Philosophen und Mathematiker eine überraschende, ja bestürzende Erkenntnis. So war zum Beispiel die Schule der Pythagoräer, die von Pythagoras von Samos (etwa 580 bis 500 v. Chr.) begründet worden war, der Auffassung, die Welt sei in ihrer Ordnung und Harmonie auf den natürlichen Zahlen und ihren Quotienten aufgebaut.

Aufgaben zu 7.4

Geben Sie für die folgenden Wurzelwerte jeweils einen Bruch an, der sich um nicht mehr als 0,01 von dem Wurzelwert unterscheidet.

a) $\sqrt{2}$ b) $\sqrt{5}$ c) $\sqrt{17}$ d) $\sqrt{99}$ e) $\sqrt{500}$ f) $\sqrt{36}$

7.5 Näherungsweise Berechnung von Irrationalzahlen

Im vorhergehenden Abschnitt wurde ein Beweis für die Irrationalität von $\sqrt{2}$ durchgeführt. Sind alle Quadratwurzeln irrational? Diese Frage läßt sich sofort verneinen, denn es gibt ja natürliche Zahlen wie 1, 4, 9, 16, . . . , die sogenannten Quadratzahlen. Die Wurzeln aus diesen Quadratzahlen sind selbstverständlich wieder natürliche Zahlen. Es ist

$$\sqrt{1} = 1 \qquad \sqrt{4} = 2 \qquad \sqrt{9} = 3 \qquad \sqrt{16} = 4 \qquad \text{usw.}$$

Erinnern Sie sich: Wurzeln aus negativen Zahlen lassen sich nicht ziehen. Die Quadratwurzel aus einem Radikanden ziehen, bedeutet ja, eine Zahl suchen, deren Quadrat gleich dem Radikanden ist. Wäre $\sqrt{-a}$ $(a>0)$ eine positive Zahl b, dann wäre b^2 auch eine positive Zahl, also sicher nicht gleich $-a$. Wäre $\sqrt{-a}$ $(a>0)$ eine negative Zahl $-b$ $(b>0)$, dann wäre ihr Quadrat aber auch eine positive Zahl, weil das Produkt zweier negativer Zahlen positiv ist: $(-b)^2 = (-b)\cdot(-b) = +b^2$.

Bei den Wurzeln brauchen also negative Radikanden gar nicht weiter in Betracht gezogen zu werden. Von den natürlichen Zahlen als Radikanden gilt: Die Quadratwurzel aus einer Quadratzahl ist wieder eine natürliche Zahl; sie ist demnach rational. Umgekehrt könnte man vermuten:

Alle Quadratwurzeln aus Nicht-Quadratzahlen sind irrational.

Tatsächlich kann man diesen Satz beweisen. Auf die Ausführung des Beweises soll aber hier verzichtet werden. Statt dessen sollen Sie noch Näherungsberechnungen für Irrationalzahlen kennenlernen, die Sie jedoch *nicht zu lernen* brauchen.

Näherungswerte für die Wurzelwerte haben Sie bisher immer mit Ihrem Taschenrechner bestimmt. Wie berechnet der Taschenrechner solche Wurzelwerte? Er verwendet dazu mathematische Verfahren, die möglichst rasch einen guten Näherungswert ergeben. Schon bei den Griechen im Altertum waren Verfahren dafür bekannt. Eines davon ist das sogenannte **Verfahren nach Heron.**

Bei der Bestimmung einer Quadratwurzel sind zwei (möglichst) gleiche Faktoren a und b gesucht, deren Produkt gleich dem Radikanden r ist. Zum Beispiel soll ein Näherungswert für $\sqrt{5}$ berechnet werden. Wenn man a vorgibt, kann man b berechnen.

a	1	2	3	4	5
$b = \frac{5}{a}$					

Füllen Sie die Tabelle aus. → (8)

Aus der Tabelle erkennen Sie: Ist $a > \sqrt{5}$, so ist $b < \sqrt{5}$ und es gilt $b < \sqrt{5} < a$.
Ist $a < \sqrt{5}$, so ist $b > \sqrt{5}$ und es gilt $a < \sqrt{5} < b$.

$\sqrt{5}$ liegt also immer zwischen den beiden Faktoren a und b. Um einen besseren Näherungswert für a zu erhalten, nimmt man das arithmetische Mittel von a und b, den

7

Mittelwert $\frac{a+b}{2}$ und setzt ihn im nächsten Schritt für a ein. In der folgenden Tabelle ist das Verfahren zusammengestellt.

$\sqrt{5}$	a	$b = \frac{5}{a}$	$\frac{a+b}{2}$
1. Näherung	2	2,5	2,25
2. Näherung	2,25	2,222222	2,236111
3. Näherung	2,236111	2,236025	2,236068
4. Näherung	2,236068	2,236068	2,236068

Die Rechnung wird solange wiederholt, bis die gewünschte Genauigkeit erreicht ist. Hier wurde mit einer Genauigkeit auf 6 Stellen hinter dem Komma gerechnet.

Dieses Heron-Verfahren für die Bestimmung von $\sqrt{r}$ läßt sich gut in Form eines Flußdiagramms darstellen.

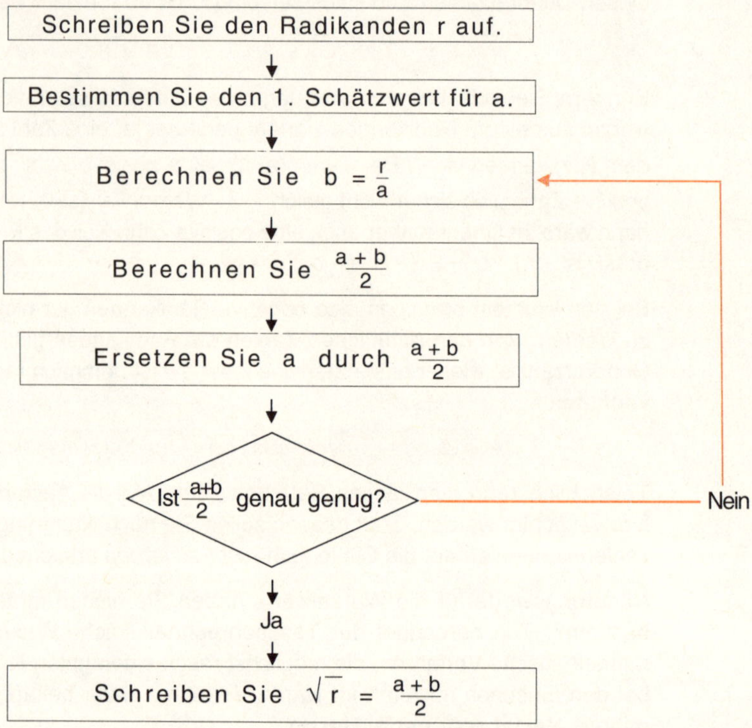

Berechnen Sie nach diesem Verfahren $\sqrt{30}$. Es soll eine Genauigkeit erreicht werden, so daß $\left(\frac{a+b}{2}\right)^2 - 30 \leq \frac{1}{1000}$ gilt. → 3

Das Verfahren von Heron eignet sich recht gut zur Berechnung von Quadratwurzeln. Sie wissen aber, daß es außer den Quadratwurzeln auch dritte, vierte, . . . , n-te Wurzeln gibt. Zur Berechnung solcher Wurzeln, aber auch der Quadratwurzeln eignet sich ein Verfahren, bei dem man die Irrationalzahl „einschachtelt". Machen Sie es sich erst am einfachen Beispiel der $\sqrt{2}$ klar. Der Wert der Wurzel aus 2 muß zwischen 1 und 2 liegen, denn es ist $1^2 = 1$ und $2^2 = 4$. Das kann man kurz so schreiben:

$$1 < \sqrt{2} < 2 \quad \text{weil} \quad 1^2 = 1 < 2 < 4 = 2^2$$

Dann kann man weiterrechnen

$1{,}4 < \sqrt{2} < 1{,}5$	weil	$1{,}4^2 = 1{,}96 < 2 < 2{,}25 = 1{,}5^2$
$1{,}41 < \sqrt{2} < 1{,}42$	weil	$1{,}41^2 = 1{,}9881 < 2 < 2{,}0164 = 1{,}42^2$
$1{,}414 < \sqrt{2} < 1{,}415$	weil	$1{,}414^2 = 1{,}999396 < 2 < 2{,}002225 = 1{,}415^2$
$1{,}4142 < \sqrt{2} < 1{,}4143$	weil	$1{,}4142^2 = 1{,}9999616 < 2 < 2{,}0002445 = 1{,}4143^2$

und so fort.

Mit diesem Verfahren, das allerdings etwas zeitraubend ist, lassen sich Wurzelwerte mit beliebiger Genauigkeit bestimmen (falls man nicht die Geduld verliert oder der Rechner, den man benutzt, mit seiner Stellenzahl nicht mehr mitkann).

Der Vorteil des Verfahrens liegt aber darin - wie schon oben gesagt - , daß man auch Näherungswerte für Wurzeln mit anderen Wurzelexponenten als 2 bestimmen kann.

Betrachten Sie beispielsweise die $\sqrt[3]{5}$. Für sie gilt

$1 < \sqrt[3]{5} < 2$	weil	$1^3 = 1 < 5 < 8 = 2^3$
$1{,}7 < \sqrt[3]{5} < 1{,}8$	weil	$1{,}7^3 = 4{,}913 < 5 < 5{,}832 = 1{,}8^3$
$1{,}70 < \sqrt[3]{5} < 1{,}71$	weil	$1{,}70^3 = 4{,}913000 < 5 < 5{,}000211 = 1{,}71^3$
$1{,}709 < \sqrt[3]{5} < 1{,}710$	weil	$1{,}709^3 = \qquad < 5 < \qquad = 1{,}710^3$
$1{,}7099 < \sqrt[3]{5} < 1{,}7100$	weil	$1{,}7099^3 = \qquad < 5 < \qquad = 1{,}7100^3$

Berechnen Sie bitte die fehlenden Werte. → (6)

Aufgaben zu 7.5

1. Berechnen Sie auf $\frac{1}{1000}$ genau die folgenden Wurzelwerte nach dem Verfahren von Heron. a) $\sqrt{7}$ b) $\sqrt{523}$
2. Berechnen Sie fünf Schritte der Einschachtelung für $\sqrt{3}$.

7.6 Die Menge der reellen Zahlen $\mathbb{R}$ und der Aufbau des Zahlensystems

Mit der schrittweisen Erweiterung des Definitionsbereichs für die Exponentialfunktion konnten Sie sich die verschiedenen Zahlenmengen vor Augen halten: die Menge der natürlichen Zahlen $\mathbb{N}$, die Menge der positiven rationalen Zahlen $\mathbb{Q}_+^*$ (die Bruchzahlen), die Menge der ganzen Zahlen $\mathbb{Z}$ und die Menge aller rationalen Zahlen $\mathbb{Q}$. Nun sind dazu noch die sogenannten irrationalen Zahlen gekommen. Hier soll der Aufbau des Zahlensystems von den natürlichen über die ganzen und rationalen Zahlen zu den reellen Zahlen systematisch verfolgt werden.

Sie wissen, daß man die Zahlen auf einer Zahlengeraden darstellen kann. Dies ist ja auch die Grundlage für das Zeichnen von Funktionsgraphen. Dabei werden Zahlen auf der x-Achse und auf der y-Achse aufgetragen.

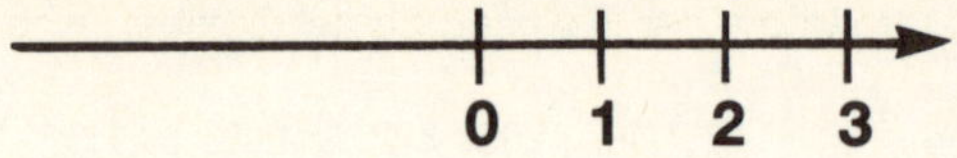

Betrachten Sie nochmals die verschiedenen Zahlenmengen und ihre Darstellung auf der Zahlengeraden. Die Menge $\mathbb{N}$ der natürlichen Zahlen wird durch einzelne Punkte dargestellt.

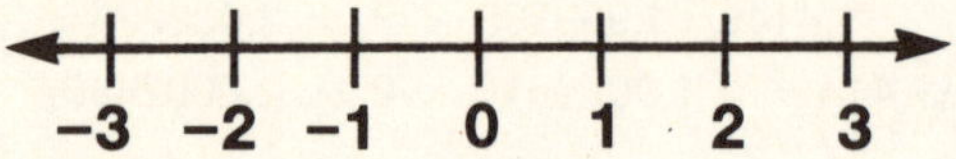

Erweitert man auf die Menge $\mathbb{Z}$ der ganzen Zahlen, so kommen auf der Zahlengeraden weitere Punkte links von der Null hinzu.

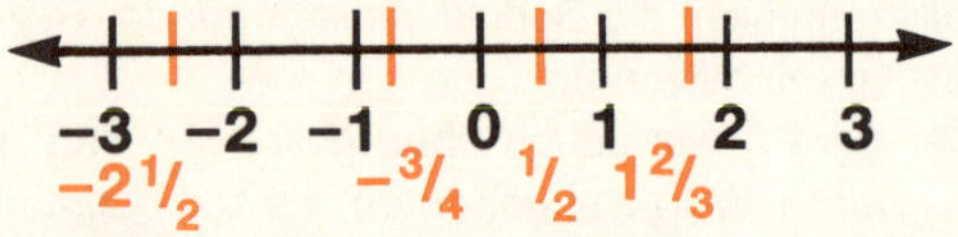

Im nächsten Schritt kommt man zur Menge $\mathbb{Q}$ der rationalen Zahlen. Die Bruchzahlen erscheinen als Punkte zwischen den ganzen Zahlen.

Wenn man alle Punkte dieser Menge eintragen wollte, könnte man sie nicht mehr einzeln wahrnehmen. Die rationalen Zahlen liegen auf der Zahlengeraden überall „dicht". Mit diesem Ausdruck meint man, daß zwischen zwei rationalen Zahlen a und b immer noch eine weitere rationale Zahl liegt. Zum Beispiel liegt zwischen a und b stets das arithmetische Mittel von a und b, nämlich $\frac{a+b}{2}$.

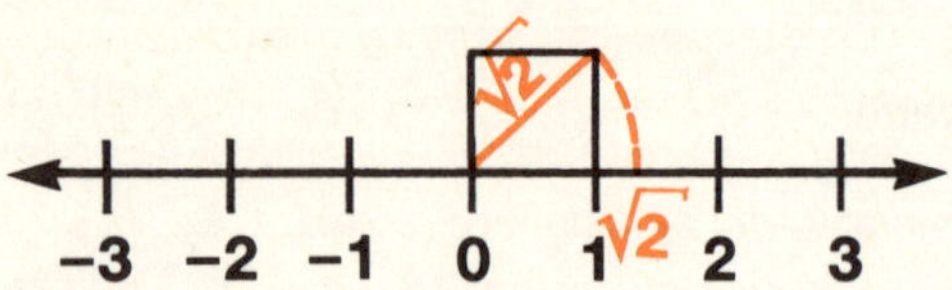

Trotzdem füllen die rationalen Zahlen die Zahlengerade nicht vollständig. Sie haben beispielsweise die Zahl $\sqrt{2}$ als Maßzahl der Länge der Diagonalen im Quadrat mit der Seitenlänge 1 kennengelernt. Trägt man diese Länge auf der Zahlengeraden ab, so erhält man einen Punkt auf der Geraden, der keiner rationalen Zahl entsprechen kann, da $\sqrt{2}$ ja nicht rational ist.

Die Zahlengerade mit den rationalen Zahlen hat also immer noch viele Lücken gehabt; tatsächlich sind es unendlich viele Lücken. Diese werden nun durch die irrationalen Zahlen wie die Wurzeln, aber auch andere Irrationalzahlen wie die Kreiszahl π geschlossen. Die Mengen der rationalen und der irrationalen Zahlen zusammen bilden die **Menge der reellen Zahlen $\mathbb{R}$**. Mit dieser Menge $\mathbb{R}$ wird nun jedem Punkt der Zahlengerade eine reelle Zahl zugeordnet.

Beim Aufbau der Zahlbereiche sind also jeweils zu den schon vorhandenen Zahlen neue Zahlen hinzugekommen. Daher kann man die Beziehung der Zahlenmengen zueinander mit dem Begriff der Teilmenge beschreiben.
Eine Menge M_1 heißt Teilmenge oder Untermenge einer Menge M_2 (in Zeichen $M_1 \subset M_2$), wenn jedes Element der Menge M_1 auch Element der Menge M_2 ist. Es gilt zum Beispiel:

Jede natürliche Zahl ist auch eine ganze Zahl, also gilt $\boxed{\mathbb{N} \subset \mathbb{Z}}$

Jede ganze Zahl ist auch eine rationale Zahl, also gilt $\boxed{\mathbb{Z} \subset \mathbb{Q}}$

Jede natürliche Zahl ist auch eine positive rationale Zahl: $\boxed{\mathbb{N} \subset \mathbb{Q}_+^*}$

Jede positive rationale Zahl ist auch eine rationale Zahl: $\boxed{\mathbb{Q}_+^* \subset \mathbb{Q}}$

Jede rationale Zahl ist auch eine reelle Zahl: $\boxed{\mathbb{Q} \subset \mathbb{R}}$

Man kann sich die Teilmengenbeziehungen bei der Erweiterung der Zahlbereiche in einem Diagramm veranschaulichen:

$$\mathbb{R} = \text{Menge der reellen Zahlen}$$

$$\mathbb{Q} = \{ \tfrac{p}{q} \mid p \in \mathbb{Z} ; q \in \mathbb{N}^* \}$$

$$\mathbb{Z} = \{ \ldots ; -3; -2; -1; 0; 1; 2; 3; \ldots \} \qquad \mathbb{Q}_+ = \{ \tfrac{p}{q} \mid p \in \mathbb{N} ; q \in \mathbb{N}^* \}$$

$$\mathbb{N} = \{ 0; 1; 2; 3; 4; 5; \ldots \}$$

Hier ist jede tieferstehende Menge Teilmenge einer jeden höherstehenden Menge.
Das kann man in zwei Teilmengenketten aufschreiben.

$$\mathbb{N} \subset \mathbb{Z} \subset \mathbb{Q} \subset \mathbb{R} \quad \text{und} \quad \mathbb{N} \subset \mathbb{Q}_+ \subset \mathbb{Q} \subset \mathbb{R}$$

Beachten Sie, daß weder $\mathbb{Z}$ Teilmenge von $\mathbb{Q}_+$, noch $\mathbb{Q}_+$ Teilmenge von $\mathbb{Z}$ ist.

Warum nimmt man in der Mathematik solche Erweiterungen des Zahlbereichs vor?

Das „natürliche" Rechnen vollzieht sich zuerst in der **Menge der natürlichen Zahlen IN**. In dieser Zahlenmenge kann man unbeschränkt **addieren** und **multiplizieren**: Die Summe zweier natürlicher Zahlen ist stets wieder eine natürliche Zahl, z. B. $3 + 5 = 8$. Das Produkt zweier natürlicher Zahlen ist stets wieder eine natürliche Zahl, z. B. $17 \cdot 4 = 68$.

Bei der Umkehrung der Addition, der **Subtraktion**, muß man aber die Einschränkung machen, daß der Minuend stets größer als der oder allenfalls gleich dem Subtrahend sein muß.[1] Z. B.: $35 - 18 = 17$, aber $18 - 35$ läßt sich in IN nicht berechnen. Will man auf diese Einschränkung verzichten, so benötigt man weitere Zahlen, nämlich die negativen Zahlen. Bei einer ersten Zahlbereichserweiterung nimmt man daher zu den natürlichen Zahlen die negativen ganzen Zahlen hinzu und erhält die **Menge der ganzen Zahlen $\mathbb{Z}$**. In $\mathbb{Z}$ lassen sich Aufgaben wie $18 - 35$ lösen, nämlich $18 - 35 = -17$.

Bei der Umkehrung der Multiplikation, der **Division,** muß man die Einschränkung machen, daß der Divisor ein Teiler des Dividenden ist, damit die Division ohne Rest „aufgeht".[2] Die Division $35 : 7 = 5$ ist ausführbar, weil 7 ein Teiler von 35 ist. $35 : 8$ ist aber in $\mathbb{Z}$ nicht zu berechnen, da 8 kein Teiler von 35 ist. Will man auf diese Einschränkung verzichten, so benötigt man weitere Zahlen, nämlich die gebrochenen Zahlen. Bei der zweiten Zahlbereichserweiterung nimmt man daher zu den ganzen Zahlen die (positiven und negativen) Bruchzahlen hinzu und erhält die **Menge der rationalen Zahlen $\mathbb{Q}$**. In dieser Menge ist $35 : 8$ lösbar, denn es ist $35 : 8 = 4\frac{3}{8} \in \mathbb{Q}$.

---

1 Bei der Subtraktion nennt man die zu vermindernde Zahl *Minuend*, die abzuziehende Zahl *Subtrahend*. Zum Beispiel ist bei der Aufgabe $120 - 37$ die Zahl 120 der Minuend, die Zahl 37 der Subtrahend. Das Ergebnis nennt man *Differenz*.

2 Bei der Division nennt man die Zahl, die geteilt wird, *Dividend* und die Zahl, durch die man teilt, *Divisor*. Zum Beispiel ist bei der Rechnung $2 : 3$ die Zahl 2 der Dividend und die Zahl 3 der Divisor. Das Ergebnis nennt man *Quotient*.

In der Menge der rationalen Zahlen lassen sich die vier Grundrechenarten unbeschränkt ausführen. (Ausnahme: Die Division durch 0 ist nicht definiert.) Auch das **Potenzieren** von rationalen Zahlen mit ganzen Exponenten führt immer wieder zu einer rationalen Zahl. Bei der Umkehrung des Potenzierens, dem **Radizieren** oder **Wurzelziehen**, muß man aber die Einschränkung machen, daß der Radikand eine dem Wurzelexponenten entsprechende Potenz einer rationalen Zahl ist (beim Quadratwurzelziehen also eine Quadratzahl). So ist etwa $\sqrt{\frac{16}{25}} = \frac{4}{5}$, aber $\sqrt{\frac{7}{25}} = \frac{\sqrt{7}}{5}$ ist nicht in $\mathbb{Q}$ lösbar. Will man auf diese Einschränkung verzichten, so benötigt man weitere Zahlen, nämlich die irrationalen Zahlen. Bei der dritten Zahlbereichserweiterung nimmt man also zu den rationalen Zahlen die irrationalen Zahlen hinzu und erhält die **Menge der reellen Zahlen IR**. Tatsächlich hat man mit der Menge der reellen Zahlen mehr Zahlen zur Verfügung als man für die Wurzelberechnung braucht. Mit den Logarithmen werden Sie solche Zahlen später noch kennenlernen.

Aufgaben zu 7.6

1. Zeichnen Sie auf der Zahlengeraden die folgenden Zahlen ein.

   a) 4 b) $2\frac{3}{4}$ c) $\sqrt{2}$ d) $\sqrt{5}$ e) $-\frac{2}{3}$ f) $\sqrt[3]{10}$

2. Welche der folgenden Teilmengenangaben sind wahr, welche falsch?
   (Ein * an einem Mengenzeichen bedeutet stets die jeweilige Menge ohne die Null, zum Beispiel: $\mathbb{N}^* = \{1, 2, 3, \ldots\}$, $\mathbb{Z}^* = \{\ldots, -3, -2, -1, 1, 2, 3, \ldots\}$, $\mathbb{R}^* = \mathbb{R} \setminus \{0\}$.)

   a) $\mathbb{Z}^* \subset \mathbb{R}$ b) $\mathbb{Q} \subset \mathbb{Z}$ c) $\mathbb{R}^* \subset \mathbb{R}$ d) $\mathbb{R} \subset \mathbb{Q}$

Wiederholungsaufgaben

1. Berechnen Sie a) $3^{\frac{1}{3}}$ b) $2^{\frac{2}{3}}$ c) $0{,}5^{\frac{1}{2}}$ d) $20^{\frac{2}{5}}$ e) $(\frac{1}{3})^{-5}$ f) $(\frac{1}{5})^{-0{,}2}$

2. Berechnen Sie die folgenden Wurzeln mit dem Taschenrechner auf drei Dezimalen genau.

   a) $\sqrt{251}$ b) $\sqrt[5]{37}$ c) $\sqrt[3]{17}$ d) $\sqrt[4]{64}$ e) $\sqrt[10]{100}$ f) $(\sqrt[3]{25})^{\frac{1}{4}}$

3. Formen Sie die Ausdrücke in Aufgabe 2 in Exponentenschreibweise um.

4. Bestimmen Sie Wertetabelle und Graphen für die Exponentialfunktion $f(x) = 0{,}2 \cdot 1{,}2^x$ mit $x \in \mathbb{Q}$ (im Intervall $-5 \leq x \leq +5$).

*5. Erläutern Sie den Unterschied bei den Graphen der Exponentialfunktionen $y = a \cdot b^x$ ($a>0$, $b>0$), die auf $\mathbb{N}$, $\mathbb{Z}$ bzw. $\mathbb{Q}$ definiert sind.

*6. Aus welchem Grund möchte man die Exponentialfunktion auf $\mathbb{Q}$ definiert haben?

7. Geben Sie für die folgenden Wurzelwerte jeweils einen Dezimalbruch an, der sich um nicht mehr als 0,001 von dem Wurzelwert unterscheidet.

   a) $\sqrt{6}$ b) $\sqrt{10}$ c) $\sqrt{200}$ d) $\sqrt[3]{17}$ e) $\sqrt[5]{250}$

8. Zeichnen Sie auf der Zahlengeraden die folgenden Zahlen ein.

   a) 5 b) $3{,}5$ c) $-1{,}2$ d) $\sqrt{7}$ e) $2\frac{3}{7}$ f) $\sqrt[3]{30}$

8. Die allgemeine Exponentialfunktion

Vor der Sendung

Die vorhergehenden Lektionen haben Ihnen viele Beispiele für Funktionen gezeigt. Dabei trat immer wieder die Exponentialfunktion auf, mit der verschiedene Vorgänge beschrieben werden konnten. Die Fernsehsendung zur Lektion 8 wird Ihnen wieder Anwendungen der Exponentialfunktion zeigen, dabei aber besonders die Eigenschaften der Exponentialfunktion herausstellen und eine allgemeine Übersicht zu dieser Funktionsart geben. Achten Sie also jeweils auf den Verlauf der Graphen und darauf, unter welchen Bedingungen der Graph der Exponentialfunktion steigt oder fällt. An Vorkenntnissen werden Sie das Rechnen mit Bruchzahlen und mit Potenzen (mit Exponenten aus der Menge der reellen Zahlen) benötigen. Soweit Ihnen dies nicht mehr geläufig ist, können Sie es in dem Buch „Funktionen in Anwendungen - Grundlegende Rechentechniken und Lösungswege" nachlesen.

Übersicht

1. Die Exponentialfunktionen $y = b^x$ mit $b > 1$ haben einige **charakteristische Eigenschaften.** Ihre Graphen gehen alle durch den Punkt $(0 \mid 1)$ und sie sind alle monoton steigend.

2. Betrachtet man den Zuwachs der Exponentialfunktion von einem x-Wert r auf einen größeren $r+s$, so erkennt man die Eigenschaft $\mathbf{b^{r+s} = b^r \cdot b^s}$, eine Beziehung, die das erste Potenzgesetz darstellt.

3. Die Graphen der Exponentialfunktionen $y = a \cdot b^x$ mit $a \neq 1$ und $b > 1$ lassen sich alle aus dem Graphen der Exponentialfunktion $y = b^x$ mit $b > 1$ durch (affine) **Streckung oder Stauchung** (parallel zur y-Achse) gewinnen. Ihre Graphen gehen durch $(0 \mid a)$.

4. Es gibt auch Vorgänge, bei denen eine **exponentielle Abnahme** vorliegt. Diese lassen sich ebenfalls durch eine Exponentialfunktion $y = a \cdot b^x$ darstellen. In diesem Fall ist dann $0 < b < 1$. Auch diese Exponentialfunktionen weisen gemeinsame Eigenschaften auf. Ihre Graphen gehen ebenfalls alle durch den Punkt $(0 \mid a)$. Im Gegensatz zu den Exponentialfunktionen mit $b > 1$ sind diese Funktionen jedoch monoton fallend.

5. Alle Exponentialfunktionen $y = a \cdot b^x$ haben keine Nullstellen. Ihre Graphen kommen aber der x-Achse beliebig nahe, ohne sie jedoch zu erreichen. Man sagt: Die x-Achse ist **Asymptote** zur Exponentialfunktion $y = a \cdot b^x$.

6. Die Graphen der Exponentialfunktionen $y = b^x$ und $y = b^{-x}$ (bzw. $y = (\frac{1}{b})^x$) sind **symmetrisch zueinander** bezüglich der y-Achse als Symmetrieachse.

8.1 Eigenschaften der Exponentialfunktion $y = b^x$ mit $b > 1$

Sie haben das Wachstum einer Hefekultur gesehen, bei dem sich die von der Kultur bedeckte Fläche jeweils nach einer Stunde verdoppelte. Das Wachstum verläuft kontinuierlich, das heißt man kann es auf der Definitionsmenge der reellen Zahlen IR betrachten. Durch die Exponentialfunktion wird dann jeder reellen Zahl der Definitionsmenge eine reelle Zahl der Wertemenge zugeordnet. In Zukunft soll bei jeder Funktion, wenn nicht ausdrücklich etwas anderes gesagt ist, jedem reellen x-Wert aus der Definitionsmenge ein reeller y-Wert zugeordnet sein.

Der Wachstumsfaktor für das Wachsen der Hefekultur durch Verdopplung ist 2. Wenn die Kultur nun schneller oder langsamer wächst, so ist ein größerer oder kleinerer Wachstumsfaktor einzusetzen. Wäre der Wachstumsfaktor gleich 1, so läge kein echtes Wachstum vor; die Größe würde sich ja nicht verändern. Das unterschiedliche Wachstum läßt sich also zum Beispiel durch die Funktionsgleichungen

$y = 1{,}2^x$

$y = 1{,}5^x$

$y = 2^x$

$y = 2{,}5^x$

$y = 3^x$

beschreiben. Allgemein gilt:

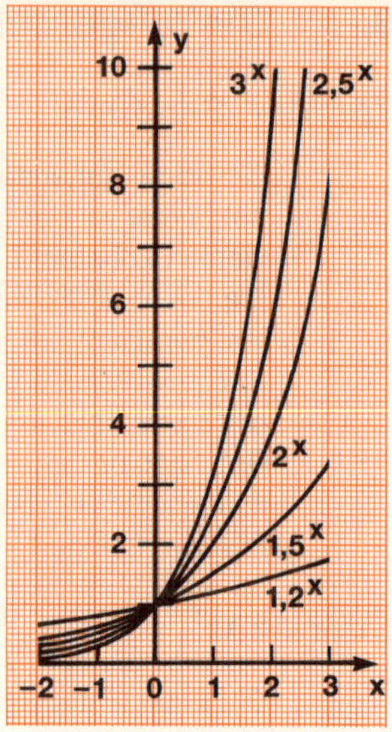

Die Exponentialfunktionen $y = b^x$ beschreiben exponentielle Wachstumsvorgänge mit dem Wachstumsfaktor b $(b > 1)$.

Zeichnet man sich die zugehörigen Graphen auf, so erhält man die Bilder, wie sie oben dargestellt sind. An diesen Graphen lassen sich einige Eigenschaften der Exponentialfunktion $y = b^x$ mit $b>1$ ablesen.

Die Graphen der Exponentialfunktionen $y = b^x$ gehen alle durch den **Punkt (0 | 1)**.

Diese Eigenschaft läßt sich sofort rechnerisch beweisen: Für $x = 0$ wird $y = b^0$. Da definitionsgemäß b^0 für alle Zahlen b den Wert 1 hat, ist also $y = 1$.

Die Graphen der Exponentialfunktionen $y = b^x$ mit $b>1$ steigen von links nach rechts an. Man sagt: Sie sind **monoton steigend**.

Diese Eigenschaft bedeutet: Wenn $x_2 > x_1$ ist, dann ist auch $b^{x_2} > b^{x_1}$ $(b > 1)$.

Dabei dürfen x_1 und x_2 aus jeder beliebigen Zahlenmenge sein:
Sind **x_1 und x_2 natürliche Zahlen**, so kann man sich diese Eigenschaft leicht erklären. Bezeichnet man den Zuwachs mit k, dann ist ja $x_2 = x_1 + k$ mit $x_1, x_2, k \in \mathbb{N}^*$. Für die Funktionswerte gilt dann $b^{x_2} = b^{x_1+k} = b^{x_1} \cdot b^k > b^{x_1}$, weil eine Zahl vergrößert wird, wenn man sie k-mal mit dem Faktor b, der größer als 1 ist, multipliziert.

Sind **x_1 und x_2** keine natürlichen Zahlen, sondern **rationale Zahlen**, also Brüche, so ist der Zuwachs ein positiver Bruch $\frac{p}{q}$ und es gilt $x_2 = x_1 + \frac{p}{q}$ mit $x_1, x_2 \in \mathbb{Q}$, $\frac{p}{q} \in \mathbb{Q}_+^*$. Für die Funktionswerte gilt dann $b^{x_2} = b^{x_1+\frac{p}{q}} = b^{x_1} \cdot b^{\frac{p}{q}}$ (nach dem 1. Potenzgesetz).
$b^{x_2} > b^{x_1}$ ist dann gegeben, wenn $b^{\frac{p}{q}}$ eine Zahl größer 1 ist. $b^{\frac{p}{q}}$ ist aber $(\sqrt[q]{b})^p$.
$(\sqrt[q]{b})$ ist aber größer als 1, weil $b>1$ ist. Die p-te Potenz davon ist auch größer als 1.
Sind schließlich **x_1 und x_2 reelle Zahlen**, so kann der Zuwachs k von x_1 zu x_2 rational oder reell sein. Zum Beispiel:

Ist $x_1 = \sqrt{2} + 2$ und $x_2 = \sqrt{2} + 3$, so ist der Zuwachs 1, also eine rationale Zahl.
Ist $x_1 = \sqrt{2}$ und $x_2 = \sqrt{2} + \sqrt{3}$, so ist der Zuwachs $\sqrt{3}$, also eine irrationale Zahl.
Ist der Zuwachs k rational, so gilt dasselbe wie wenn x_1 und x_2 rational sind. Ist der Zuwachs k irrational, so läßt sich k in rationale Zahlen einschachteln und damit zeigen, daß die Faktoren, mit denen b^{x_1} multipliziert wird, stets größer als 1 sind.

Die Exponentialfunktion ist also auf der Definitionsmenge IR monoton steigend:
$y = b^x$ mit $b > 1$ und $x \in \mathbb{R}$ ist monoton steigend.

Aufgaben zu 8.1

1. Zeichnen Sie die Exponentialfunktion $f(x) = 2{,}3^x$ und bestätigen Sie an dem Graphen die Eigenschaft $f(0) = 1$ und die Monotonie.

*2. Zeigen Sie, daß der Zuwachs zwischen den reellen Zahlen $x_1 = 2 + \sqrt{2}$ und $x_2 = 5 + \sqrt{2}$ eine ganze Zahl ist, und bestimmen Sie für die Exponentialfunktion $y = 3^x$ den Faktor, mit dem $y_1 = 3^{x_1}$ multipliziert werden muß, damit man $y_2 = 3^{x_2}$ erhält.

8.2 Das Potenzgesetz $b^{r+s} = b^r \cdot b^s$

Die Eigenschaft der Exponentialfunktion, daß sich b^{r+s} aus b^r berechnen läßt, indem man b^r mit b^s multipliziert, entspricht dem ersten Potenzgesetz:

$$a^m \cdot a^n = a^{m+n}.$$

Sie können sich dieses Gesetz nochmals am Graphen der Exponentialfunktion veranschaulichen. Hier rechts ist der Graph von $y = 1{,}7^x$ für $-2 < x < 5{,}5$ und $0 < y < 20$ gezeichnet. Lesen Sie bitte an diesem Graphen die Werte für $x_1 = 2$ und $x_2 = 3$ ab. Nach dem Potenzgesetz läßt sich daraus der Wert der Exponentialfunktion für $x_3 = 5 = 2 + 3$ als Produkt von $1{,}7^2$ und $1{,}7^3$ berechnen. Führen Sie dies bitte aus und kontrollieren Sie am Graphen Ihr Ergebnis. → ④

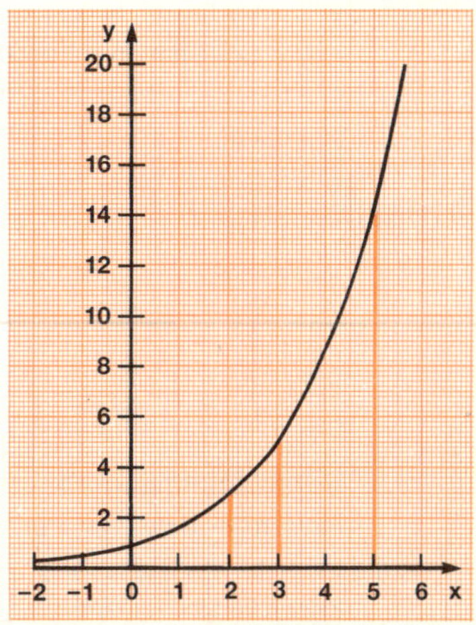

Natürlich kann man auch umgekehrt etwa aus den Werten für $y_1 = 1{,}7^2$ und $y_3 = 1{,}7^5$ den Wert für $y_2 = 1{,}7^3$ berechnen. Da $3 = 5 - 2$ ist, muß man die Funktionswerte dividieren, also $\frac{y_3}{y_1}$ bilden. Diese Rechnung entspricht dem zweiten Potenzgesetz $\frac{a^m}{a^n} = a^{m-n}$.

Es ist also $1{,}7^3 = \frac{1{,}7^5}{1{,}7^2} = \frac{14{,}2}{2{,}9} = 4{,}9$ (auf eine Dezimale genau).

Auf Grund dieser Eigenschaft der Exponentialfunktion (die den Potenzgesetzen entspricht) reichen die vier Grundrechenarten zur Bestimmung weiterer Werte der Exponentialfunktion aus, wenn einige Werte vorgegeben sind.

Sind zum Beispiel die in der folgenden Wertetabelle schwarz aufgeschriebenen Werte einer Exponentialfunktion gegeben, so lassen sich die dort rot notierten berechnen.

x	$y = b^x$
1,2	3,737
1,7	6,473
− 0,5	0,577
2,9 = 1,2 + 1,7	24,190
0,7 = 1,2 − 0,5	2,156
1,9 = 1,2 + 0,7	8,057
0,5 = 1,7 − 1,2	1,732

Berechnen Sie nach derselben Methode die in der Wertetabelle rechts fehlenden Werte.

x	$y = b^x$
0,5	1,304
0,8	1,529
1,5	2,217
1,3	
0,3	
2,0	
2,3	

→ (2)

Umgekehrt kann man auch zu gegebenen y-Werten die zugehörigen x-Werte bestimmen, wenn man die y-Werte so in ein Produkt zerlegen kann, daß Werte herauskommen, zu denen man die x-Werte bereits kennt. In der folgenden Tabelle finden Sie dazu ein Beispiel.

x	$y = b^x$
1,306	2
3,667	7
4,339	10
4,973	14 = 2 · 7
5,645	20 = 2 · 10
8,006	70 = 7 · 10
3,033	5 = 70 : 14

Berechnen Sie nach derselben Methode die in der Wertetabelle in der linken Spalte fehlenden Werte.

x	$y = b^x$
6,026	3
8,827	5
13,629	12
	15
	36
	60
	4

→ (5)

Im Zeitalter der Taschenrechner und Computer ist diese Berechnungsmethode zwar nicht mehr nötig; sie gibt aber einen guten Einblick in die Eigenschaften der Exponentialfunktion.

Will man bei einer Exponentialfunktion zu einer Basis b und einem vorgegebenen y-Wert den x-Wert bestimmen, ohne daß schon einige Wertepaare der Funktion bekannt sind, benötigt man, wie Sie vielleicht wissen, die Logarithmusfunktion. Die Logarithmusfunktion wird im nächsten Band vorgestellt.

Aufgaben zu 8.2

1. Vervollständigen Sie die Wertetabelle einer Exponentialfunktion durch entsprechende Produkt- bzw. Quotientbildung.

x	0,8	1,2	− 0,1	2	0,4	0,7	1	3,2
$y = b^x$	2,081	3,003	0,912					

2. Vervollständigen Sie die Wertetabelle einer Exponentialfunktion durch entsprechende Summen- bzw. Differenzbildung.

x	0,756	1,199	2,513					
$y = b^x$	2	3	10	6	20	30	5	1,5

8.3 Die Exponentialfunktion $y = a \cdot b^x$ mit $a \neq 1$ und $b > 1$.

Bisher wurden in dieser Folge nur Exponentialfunktionen $y = a \cdot b^x$ betrachtet, für die der Wert $a = 1$ war. Eine wichtige Eigenschaft für diese Funktionen ist, daß ihre Graphen alle durch den Punkt (0 | 1) gehen. Was ändert sich nun, wenn $a \neq 1$ ist?
Machen Sie sich dies an einem Beispiel klar. Auf der nächsten Seite finden Sie die Wertetabellen der Funktionen $y = 1{,}5^x$ und $y = 3 \cdot 1{,}5^x$. Rechts daneben sind die Graphen der Funktionen in ein Koordinatensystem gezeichnet.

x	$y = 1 \cdot 1{,}5^x$	$y = 3 \cdot 1{,}5^x$
−2	0,444	1,333
−1	0,667	2
0	1	3
1	1,5	4,5
2	2,25	6,75
3	3,375	10,125
4	5,063	15,188
5	7,594	22,781
6	11,391	34,172

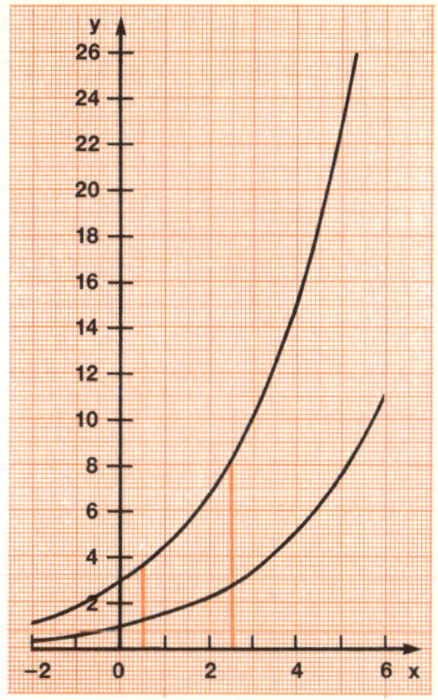

Sie erkennen sofort, daß die y-Werte der Funktion $y = 3 \cdot 1{,}5^x$ immer das Dreifache der entsprechenden Werte der Funktion $y = 1 \cdot 1{,}5^x$ sind. Dies kann man in der Wertetabelle ablesen, aber auch an den Graphen erkennen.

Lesen Sie die y-Werte der beiden Funktionen an den Stellen 0,5 und 2,5 am Graphen ab und überprüfen Sie damit diesen Sachverhalt.

→ (3)

Der Graph von $y = 3 \cdot 1{,}5^x$ entsteht aus dem Graphen von $y = 1 \cdot 1{,}5^x$ keineswegs durch eine Verschiebung, wie Sie sich leicht an der Zeichnung klarmachen können, sondern durch eine Streckung entlang der Richtung der y-Achse (senkrecht zur x-Achse). Eine solche Streckung (nur in eine Richtung) nennt man eine **affine Streckung** im Gegensatz zu einer zentrischen Streckung, wie sie zum Beispiel bei einer Diaprojektion vorliegt.

Wie verhält es sich, wenn die Vorzahl a kleiner als 1 ist, zum Beispiel 0,5 ? Auch dafür wieder ein Beispiel mit Wertetabellen und Graphen. (Der Graph der neuen Funktion wurde in das obige Bild hineingezeichnet.)

x	$y = 1 \cdot 1{,}5^x$	$y = \frac{1}{2} \cdot 1{,}5^x$
−2	0,444	0,222
−1	0,667	0,333
0	1	0,5
1	1,5	0,75
2	2,25	1,125
3	3,375	1,688
4	5,063	2,531
5	7,594	3,797
6	11,391	5,695

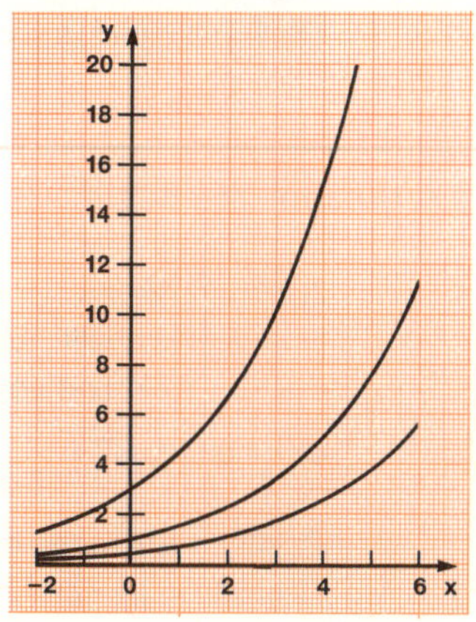

Sie sehen, daß alle Funktionswerte mit $\frac{1}{2}$ multipliziert werden: Der Graph wird mit dem Faktor $\frac{1}{2}$ in y-Richtung (senkrecht zur x-Achse) gestaucht: **affine Stauchung**. Allgemein gilt:

Der Graph von $y = a \cdot b^x$ entsteht aus dem Graphen von $y = b^x$ durch affine Streckung bzw. affine Stauchung mit dem Faktor a. (Streckung für $a > 1$; Stauchung für $0 < a < 1$)

Nun könnte natürlich die Zahl a auch negativ sein. Das Verhalten der Exponentialfunktion in diesem Fall kann zum Beispiel an den Funktionen $y = -3 \cdot 1{,}5^x$ bzw. $y = -\frac{1}{2} \cdot 1{,}5^x$ untersucht werden. Hier finden Sie die Wertetabellen und Graphen.

x	$y = -3 \cdot 1{,}5^x$	$y = -\frac{1}{2} \cdot 1{,}5^x$
−2	−1,333	−0,222
−1	−2	−0,333
0	−3	−0,5
1	−4,5	−0,75
2	−6,75	−1,125
3	−10,125	−1,688
4	−15,188	−2,531
5	−22,781	−3,797
6	−34,172	−5,695

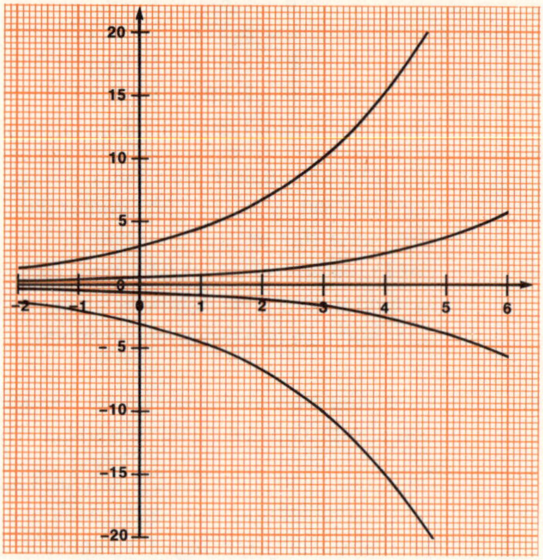

In dem Koordinatensystem hier rechts ist jeweils auch der Graph für die Funktionen mit dem entsprechenden positiven a eingezeichnet. Sie erkennen: Die Funktionswerte für negatives a haben den gleichen absoluten Betrag wie für das entsprechende positive a, aber das umgekehrte Vorzeichen. Also liegen die Funktionswerte jetzt im negativen Bereich.
Der Graph von $y = -a \cdot b^x$ ist das Spiegelbild des Graphen von $y = a \cdot b^x$ (gespiegelt an der x-Achse).

Der Graph zu $y = -a \cdot b^x$ entsteht aus dem Graphen von $y = +a \cdot b^x$ durch Spiegelung an der x-Achse.

Aufgaben zu 8.3

1. Zeichnen Sie den Graphen der Exponentialfunktion $y = 1{,}4^x$. Fertigen Sie dazu zunächst eine Wertetabelle an. Zeichnen Sie dann ohne erneute Wertetabelle die Graphen von $y = 2 \cdot 1{,}4^x$ und von $y = \frac{1}{3} \cdot 1{,}4^x$ durch affine Streckung bzw. Stauchung des ersten Graphen.

*2. Zeichnen Sie, ohne erneut eine Wertetabelle zu berechnen, den Graphen der Exponentialfunktion $y = -2 \cdot 1{,}4^x$ durch Spiegelung des Graphen von $y = 2 \cdot 1{,}4^x$.

3. Vorgegeben sei der Graph zu der Exponentialfunktion $y = 1{,}6^x$. Durch welche Abbildung (affine Streckung, affine Stauchung, Spiegelung) gehen die Graphen folgender Funktionen aus dem gezeichneten Graphen hervor? (Evtl. mehrere Abbildungen hintereinander!)
a) $y = 2{,}5 \cdot 1{,}6^x$, b) $y = 0{,}2 \cdot 1{,}6^x$, c) $y = -2 \cdot 1{,}6^x$,
d) $y = -1{,}6^x$, e) $y = -\frac{1}{2} \cdot 1{,}6^x$, f) $y = -20 \cdot 1{,}6^x$.

8.4 Exponentielle Abnahme

Sie haben sicher schon eine Röntgenaufnahme beim Zahnarzt erlebt. Bevor die Röntgenstrahlen eingeschaltet werden, erhält man eine Bleischürze umgebunden. Diese Bleischürze soll den Körper vor Röntgenstrahlen, die schädliche Wirkung haben können, schützen. Die Bleischürze ist ziemlich schwer; sie hat eine gewisse Dicke. Dies ist notwendig, weil eine Bleischicht kein absoluter Schutz vor Röntgenstrahlen ist. Das heißt die Strahlen dringen auch durch Blei durch, aber nur zu einem Teil. Je dicker die Bleischicht ist, um so weniger Strahlungsenergie kann sie durchdringen. Es handelt sich beim Blei also um eine Absorption der schädlichen Strahlung. Diese Absorption kann man sich so vorstellen wie die der Lichtstrahlen, die Sie in der Fernsehsendung gesehen haben. Ein Lichtfilter hatte 25% der Lichtenergie I_0 absorbiert. Legte man mehrere Lichtfilter hintereinander, so wurden jedesmal wieder 25% der jeweils restlichen Intensität I_n absorbiert. Eine Wertetabelle für diesen Vorgang sieht demnach so aus:

Filter	0	1	2	3	4	...	n
Intensität	$I_0 \cdot (\frac{75}{100})^0$	$I_0 \cdot (\frac{75}{100})^1$	$I_0 \cdot (\frac{75}{100})^2$	$I_0 \cdot (\frac{75}{100})^3$	$I_0 \cdot (\frac{75}{100})^4$	...	$I_0 \cdot (\frac{75}{100})^n$

Allgemein läßt sich dieser Sachverhalt durch die Funktionsgleichung $I_n = I_0 \cdot (\frac{75}{100})^n$ darstellen. Dies ist die Funktionsgleichung einer Exponentialfunktion. Wenn man den Graphen dieser Funktion zeichnet, so stellt man fest, daß es sich um eine monoton fallende Funktion handelt. Da die Definitionsmenge der Funktion die Anzahl der Lichtfilter ist, ist die Funktion auf der Menge der natürlichen Zahlen definiert; der Graph besteht aus einzelnen Punkten.

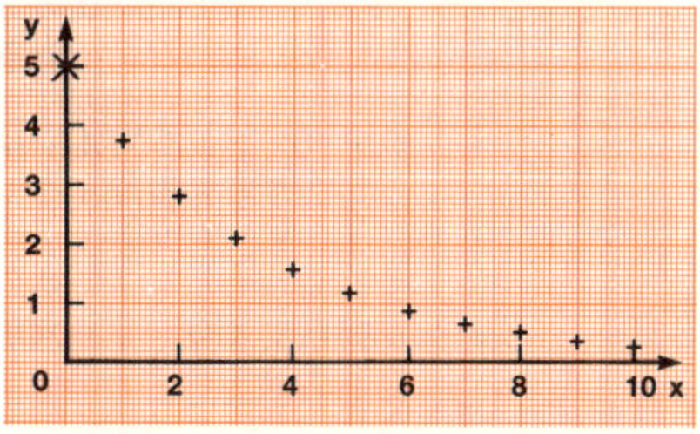

Das Beispiel der Lichtabsorption in einer Wasserschicht, die man kontinuierlich dicker machen kann, zeigt, daß man diese monoton fallende Exponentialfunktion $I_n = I_0 \cdot 0{,}75^n$ auch auf der Menge der reellen Zahlen definieren kann. Dann ist der Graph wieder eine durchgehende Kurve. An diesem Graphen einer Funktion $y = a \cdot b^x$ mit $0<b<1$ läßt sich erkennen, daß ähnliche Eigenschaften wie bei der Funktion $y = a \cdot b^x$ mit $b > 1$ vorliegen:

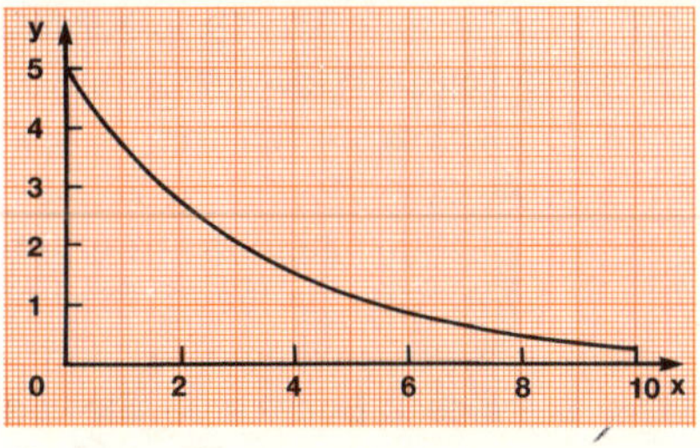

Der Graph geht durch den **Punkt (0 | a)** und die Funktion ist monoton, nur eben jetzt monoton abnehmend oder **monoton fallend**. Der Faktor, mit dem jeweils der Funktionswert bei wachsendem x-Wert multipliziert wird, ist eine Zahl zwischen 0 und 1, hier zum Beispiel 0,75 .

Überzeugen Sie sich, daß sich auch für andere Werte für b zwischen 0 und 1 eine monoton fallende Funktion ergibt, indem Sie für $b = 0{,}5$ und für $b = 0{,}1$ den Graphen der Exponentialfunktion zeichnen.

Schreibt man die Basis b der Exponentialfunktion für die Abnahme der Lichtenergie bei einem 25%-Filter nicht als 0,75 , sondern als (1 – 0,25) , so erhält die Funktionsgleichung die Form $I_n = I_0 \cdot (1 - \frac{25}{100})^n$ oder allgemein für p% $I_n = I_0 \cdot (1 - \frac{p}{100})^n$.

8

Der Vorteil dieser Schreibweise ist die Ähnlichkeit mit der Formel für die Zinseszinsrechnung. Dort galt ja für das Endkapital nach n Jahren bei einem Zinssatz von p% die Formel $K_n = K_0 \cdot (1 + \frac{p}{100})^n$. Bei den Zinsenszinsen lag eine monoton wachsende Funktion vor, bei der Absorption ist es eine monoton fallende. Dies soll folgende Zusammenstellung verdeutlichen:

Zinseszinsen	**Lichtabsorption**
$K_n = K_0 \cdot (1 + \frac{p}{100})^n$	$I_n = I_0 \cdot (1 - \frac{p}{100})^n$
$y = a \cdot b^x$	
$b > 1$ Wachstum	$0 < b < 1$ Abnahme

Aufgaben zu 8.4

1. Welche der folgenden Funktionen sind monoton wachsend, welche monoton fallend?
   a) $y = 3 \cdot 0{,}3^x$ b) $y = 0{,}1 \cdot 2^x$ c) $y = 0{,}5 \cdot 0{,}5^x$ d) $y = 5 \cdot 0{,}9^x$

2. Eine Exponentialfunktion $y = a \cdot b^x$ geht durch a) den Punkt (0 | 5) und ist monoton fallend, b) den Punkt (0 | 2) und ist monoton steigend, c) (0 | 1) und ist monoton fallend. Geben Sie jeweils eine mögliche Funktionsgleichung an.

*3. Ein Kapital von 50 000 DM verliert durch Inflation jährlich 5% an Kaufkraft. Welche Kaufkraft hat es nach 10 Jahren noch, wenn es nicht verzinslich angelegt ist?

8.5 Symmetrie der Exponentialfunktionen $y = a \cdot b^x$ und $y = a \cdot b^{-x}$

Hier rechts sind zwei Graphen gezeichnet: Der eine stellt eine Exponentialfunktion mit einem Wachstum, der andere mit einer Abnahme dar. Die Gleichungen sind $y = 2^x$ bzw. $y = 0{,}5^x$. Aus der Zeichnung können Sie entnehmen, daß die beiden Graphen bezüglich der y-Achse zueinander symmetrisch liegen. Diese Symmetrie läßt sich auch rechnerisch zeigen. Betrachten Sie eine Stelle auf der x-Achse, zum Beispiel die Stelle 2. Das Spiegelbild von 2 ist − 2. Wenn die beiden Graphen spiegelbildlich zur y-Achse liegen, dann müssen die beiden Funktionswerte an der Stelle 2 bzw. − 2, nämlich $y_1 = 2^2$ und $y_2 = 0{,}5^{(-2)}$ gleich sein.

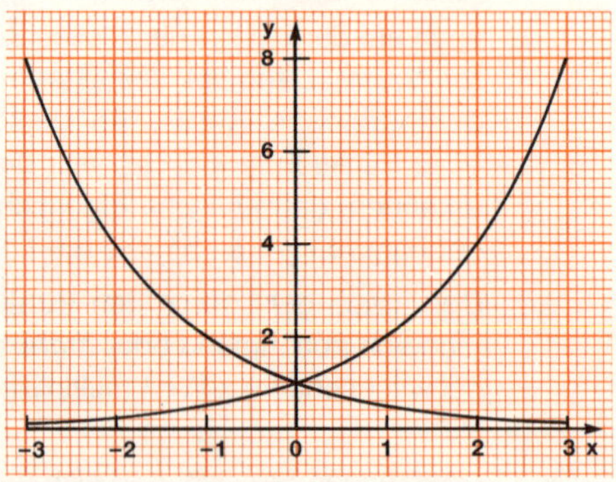

Hier benötigen Sie die Potenzgesetze, die Sie (etwa aus dem Buch „Funktionen in Anwendungen - Grundlegende Rechentechniken und Lösungswege“ Abschnitt 7) kennen.

Es gilt $a^{-r} = (\frac{1}{a})^r$, also ist $0{,}5^{(-2)} = (\frac{1}{0{,}5})^2 = 2^2$.

Das bedeutet aber, daß die Funktionswerte y_1 und y_2 für die bezüglich der y-Achse symmetrisch zueinander liegenden x-Werte 2 und -2 gleich sind. Dies kann man auch für die anderen x-Werte zeigen.

Die Symmetrie gilt offenbar nicht nur für die Funktionen $y = 2^x$ und $y = 0{,}5^x$, sondern für alle Paare von Exponentialfunktionen der Gestalt $y = b^x$ und $y = \left(\frac{1}{b}\right)^x$.

Prüfen Sie dies an dem Beispiel der Funktionen $y = 4^x$ und $y = 0{,}25^x$ durch Zeichnung der Graphen und Vergleich zweier Funktionswerte nach. → ①

Allgemein läßt sich dies rechnerisch so zeigen:

Sind x_1 und x_2 bezüglich der y-Achse symmetrisch zueinander liegende x-Werte, ist also $x_2 = -x_1$, so gilt für die Exponentialfunktionen $y_1 = f_1(x) = b^x$ und $y_2 = f_2(x) = \left(\frac{1}{b}\right)^x$

$$f_2(x_2) = f_2(-x_1) = \left(\frac{1}{b}\right)^{-x_1} = \left(\frac{1}{\frac{1}{b}}\right)^{x_1} = b^{x_1} = f_1(x_1)$$

Damit ist der Satz bewiesen:

> Die Graphen der Exponentialfunktionen $y = b^x$ und $y = \left(\frac{1}{b}\right)^x$ $(b > 0)$ liegen symmetrisch zueinander bezüglich der y-Achse.

Die Bedingung $b > 0$ ist erforderlich, weil $b \neq 0$ sein muß, da es bei einer Funktion im Nenner steht (die Division durch 0 ist nicht erklärt) und weil für $b < 0$ keine Wurzelwerte erklärt sind, die aber zum Beispiel bei rationalen Exponenten x auftreten. (Es ist ja etwa $b^{0,5} = \sqrt[2]{b}$.)

Aufgaben zu 8.5

1. Geben Sie zu folgenden Exponentialfunktionen jeweils die bezüglich der y-Achse symmetrische Funktion an: a) $y = 5^x$ b) $y = 0{,}1^x$ c) $y = \left(\frac{1}{3}\right)^x$ d) $y = 7^x$

2. Die Punkte A (1 | ?), B (0,5 | ?), C (2,5 | ?) sollen auf dem Graphen von $y = 2{,}5^x$ liegen. Berechnen Sie die fehlenden y-Werte der Punkte. Welche zu A, B und C bezüglich der y-Achse symmetrisch liegenden Punkte liegen auf dem Graphen von $y = 0{,}4^x$?

*3. Zeigen Sie: Die Graphen der Exponentialfunktionen $y = a \cdot b^x$ und $y = a \cdot \left(\frac{1}{b}\right)^x$ $(b > 0)$ liegen symmetrisch zueinander bezüglich der y-Achse.

8.6 Die Asymptote zur Exponentialfunktion $y = a \cdot b^x$

Den Graphen hier rechts kennen Sie aus der 1. Lektion. Der x-Wert, für den ein Funktionsterm den Wert 0 annimmt, wurde Nullstelle der Funktion genannt. Der Graph der Funktion hat bei einer Nullstelle einen gemeinsamen Punkt mit der x-Achse.

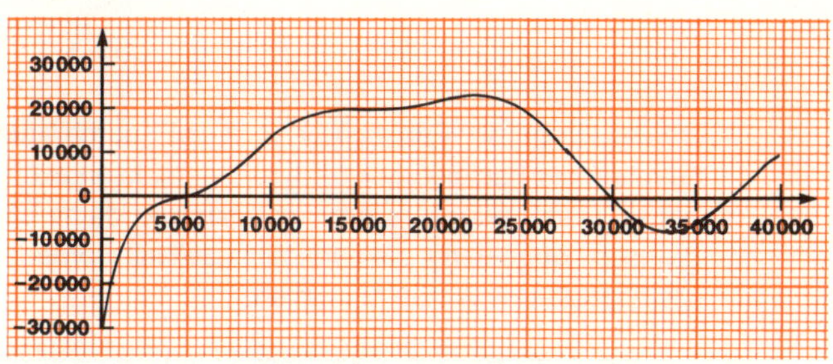

Nullstellen sind hier $x_1 = 5000$, $x_2 = 30000$ und $x_3 = 36500$.

Besitzen die Exponentialfunktionen $y = a \cdot b^x$ Nullstellen? Betrachten Sie dazu nochmals die Beispiele $y = 2^x$, $y = -2^x$ und $y = 0{,}5^x$, für die die Graphen gezeichnet sind. In der Zeichnung findet man bei keinem der Graphen einen gemeinsamen Punkt mit der x-Achse. Ist das Zufall? Sie wissen: Der Graph von $y = -2^x$ ist bezüglich der x-Achse symmetrisch zum Graphen von $y = 2^x$, der Graph von $y = 0{,}5^x$ ist bezüglich der y-Achse symmetrisch zum Graphen von $y = 2^x$. Wenn also die Funktion $y = 2^x$ keine Nullstellen hat, können auch die Funktionen $y = -2^x$ und $y = 0{,}5^x$ keine Nullstellen haben.

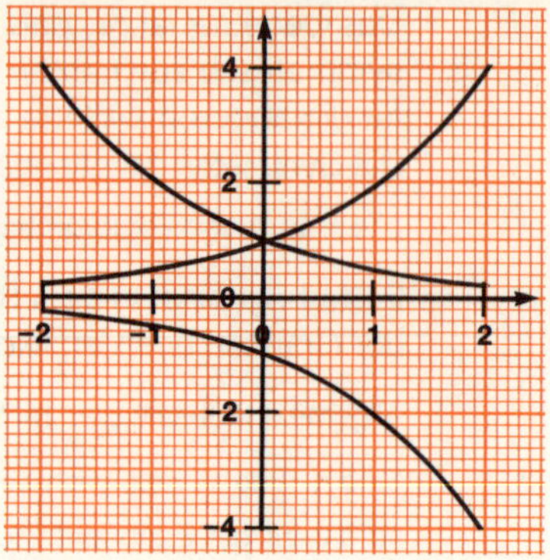

Allgemein gilt für die Symmetrien: Zu jeder Exponentialfunktion $y = b^x$ mit $0 < b < 1$ gibt es eine Exponentialfunktion $y = b_2^x$ ($b_2 = \frac{1}{b}$) mit zum Graphen von $y = b^x$ symmetrischem Graphen und $b_2 > 1$, da $b_2 = \frac{1}{b} > 1$ ist, wenn $0 < b < 1$ gilt. Die Symmetrieachse ist hier die y-Achse.

Außerdem gibt es zu jeder Exponentialfunktion der Form $y = -b^x$ $(b>0)$ eine Exponentialfunktion $y = b^x$ $(b>0)$ mit einem zum Graphen von $y = -b^x$ $(b>0)$ symmetrischem Graphen. Die Symmetrieachse ist hierbei die x-Achse. (Vgl. Sie die Abbildungen oben.)

Die Untersuchung von $y = b^x$ auf Nullstellen verläuft so, daß man die Funktion für verschiedene x-Werte untersucht. Man macht folgende Fallunterscheidungen:

Für $x = 0$ ist $y = b^0 = 1$,
für $x > 0$ ist $y = b^x > 0$, da eine Zahl > 0 beliebig potenziert immer größer 0 ist,
für $x < 0$ ist $y = b^x = \left(\frac{1}{b}\right)^{-x}$ mit $-x > 0$, $\frac{1}{b}$ ist als Kehrwert einer positiven Zahl wieder positiv. Also wird wieder eine positive Zahl mit einer positiven Zahl potenziert. Folglich ist b^x auch positiv.

Wenn $y = b^x$ keine Nullstellen hat, kann wegen der oben gefundenen Symmetrie auch $y = -b^x$ keine Nullstellen haben.

Die Funktion $y = b^x$ hat keine Nullstellen: Im 2. Quadranten werden die Funktionswerte zwar immer kleiner, ja sogar beliebig klein, wenn x immer mehr gegen das negativ Unendliche geht, aber die Funktionswerte bleiben stets größer als Null.

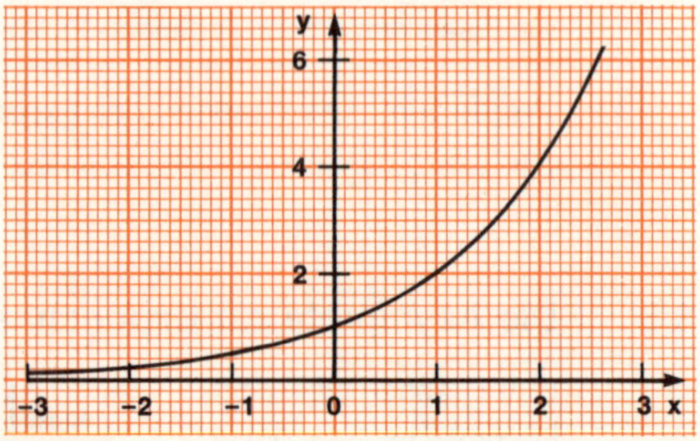

Da der Graph der Funktion $y = a \cdot b^x$ durch affine Streckung oder Stauchung aus dem Graphen der Funktion $y = b^x$ hervorgeht, kann auch die Funktion $y = a \cdot b^x$ keine Nullstellen haben. Denn: Wie stark auch eine noch so kleine Länge gestaucht wird, es bleibt immer eine gewisse Länge übrig; sie kann nicht zu Null werden.
Als Ergebnis kann man festhalten:

> Die Exponentialfunktionen $y = a \cdot b^x$ mit $b > 0$ haben für beliebige reelle Werte a und x keine Nullstellen.
> Die Gleichung $a \cdot b^x = 0$ hat keine Lösung.

Wie Sie an den Graphen sehen und wie auch die allgemeinen Überlegungen ergeben haben, wird die Exponentialfunktion $y = a \cdot b^x$ $(b>1)$ nie Null, aber ihr Graph nähert sich beliebig der (negativen) x-Achse an.

Wenn sich ein Graph von einer Stelle ab beliebig an eine Gerade annähert, ohne sie zu erreichen, heißt diese Gerade **Asymptote** des Graphen.

Der Graph der Exponentialfunktion $y = a \cdot b^x$ mit $b > 0$ und $a, x \in \mathbb{R}$ hat die x-Achse als Asymptote.

Aufgaben zu 8.6

1. Zeigen Sie, daß die Funktion $y = 2 \cdot 0{,}8^x$ auch für große Werte von x nicht 0 wird, indem Sie für x nacheinander 10, 50, 100, 500, 1000 einsetzen und den zugehörigen Funktionswert mit dem Taschenrechner berechnen.

*2. Warum kann man die Berechnungen nach Aufgabe 1 nicht für noch größere Werte von x wie zum Beispiel 10 000 fortsetzen? Wodurch ist der Taschenrechner beschränkt?

3. Geben Sie an, ob bei den folgenden Funktionen die asymptotische Annäherung an die x-Achse im positiven oder im negativen Bereich erfolgt.
a) $y = -3 \cdot 2^x$ b) $y = 2 \cdot 0{,}4^x$ c) $y = -8 \cdot 0{,}7^x$

8

Wiederholungsaufgaben

1. Vervollständigen Sie die Wertetabelle einer Exponentialfunktion.

x	2	3	5	−1				8
$y = b^x$	4	8			16	128	1	

2. Es sei die Gleichung einer Exponentialfunktion mit $y = 0{,}5^x$ gegeben. Wie lauten die Gleichungen der Exponentialfunktionen, deren Graphen
a) durch Spiegelung an der x-Achse,
b) durch Spiegelung an der y-Achse,
c) durch affine Streckung mit dem Faktor 3,
d) durch affine Stauchung mit dem Faktor 0,5,
e) durch affine Streckung mit dem Faktor −2
aus dem Graphen der ursprünglichen Funktion hervorgehen?

3. Welche der folgenden Funktionen sind monoton wachsend, welche monoton fallend?
a) $y = 10 \cdot 0{,}7^x$ b) $y = 0{,}1 \cdot 0{,}7^x$ c) $y = 0{,}5 \cdot 3^x$ d) $y = 10 \cdot 10^x$

*4. Es seien die Graphen der folgenden Funktionen gegeben:
a) $y = -5^x$ b) $y = 0{,}2^x$ c) $y = 1{,}7^x$
Wie lauten die Gleichungen der Funktionen, deren Graphen α) bezüglich der x-Achse β) bezüglich der y-Achse symmetrisch zu den gegebenen Graphen liegen?

9. Abnahmeprozesse

Vor der Sendung

In dieser Lektion werden Abnahmeprozesse betrachtet. Diese stellen sozusagen das Gegenteil der Wachstumsprozesse dar. Wie schon bei den Wachstumsprozessen gibt es auch bei den Abnahmeprozessen unterschiedliche Arten. Man muß also den jeweiligen Prozeß analysieren, um die richtige mathematische Beschreibung dafür zu finden. Die Lektion 9 übt daher auch das Mathematisieren von Sachproblemen. Sie werden die Kenntnisse benötigen, die Sie in den vorhergehenden Lektionen erworben haben.

Übersicht

1. Es gibt Abnahmeprozesse, bei denen in gleichen Zeiten stets die gleiche Abnahme erfolgt. Man spricht in diesem Fall von der **gleichmäßigen Abnahme**. Die mathematische Beschreibung dafür ist die lineare **Funktion** $\mathbf{y = m \cdot x + b}$, bei der der Steigungsfaktor m negativ ist. Bei einer solchen Abnahme erreicht man zu einer bestimmten Zeit den Wert 0. Um diese Zeit zu berechnen, muß man die Nullstelle der Funktion bestimmen.

2. Wie Sie schon aus der letzten Lektion wissen, kann es auch eine **exponentielle Abnahme** geben. Deren mathematische Beschreibung ist durch eine **Exponentialfunktion** $\mathbf{y = a \cdot b^x}$ mit $0 < b < 1$ gegeben. Bei einer exponentiellen Abnahme wird nie Null erreicht, da die x-Achse Asymptote der Exponentialfunktion ist. Der exponentiellen Abnahme unterliegen solche Naturvorgänge, bei denen die Abnahme stets relativ zu dem noch Vorhandenen erfolgt.

3. Ein bedeutsamer Naturvorgang mit exponentieller Abnahme ist der **radioaktive Zerfall**. Die Strahlung eines radioaktiven Stoffes wird zwar im Laufe der Zeit geringer, aber nie Null. Wie rasch der radioaktive Zerfall vor sich geht, beschreibt man mit der sogenannten **Halbwertszeit** $\mathbf{t_{1/2}}$. Das ist die Zeit, die vergeht, bis die Hälfte des radioaktiven Stoffes zerfallen ist. Mit Hilfe der Halbwertszeit läßt sich die einem radioaktiven Zerfall entsprechende Exponentialfunktion aufstellen.

4. Ein weiterer Abnahmeprozeß liegt bei Sachverhalten vor, die dem **Dreisatz mit umgekehrtem Verhältnis** entsprechen: Es sind Größen, die in der Art einander zugeordnet sind, daß beim Anwachsen der einen Größe auf das n-fache die andere sich auf den n-ten Teil verringert. Die zugehörige Funktionsgleichung ist $\mathbf{y = \frac{a}{x}}$. Der Graph dieser Funktion heißt **Hyperbel**.

9.1 Lineare Abnahme

In der Fernsehsendung haben Sie die Landung eines Flugzeugs gesehen und erfahren, daß dieses Flugzeug dabei pro Sekunde 4,16 m an Höhe verliert. Wenn das Flugzeug zu einem bestimmten Zeitpunkt noch 200 m hoch ist, dann läßt sich aus dieser Angabe und der Sinkgeschwindigkeit berechnen, nach wieviel Sekunden das Flugzeug am Boden sein wird. Man braucht ja nur 200 m durch $4{,}16\,\frac{m}{s}$ zu teilen: $\frac{200\ m}{4{,}16\,\frac{m}{s}} = 48{,}08\ s$. Nach etwa 48 Sekunden ist das Flugzeug gelandet. (Tatsächlich dauert es etwas länger, weil der Pilot das Flugzeug kurz vor dem Boden - etwa 6 m darüber - etwas anzieht, damit die Landung sanfter wird.) Will man ein mathematisches Modell für den Landevorgang aufstellen, läßt man zunächst diese Feinheiten weg. Dann gilt für die jeweilige Höhe des Flugzeugs:

$$\text{Höhe} = 200\ m - 4{,}16\ m \cdot x\ ,$$

wenn x die Zeit in Sekunden angibt.

Dies erinnert an eine Funktionsgleichung, die Sie aus den Lektionen 3 und 4 kennen: die Geradengleichung $y = m \cdot x + b$, wo y für die Höhe und x für die Zeit steht; m ist die Sinkgeschwindigkeit und muß deswegen negativ angegeben werden:

$$y = -4{,}16\ x + 200$$

Hier rechts finden Sie den Graphen zu dieser Funktion.

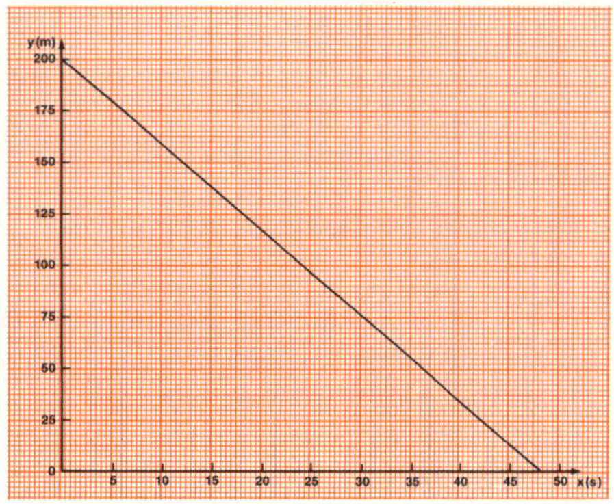

Offenbar beschreibt die Geradengleichung das gleichmäßige Wachstum, wenn die Steigung m positiv ist, und die gleichmäßige Abnahme, wenn die Steigung m negativ ist.
Ein weiteres Beispiel: Wenn Sie Ihr Geld im Sparstrumpf aufbewahren, zum Beispiel 100 000 DM, und jeden Monat davon 4 000 DM verbrauchen würden, dann läge eine gleichmäßige Abnahme vor, die sich mit der Funktionsgleichung

$$y = -4000 \cdot x + 100000$$

beschreiben ließe.

Wie kann man nun ausrechnen, nach wieviel Monaten das Geld vollständig aufgebraucht wäre? Nun, man muß die Nullstelle dieser Funktion bestimmen, das heißt die Gleichung

$$0 = -4000 \cdot x + 100000$$

lösen.

Es ergibt sich $4000\ x = 100.000$

und $x = \frac{100\,000}{4\ 000}$

$x = 25$

Nach 25 Monaten wäre das Geld vollständig aufgebraucht. Tatsächlich wird man eine so hohe Summe nicht in den Sparstrumpf stecken, sondern bei einer Bank anlegen. In diesem Fall erhält man jedes Jahr Zinsen gutgeschrieben, so daß es sich nicht mehr um eine gleichmäßige Abnahme handelt. Für diesen Sachverhalt benötigt man ein etwas komplizierteres mathematisches Modell, das hier jedoch nicht entwickelt wird.

Aufgaben zu 9.1

1. Im Flugwesen wird in der Regel Englisch gesprochen und auch in englischen Maßsystemen gerechnet. Die Höhenangaben erfolgen daher in Fuß (1 Fuß ≙ 30,48 cm). Mit welcher Funktionsgleichung wird der Landevorgang eines Flugzeugs beschrieben, das zu einem Zeitpunkt 0 auf einer Höhe von 590 Fuß ist und in 10 s jeweils 127 Fuß sinkt? Berechnen Sie die Nullstelle dieser Funktion, um den Zeitpunkt der Landung zu bestimmen.

*2. Aus einem Wasserreservoir mit einem Inhalt von 2 000 m^3 sickern gleichmäßig pro Stunde 5 l ab. Mit welcher Funktionsgleichung läßt sich dieser Vorgang beschreiben, und nach welcher Zeit ist das Reservoir leer, wenn nichts nachfließt? (Achten Sie auf die unterschiedlichen Maßeinheiten!)

3. Mit welcher Geschwindigkeit sinkt ein Heißluftballon, wenn er aus einer Höhe von 300 m nach 15 min landet? Bestimmen Sie Funktionsgleichung und Funktionsgraph für diesen Vorgang, wenn eine lineare Abnahme vorliegen soll.

9.2 Exponentielle Abnahme

Die Kaufkraft des Geldes nimmt bedauerlicherweise stets ab. Zum Beispiel: Die Kaufkraft der DM nimmt im Jahr 3 % ab. Das heißt, im zweiten Jahr kann man für eine DM nur noch soviel kaufen, wie man im Vorjahr für 97 Pfennige kaufen konnte. Bleibt der Kaufkraftverlust über einige Jahre bei 3 %, dann kann man für die Kaufkraft (bezogen auf das erste Jahr) den „Wert" der DM für jedes Jahr errechnen. Es sind immer 97 % vom Wert des Vorjahrs. Eine Wertetabelle dazu sieht etwa so aus:

Jahr	1	2	3	4	5	6	7	8
Wert (Pfennig)	100	97	94,09	91,27	88,53	85,87	83,30	80,80

Aus der Tabelle entnehmen Sie, daß es sich nicht um eine lineare Abnahme handelt. Die Kaufkraft wird auch nie Null. Sie beträgt jeweils 97 % vom Vorjahr. Auch diese Abnahme ist Ihnen schon bekannt. Es wird ja gerechnet $K_n = K_{n-1} \cdot 0{,}97$ oder $K_n = K_{n-1} \cdot (1 - 0{,}03)$. Diese Gleichung kennzeichnet eine Exponentialfunktion. Es liegt eine exponentielle Abnahme vor.

Ein entsprechender Sachverhalt zeigt sich bei der Abnahme des Schaumes auf einem Glas Bier. Die Schaumhöhe nimmt ab, weil stets Schaumbläschen zerplatzen. Es zerplatzen aber nicht immer gleich viel Bläschen, sondern jeweils der gleiche Anteil von den noch vorhandenen Bläschen, zum Beispiel immer 20 % der noch vorhandenen. Dieser Vorgang läßt sich also mit der Gleichung einer Exponentialfunktion beschreiben, wie Sie sie in der letzten Lektion bei der Absorption von Licht oder von Röntgenstrahlen kennengelernt haben:

$$y = a \cdot \left(1 - \frac{p}{100}\right)^x$$

In dem Beispiel des Bierschaums ist y die Höhe h des Schaumes zum Zeitpunkt x und a die Ausgangshöhe h_o, also $h = h_o \cdot \left(1 - \frac{p}{100}\right)^x$

Wenn man von einer 20%-igen Abnahme ausgeht, lautet die Gleichung

$$h = h_o \cdot \left(1 - \frac{20}{100}\right)^x$$

oder

$$h = h_o \cdot (1 - 0{,}2)^x$$

$$h = h_o \cdot 0{,}8^x$$

Sie wissen bereits, daß bei einer exponentiellen Abnahme nie der Wert Null erreicht wird. Die x-Achse ist ja Asymptote zum Graphen der Exponentialfunktion, das heißt der Graph nähert sich zwar beliebig der x-Achse, erreicht sie aber nicht.
Exponentielle Abnahmeprozesse kommen in der Natur häufig vor. Ein solcher Naturvorgang ist in der letzten Zeit sehr wichtig geworden: die radioaktive Strahlung. Diese Strahlung entsteht dadurch, daß bei einem sogenannten radioaktiven Element Atomkerne zerfallen und dabei Teilchen bzw. Strahlung mit hoher Energie aussenden. Diese radioaktive Strahlung ist für Lebewesen sehr gefährlich, da sie eine Veränderung in den lebendigen Zellen bewirken kann, so daß zum Beispiel Krebs entsteht. Da die Radioaktivität ein Vorgang mit exponentieller Abnahme ist, geht sie nie auf Null zurück. Darin liegt eine ihrer Gefahren für den Menschen. Allerdings nimmt die Strahlung unterschiedlicher Elemente unterschiedlich schnell (oder langsam) ab.
Für das Element Krypton 81 gilt zum Beispiel die Funktionsgleichung

$I = I_0 \cdot 0{,}948^t$ wobei t in Sekunden zu messen ist.

Für das Element Caesium 137 gilt dagegen die Funktionsgleichung

$I = I_0 \cdot 0{,}977^t$ wobei t in Jahren zu messen ist.

Die radioaktive Strahlung von Krypton 81 nimmt also viel schneller ab als die Strahlung von Caesium 137.

Aufgaben zu 9.2

1. Investitionsgüter werden in der Regel linear abgeschrieben. Wenn Sie sich einen Computer mit Zubehör für 4 680 DM kaufen und diese Investition im Laufe von 4 Jahren linear abschreiben, dann können Sie den jeweiligen Restwert durch jährliche Subtraktion von 1170 DM ermitteln. Würde man die Abschreibung exponentiell vornehmen, dann könnte man in jedem Jahr 25% vom Restwert abschreiben. Berechnen Sie für beide Verfahren die jeweiligen Restwerte bis zum Ende des vierten Jahres.

2. Die Bleischürze, die Sie bei Röntgenaufnahmen zum Beispiel beim Zahnarzt umlegen, hat eine Dicke von 5 mm. Die Energie der Röntgenstrahlung nimmt in Blei exponentiell mit der Dicke ab. Bei einer mittleren Energie der Röntgenstrahlung gilt für die Energie der Strahlung die Exponentialgleichung $I = I_0 \cdot 0{,}4^x$ (x gemessen in mm). Welcher Anteil der Röntgenstrahlungsenergie erreicht Sie durch die Bleischürze noch? Wie wäre es, wenn die Bleischürze nur die halbe Dicke hätte?

3. Das radioaktive Element Krypton 81 hat eine Strahlung, die nach der Funktionsgleichung $I = I_0 \cdot 0{,}948^t$ (t in Sekunden) abklingt. Bestimmen Sie die Strahlungsintensität nach 5 s, nach 10 s, nach 1 min (in Prozent).

9.3 Die Halbwertszeit

Bei der radioaktiven Strahlung ist oft von der Halbwertszeit die Rede. Damit meint man die Zeitspanne, innerhalb derer die Hälfte des radioaktiven Stoffes zerfallen ist. Betrachten Sie nochmals das Beispiel aus der Fernsehsendung. Nach dem Reaktorunfall von Tschernobyl im Mai 1986 wurde in Deutschland eine erhöhte Strahlung gemessen, zu der das radioaktive Element Cäsium 137 allein 19 000 Becquerel beitrug (1 Becquerel - abgekürzt 1 Bq - ist die Maßeinheit für einen Zerfall pro Sekunde; das heißt in einer Sekunde zerfällt ein Atom des radioaktiven Stoffes). Die Halbwertszeit $t_{1/2}$ für Cäsium 137 beträgt 30,1 Jahre. Das bedeutet, daß der Anteil der radioaktiven Strahlung durch das Element Cäsium erst in 30,1 Jahren auf 9 500 Bq zurückgegangen sein wird. Die Abnahme der Strahlung wird durch eine Exponentialfunktion beschrieben. Es gilt also $I = I_o \cdot b^t$ mit $0 < b < 1$.

Aus der **Halbwertszeit** läßt sich die **Basis b** der Exponentialfunktion berechnen. In der Zeit $t_{1/2} = 30{,}1$ Jahre muß die Intensität der Strahlung von I_o auf $\frac{1}{2}\, I_o$ gefallen sein. Demnach läßt sich rechnen, so daß schließlich b allein auf einer Seite der Gleichung steht,

$$\frac{1}{2}\, I_o = I_o \cdot b^{30{,}1} \qquad | : I_o$$

$$0{,}5 = b^{30{,}1} \qquad | \text{ hoch } \frac{1}{30{,}1}$$

Um den Exponenten von b zu entfernen, muß man die 30,1-te Wurzel ziehen, das heißt mit dem Kehrwert von 30,1 potenzieren.

$$(0{,}5)^{\frac{1}{30{,}1}} = (b^{30{,}1})^{\frac{1}{30{,}1}}$$

$$(0{,}5)^{\frac{1}{30{,}1}} = b^{30{,}1 \cdot \frac{1}{30{,}1}}$$

$$0{,}977235 = b^1$$

(5. Potenzgesetz anwenden: Potenzen werden potenziert, indem man die Exponenten multipliziert.)

Die Gleichung für die Abnahme der Strahlung bei Cäsium 137 ist $I = I_o \cdot 0{,}977^t$, wobei t in Jahren zu messen ist.

Daß sich die Abnahme nur sehr langsam vollzieht, sieht man daran, daß die Basis b nahe 1 liegt und t in Jahren angegeben wird. Die Halbwertszeit radioaktiver Elemente ist sehr unterschiedlich. Es gibt auch Elemente mit extrem kleiner Halbwertszeit, zum Beispiel Krypton 81, für das Sie in Aufgabe 3 zum Abschnitt 9.2 bereits einige Werte berechnet haben. Für Krypton 81 gilt die Gleichung $I = I_o \cdot 0{,}948^t$ (t in Sekunden).

Aus der **Funktionsgleichung** für den radioaktiven Zerfall läßt sich die **Halbwertszeit $t_{1/2}$** näherungsweise ermitteln. Es muß ja allgemein gelten $\frac{1}{2}\, I_o = I_o \cdot b^{t_{1/2}}$

Speziell gilt für Krypton 81 $\frac{1}{2}\, I_o = I_o \cdot 0{,}948^{t_{1/2}}$

oder $\frac{1}{2} = 0{,}948^{t_{1/2}}$

Mit welchem Exponenten muß man 0,948 potenzieren, um 0,5 zu erhalten? Probieren Sie dies bitte mit Ihrem Taschenrechner für verschiedene Werte von $t_{1/2}$ durch. → (1)

Die genaue Lösung solcher Aufgaben werden Sie im nächsten Band „Gleichungen und Funktionen" kennenlernen.

Eine wichtige Anwendung der Kenntnis des radioaktiven Zerfalls ist die sogenannte **Radiocarbon-Methode** zur Altersbestimmung organischer Stoffe (zum Beispiel Holz). Pflanzen nehmen das radioaktive Kohlenstoffisotop $^{14}_{6}C$ auf. In der lebenden Pflanze ist der Anteil der zerfallenden $^{14}_{6}C$-Atome gleich dem Anteil der neu aufgenommenen. Wenn die Pflanze abstirbt, werden keine neuen Atome mehr aufgenommen, und die vorhandenen zerfallen durch Radioaktivität. Bei einem vor- oder frühgeschichtlichen Fund, bei dem Holz gefunden wird, kann also das Alter des Fundes bestimmt werden, da man weiß, welche Konzentration von $^{14}_{6}C$-Atomen im frischen Holz ist, und mißt, welche Konzentration von $^{14}_{6}C$-Atomen heute vorhanden ist. Zur Berechnung muß man die Halbwertszeit von $^{14}_{6}C$ (5730 Jahre) oder die Basis b für die Funktionsgleichung $I = I_o \cdot b^t$ kennen.

Aufgaben zu 9.3

1. Wird ein fester Stoff in einer Flüssigkeit gelöst, so läßt sich der Lösungsvorgang durch eine Exponentialfunktion beschreiben. In 100 g Wasser lassen sich beispielsweise etwa 36 g Salz auflösen (je nach der Temperatur des Wassers). Wie lautet die Funktionsgleichung für den Lösungsvorgang, wenn das ins Wasser geschüttete Salz bei einer bestimmten Temperatur nach 5 Minuten zur Hälfte gelöst ist?

2. Wie groß ist (näherungsweise) die Halbwertszeit eines radioaktiven Stoffes, für dessen Zerfall die Exponentialfunktion gilt $I = I_0 \cdot 0{,}917^t$ (t in Minuten).

3. ${}^{14}_{6}C$ hat eine Halbwertszeit von 5730 Jahren. Der Zerfall von ${}^{14}_{6}C$ vollzieht sich nach dem bekannten Gesetz für die exponentielle Abnahme $I = I_0 \cdot b^t$ (t in Jahren). Bestimmen Sie nach der oben gezeigten Methode den Wert von b (auf 6 Dezimalen).

9.4 Hyperbolische Abnahme

Es gibt auch Abnahmevorgänge, bei denen keine lineare oder exponentielle Abnahme vorliegt. Einen wichtigen solchen Fall sehen Sie im folgenden Beispiel: Ein Reisezug soll eine Strecke von 1200 km zurücklegen. Wenn er mit einer mittleren Reisegeschwindigkeit von $120 \frac{km}{Std.}$ fahren kann, erreicht er sein Ziel nach 10 Stunden. Beträgt seine Reisegeschwindigkeit jedoch $150 \frac{km}{Std.}$, so nimmt die Reisezeit ab. Bei einer Reisegeschwindigkeit von $200 \frac{km}{Std.}$ nimmt die Reisezeit noch weiter ab. Solche Zuordnungen kennen Sie schon aus früheren Beispielen. Man kann sich eine Wertetabelle und einen Graphen erstellen.

Reisegeschwindigkeit in $\frac{km}{Std.}$	Reisezeit in Std.
80	15
100	12
120	10
150	8
200	6

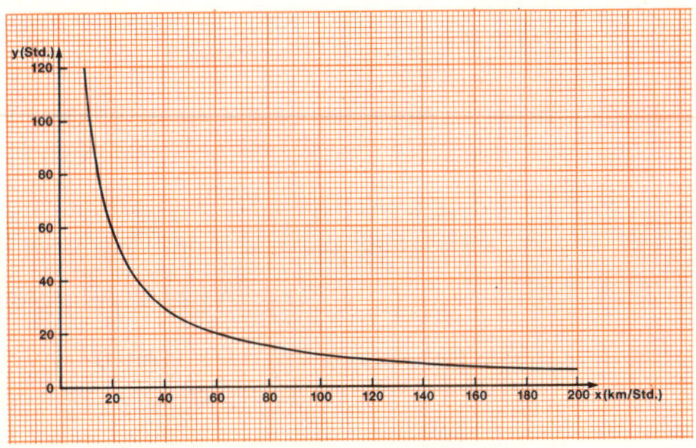

Die Funktionsgleichung, die diesen Sachverhalt beschreibt, lautet $f(x) = 1200 : x$, wenn x die Reisegeschwindigkeit und f(x) die Reisezeit ist.

In der Funktionsgleichung dieser Funktion steht die Variable x im Nenner. Man spricht in solchen Fällen deshalb von **gebrochenen Funktionen**. Eine einfache derartige Funktion, wie sie auch in dem Beispiel vorliegt, hat allgemein die Gleichung $f(x) = \frac{a}{x}$.

> Der Graph der Funktion $f(x) = \frac{a}{x}$ heißt **Hyperbel**.

Bei dem Beispiel können Sie formulieren: „Je größer die Reisegeschwindigkeit, desto kürzer die Reisezeit." Die Formulierung mit „je größer . . . , desto kleiner . . ." trifft aber auf alle Abnahmevorgänge zu, also auch auf lineare und exponentielle Abnahmevorgänge, nicht nur auf solche, deren Graph eine Hyperbel ist. Man darf daher einen Abnahmevorgang nicht nur mit einer solchen allgemeinen Formulierung beschreiben, sondern muß ihn jeweils genauer charakterisieren. Die hier vorliegende Abnahme entspricht dem Dreisatz mit umgekehrtem Verhältnis. Das bedeutet: Wenn eine Größe auf das n-fache wächst, nimmt die andere Größe auf den n-ten Teil ab.

Betrachten Sie noch weitere Beispiele mit einer solchen Abnahme: Die Fernsehsendung hat die Belastung eines Kranarmes gezeigt. Je weiter außen am Kranarm die Last hängt, um so kleiner ist das zulässige Gewicht. Bei einem Überschreiten dieses Gewichts könnte der Kran umstürzen. Dieser Sachverhalt wird durch das Hebelgesetz der Physik beschrieben. Nehmen Sie an, in 10 m Entfernung vom Krangerüst darf die maximale Last 2000 kg betragen. Stellen Sie von 1 m bis 15 m eine Wertetabelle auf. → (2)

Was unterscheidet die Abnahme „im umgekehrten Verhältnis" von der exponentiellen Abnahme? Hier finden Sie einen Vergleich der beiden Funktionen $y_1 = \frac{a}{x}$ und $y_2 = a \cdot b^x$.

x	0	1	2	3	4
$y = \frac{5}{x}$	–	5	2,5	$\frac{5}{3}$	1,25

x	0	1	2	3	4
$y = 5 \cdot 0{,}8^x$	5	4	3,2	2,56	2,05

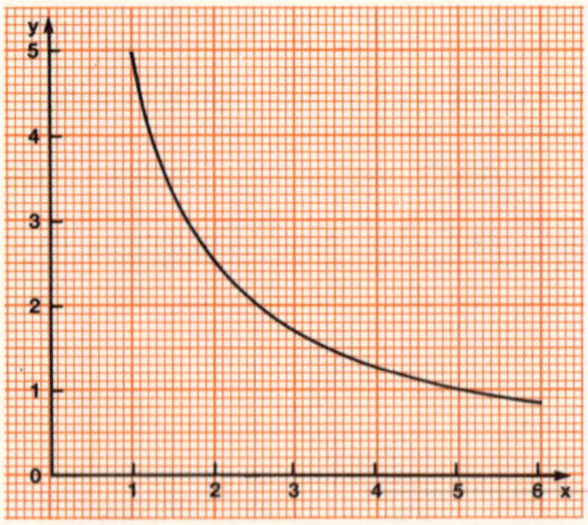

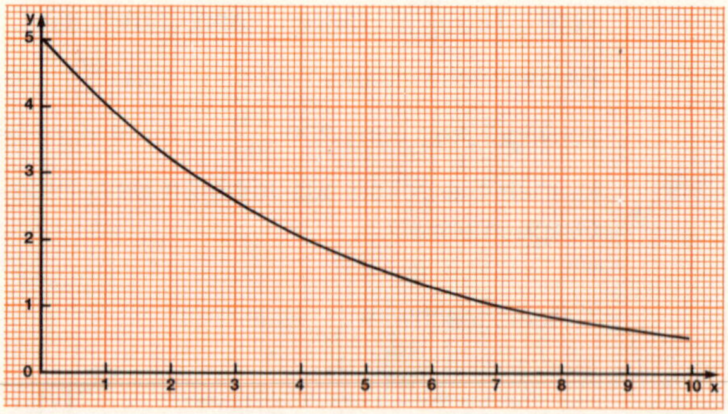

Bei der Hyperbel werden für immer größere x-Werte die y-Werte immer kleiner, jedoch nie Null, denn man berechnet $y = \frac{a}{x}$. Wenn x sehr groß wird, ergibt sich immer noch ein von Null verschiedener Wert für y. Die Hyperbel nähert sich für größer werdende x-Werte immer mehr der x-Achse, erreicht sie aber nie. Die Hyperbel hat keinen Schnittpunkt mit der x-Achse.

Die x-Achse ist Asymptote der Hyperbel $y = \frac{a}{x}$.

Da sich für keinen x-Wert der y-Wert 0 ergibt, gilt:

Die Funktion $y = \frac{a}{x}$ hat keine Nullstellen.

Bei der Hyperbel gibt es zum x-Wert Null keinen zugehörigen y-Wert. Dieser müßte ja errechnet werden als $y = \frac{a}{0}$; die Division durch Null ist aber nicht definiert. Läßt man im positiven Bereich jedoch den x-Wert beliebig nahe an Null gehen, nur nicht Null werden, dann wird der zugehörige y-Wert immer größer. Die Hyperbel nähert sich für positive x-Werte, die sich immer mehr dem Wert 0 nähern, immer mehr der y-Achse an, erreicht sie aber nie.

Die y-Achse ist Asymptote der Hyperbel $y = \frac{a}{x}$.

Die Hyperbel hat zwei Asymptoten, während der Graph der Exponentialfunktion nur eine Asymptote besitzt.

Ein weiteres Beispiel für eine Hyperbel: Sie wissen von einem rechteckigen Grundstück, daß es einen Flächeninhalt von 1200 m^2 hat. Welche Länge und welche Breite könnte es haben?

Für die Länge x und die Breite y muß wegen der Flächeninhaltsformel für Rechtecke gelten $x \cdot y = 1200$ oder

$$y = \frac{1200}{x}$$

Die zugehörige Wertetabelle ist:

Länge x	Breite y
10	120
20	60
30	40
40	30
50	24
100	12

Rechts sind diese möglichen Grundstücksmaße in ein Koordinatensystem eingezeichnet. Sie erkennen, daß die rechten Eckpunkte der Rechtecke auf einer Hyperbel liegen.

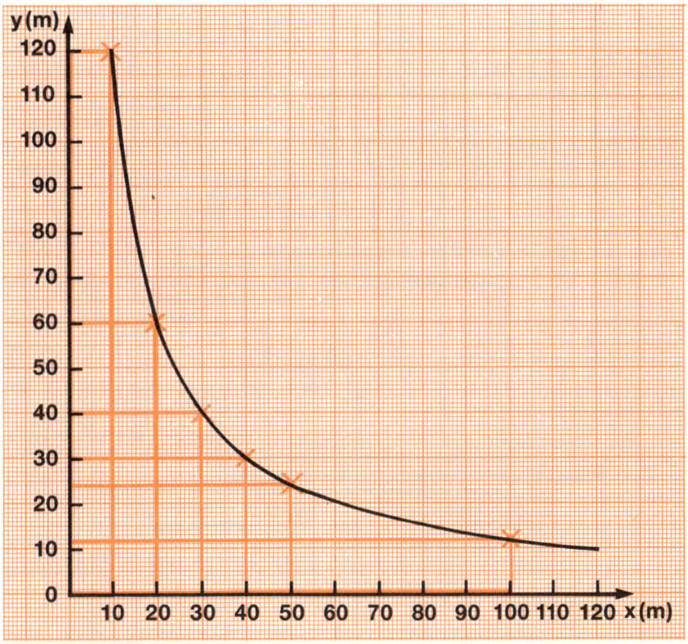

Aufgaben zu 9.4

1. An einem 800 m langen Spazierweg sollen Bäume in gleichen Abständen gepflanzt werden. Am Anfang des Weges steht kein Baum, wohl aber am Ende. Beschreiben Sie durch einen funktionalen Zusammenhang, wie die Anzahl der Bäume y vom Abstand der Bäume x abhängt. Stellen Sie eine Wertetabelle auf und zeichnen Sie den Graphen.

*2. Zum Abtransport eines Schuttberges benötigt man 40 Stunden, wenn 3 Lastwagen zur Verfügung stehen. Welcher Zusammenhang besteht zwischen der Anzahl der Lastwagen x und der benötigten Zeit y ? (Wertetabelle und Graph)

*3. Ein Süßwasservorrat auf einem Schiff reicht für 40 Tage aus, wenn das Schiff eine Besatzung von 20 Personen hat. Wie lange reicht der gleiche Vorrat, wenn 25 Personen auf dem Schiff sind? Beschreiben Sie den funktionalen Zusammenhang zwischen der Anzahl der Personen auf dem Schiff und der Zeit, für die der Süßwasservorrat ausreicht.

4. Ein Auto durchfährt eine Versuchsstrecke bei einer Geschwindigkeit von $20 \frac{m}{s}$ in 15 s. In welcher Zeit würde die Versuchsstrecke bei einer Geschwindigkeit von $18 \frac{m}{s}$ durchfahren? Welche Geschwindigkeit müßte das Auto haben, um die Versuchsstrecke in 12 s zurückzulegen? Funktionsgleichung für den Zusammenhang von Geschwindigkeit und Fahrzeit?

9

Wiederholungsaufgaben

1. Der Luftdruck p nimmt mit der Höhe h exponentiell ab. Diese Abnahme wird durch die Funktionsgleichung $p(h) = p(0) \cdot 1{,}13^{-h}$ (h in Kilometern) beschrieben. Nehmen Sie an, der Luftdruck auf Meereshöhe p(0) sei 1000 Millibar. Wie hoch ist dann der Luftdruck auf dem Nanga Parbat (8125 m über dem Meer)?

2. Ein Hausmann plant, sein Haushaltsgeld für einen Monat in Höhe von 1400 DM über die vier Wochen hin linear auszugeben. Wieviel Geld muß er dann nach einer, zwei, drei und vier Wochen noch haben? Nach einer Woche stellt er fest, daß er bereits die Hälfte des Monatsgeldes ausgegeben hat, und plant daher auf exponentielle Abnahme mit dem Faktor 0,5 um. Wieviel Geld bleiben ihm jetzt nach der zweiten, dritten und vierten Woche, wenn er diesmal seinen Plan einhält?

3. Eine Hausfrau überlegt sich, daß sie mit einer bestimmten Summe Geldes 30 Tage auskommt, wenn sie jeden Tag 80 DM ausgibt. Ist der Zusammenhang zwischen Anzahl der Tage und Höhe der täglichen Ausgabe ein Abnahmeprozeß? Falls ja, bestimmen Sie die Funktionsgleichung, die diesen Sachverhalt beschreibt.

*4. An der Entwicklung eines sehr umfangreichen Computerprogramms arbeiten 6 Informatiker $3\frac{1}{2}$ Jahre lang. Wieviele Informatiker müßte man beschäftigen, wenn das Programm bereits nach 2 Jahren und 4 Monaten fertiggestellt sein soll? Was bedeutet in diesem Zusammenhang der Begriff „Mannjahre" („Personenjahre" oder „Menschjahre")?

5. Die Strahlung des radioaktiven Elements Wismut 210 gehorcht dem Gesetz $I = I_0 \cdot 0{,}8696^t$ (t in Tagen). Nach welcher Zeit ist die Hälfte des radioaktiven Stoffes zerfallen? (Näherungsweise Bestimmung der Halbwertszeit $t_{1/2}$)

*6. In der Nr. 3 der Aufgaben zu 9.3 haben Sie die Zerfallsgleichung für ${}^{14}_{6}C$ bestimmt. a) Auf welchen Bruchteil der Konzentration von ${}^{14}_{6}C$ in frischem Holz ist die Konzentration innerhalb von 20 000 Jahren gefallen? (Angabe in Prozent) b) Bei einem Grabfund stellte man fest, daß in einem Holzgerät die Konzentration von ${}^{14}_{6}C$ auf $\frac{1}{10}$ des Wertes von frischem Holz gefallen war. Bestimmen Sie näherungsweise das Alter des Grabes.

*7. Listen Sie die in den Aufgaben 1 bis 6 auftretenden Abnahmeprozesse auf und notieren Sie jeweils, um welche Art der Abnahme es sich handelt.

10. Hyperbeln

Vor der Sendung

In der vorhergehenden Lektion haben Sie bei den Abnahmeprozessen eine neue Art von Funktion kennengelernt: die gebrochene Funktion - sie wird genau gebrochen-rationale Funktion genannt - , bei deren Funktionsterm die Variable x im Nenner eines Bruches auftritt. Der Graph einer solchen Funktion wurde Hyperbel genannt. Aus einer solchen einfachen gebrochenen Funktion kann eine ganze Klasse von Funktionen hergeleitet werden. Dies geschieht, ähnlich wie Sie es schon bei den linearen Funktionen in den Lektionen 3 und 4 und bei den Exponentialfunktionen in der Lektion 8 kennengelernt haben, durch Verschiebung bzw. durch (affine) Streckung und Stauchung. Falls Sie diese Verfahren nicht mehr so genau in Erinnerung haben, schauen Sie bitte dort nochmals nach. Um mit gebrochen-rationalen Funktionen zu rechnen, muß man mit Bruchtermen und Bruchgleichungen umgehen können. Das Wichtigste über Bruchterme und Bruchgleichungen finden Sie in dem Buch „Funktionen in Anwendungen - Grundlegende Rechentechniken und Lösungswege".
Alle Funktionen in dieser Lektion sind für die x-Werte nicht definiert, für die der Nennerterm in der Funktionsgleichung Null wird.

Übersicht

1. Die wichtigsten Eigenschaften der Funktion $y = \frac{a}{x}$ $(a > 0)$ sind: Die Funktion ist für $x = 0$ nicht erklärt. Der Graph der Funktion besteht aus zwei getrennten Ästen. Er hat die x-Achse und die y-Achse als **Asymptoten** und die 1. Winkelhalbierende als **Symmetrieachse**. Die Funktion ist (innerhalb eines Astes) **monoton fallend**. Die Funktion $y = \frac{a}{x}$ hat **keine Nullstellen**.

2. Aus der Hyperbel $y = \frac{1}{x}$ erhält man durch affine **Streckung** bzw. **Stauchung** mit dem Streckfaktor a $(a > 1)$ bzw. Stauchfaktor a $(0 < a < 1)$ die Hyperbeln $y = \frac{a}{x}$. Ist der Faktor a negativ, so wird die Hyperbel $y = \frac{1}{x}$ gestreckt $(a < -1)$ bzw. gestaucht $(-1 < a < 0)$ und zusätzlich an der x-Achse gespiegelt.

3. Die Funktionsgleichung $y = \frac{a}{x}$ beschreibt die **umgekehrte Proportionalität** und damit den Dreisatz mit umgekehrtem Verhältnis. Auch aus der Betrachtung der umgekehrten oder indirekten Proportionalität lassen sich das asymptotische Verhalten und die Symmetrie der Hyperbeln erschließen.

4. Verschiebt man eine Hyperbel im Koordinatensystem um einen Wert x_0 in x-Richtung und um einen Wert y_0 in y-Richtung und sucht zu dem durch **Verschiebung** gewonnenen Graphen die zugehörige Funktionsgleichung, so findet man wieder eine gebrochen-rationale Funktion, und zwar mit der Funktionsgleichung $\mathbf{y = \frac{a}{x - x_0} + y_0}$.

10

10.1 Eigenschaften der Hyperbeln $y = \frac{a}{x}$ mit $a > 0$, $x \in \mathbb{R}^*$

Schon in der Lektion 9 haben Sie Hyperbeln kennengelernt. Die Funktion $y = \frac{a}{x}$ wurde dort aber nur für positive x-Werte betrachtet. Sie wissen auch, daß für diese Funktion $x \neq 0$ sein muß, da die Division durch Null nicht definiert ist. x könnte aber durchaus negative Werte annehmen, wenn dies auch bei Sachproblemen meistens nicht von Interesse ist. Die Funktion $y = \frac{a}{x}$ läßt sich auf der gesamten Menge der reellen Zahlen ohne die Null definieren. Der Definitionsbereich ist also IR*. (Sie erinnern sich: Der Stern bei dem Zeichen für eine Zahlenmenge zeigt an, daß die Null aus der Menge herausgenommen ist.)

Betrachten Sie Wertetabelle und Graph der Funktion $y = \frac{12}{x}$.

x	y
–12	–1
–11	–1,09
–10	–1,2
–9	–1,33
–8	–1,5
–7	–1,71
–6	–2
–5	–2,4
–4	–3
–3	–4
–2	–6
–1	–12
1	12
2	6
3	4
4	3
5	2,4
6	2
7	1,71
8	1,5
9	1,33
10	1,2
11	1,09
12	1

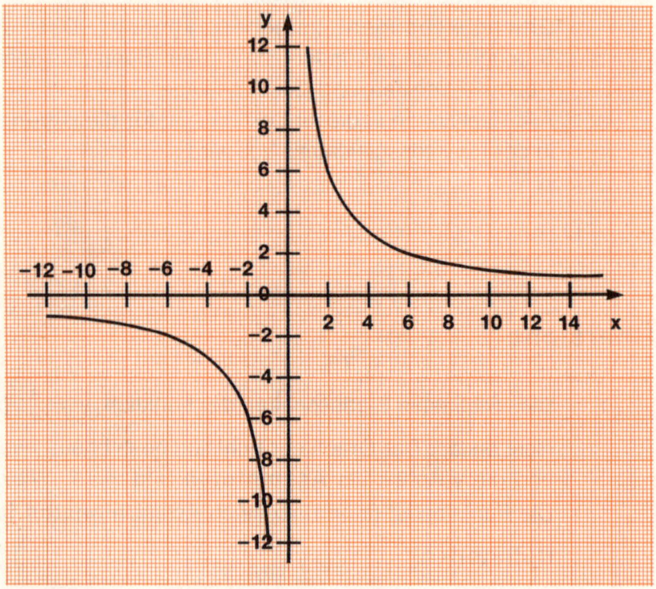

Der Graph der Funktion besteht aus **zwei getrennten Ästen**. Dies liegt daran, daß die Funktion für $x = 0$ nicht definiert ist. Bei $x = 0$ ist also eine Lücke im Graphen.

Schreiben Sie die Funktionsgleichung als $x \cdot y = 12$, so erkennen Sie die **Symmetrie zur 1. Winkelhalbierenden.** Die Werte für die Variablen x und y sind vertauschbar. Zum Beispiel: Ist $x = 2$, so ist $y = 6$ und ist $y = 2$, so ist $x = 6$. Diese Vertauschbarkeit gilt für alle Wertepaare.

Die **Asymptoten** erkennen Sie so: Wird x (für positive x-Werte) immer größer, wird y immer kleiner, aber doch nie Null. Wird x (für negative x-Werte) immer kleiner, so liegen die zugehörigen y-Werte immer näher an der x-Achse, erreichen diese aber nie. Umgekehrt kann man diese Betrachtung auch für die y-Werte anstellen: Immer größere positive y-Werte ergeben sich für immer kleinere positive x-Werte. Nähern sich also die x-Werte von rechts her beliebig dem Wert 0 (ohne ihn jedoch zu erreichen), so schmiegt sich die Hyperbel immer mehr der y-Achse an, berührt sie jedoch nie. Entsprechendes gilt für den negativen Bereich. Die Hyperbel hat keinen Schnitt- oder Berührpunkt mit der x-Achse, $y = \frac{a}{x}$ keine Nullstellen.

An der Wertetabelle und am Graphen sehen Sie sofort, daß die Funktion monoton fällt. Dies gilt natürlich nur innerhalb eines Astes für positive a.

Den Beweis für die Monotonie kann man für $y = \frac{1}{x}$ so führen:

Ist $x_2 > x_1$ so ist $y_2 = f(x_2) = \frac{1}{x_2} < \frac{1}{x_1} = f(x_1) = y_1$. Eine Multiplikation mit einer positiven Zahl a ändert nichts an der Kleiner-als-Beziehung.

Aufgaben zu 10.1

1. Zeigen Sie für die Hyperbel $y = \frac{3}{x}$ die Monotonieeigenschaft mit Hilfe der Punkte mit den x-Werten $x_1 = 6$ und $x_2 = 9$ ($x_1 = -5$ und $x_2 = -3$).

2. Auf der Hyperbel $y = \frac{4}{x}$ liegen die Punkte A (2 | 2), B (4 | 1), C (8 | 0,5), D (−1 | −4), E (−6 | $-\frac{2}{3}$). Bestimmen Sie die zu diesen Punkten bezüglich der 1. Winkelhalbierenden symmetrisch liegenden Punkte A´, B´, C´, D´, E´ und zeigen Sie, daß auch diese auf der Hyperbel liegen.

*3. Wie weit ist die Hyperbel $f(x) = \frac{10}{x}$ bei $x_1 = -100$, $x_2 = -1000$, $x_3 = -100\,000$ von der x-Achse entfernt?

10.2 Affine Streckung der Hyperbel $y = \frac{1}{x}$ mit $x \in \mathbb{R}^*$

Im vorhergehenden Abschnitt wurden Funktionen der Art $y = \frac{a}{x}$ und ihre Graphen betrachtet. Die einfachste dieser Funktionen ist $y = \frac{1}{x}$. Ein Funktionsterm $\frac{a}{x}$ läßt sich rechnerisch aus dem Funktionsterm $\frac{1}{x}$ gewinnen, indem man diesen mit der Zahl a multipliziert. Zum Beispiel entsteht aus $\frac{1}{x}$ durch Multiplikation mit $a = 2$ der Term $\frac{2}{x}$. Auch den Graphen der Funktion $y = \frac{a}{x}$ kann man durch ein einfaches Verfahren aus dem Graphen der Funktion $y = \frac{1}{x}$ gewinnen. Das Verfahren dazu haben Sie bereits in Lektion 8.3 kennengelernt: die affine Streckung, das heißt eine Streckung des Graphen in Richtung der y-Achse. Das Verfahren wird in der Zeichnung nochmals dargestellt: Die Ordinaten werden verdoppelt.

x	$y_1 = \frac{1}{x}$	$y_2 = \frac{2}{x}$
−4	−0,25	−0,5
−3	−0,33	−0,67
−2	−0,5	−1
−1	−1	−2
−0,5	−2	−4
−0,25	−4	−8
0,25	4	8
0,5	2	4
1	1	2
2	0,5	1
3	0,33	0,67
4	0,25	0,5

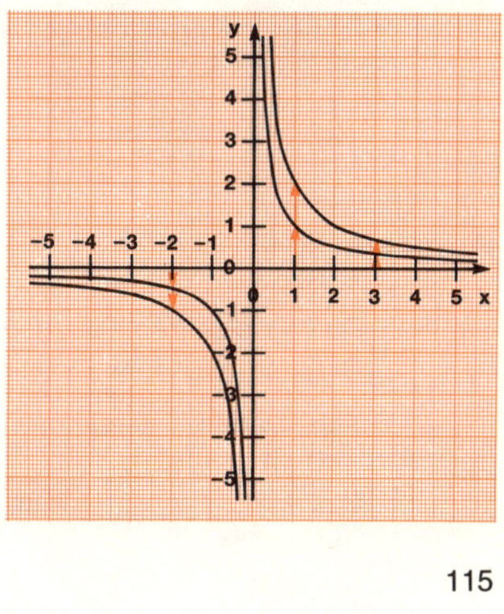

An den gezeichneten Graphen sehen Sie, daß die Streckung immer senkrecht zur x-Achse von der x-Achse weg erfolgt. Eine Streckung erfolgt natürlich nur dann, wenn der Streckfaktor a größer als 1 ist. Für $0 < a < 1$ entsteht der Graph von $y = \frac{a}{x}$ durch eine affine Stauchung aus dem Graphen von $y = \frac{1}{x}$. Zum Beispiel werden für den Graphen der Funktion $y = \frac{0,5}{x}$ die Ordinaten gegenüber denen des Graphen von $y = \frac{1}{x}$ halbiert.

Der Graph von $y = \frac{a}{x}$ entsteht aus dem Graphen von $y = \frac{1}{x}$ durch affine Streckung bzw. Stauchung mit dem Faktor a (Streckung für a>1 , Stauchung für 0<a<1).

Ist der Streck- oder Stauchfaktor a kleiner als Null, also negativ, so erfolgt zusätzlich eine Spiegelung an der x-Achse. Das folgende Bild zeigt eine solche gestauchte und gespiegelte Hyperbel.

x	$y_1 = \frac{0,8}{x}$	$y_2 = \frac{-0,8}{x}$
−4	−0,2	0,2
−3	−0,27	0,27
−2	−0,4	0,4
−1	−0,8	0,8
−0,5	−1,6	1,6
−0,25	−3,2	3,2
0,25	3,2	−3,2
0,5	1,6	−1,6
1	0,8	−0,8
2	0,4	−0,4
3	0,27	−0,27
4	0,2	−0,2

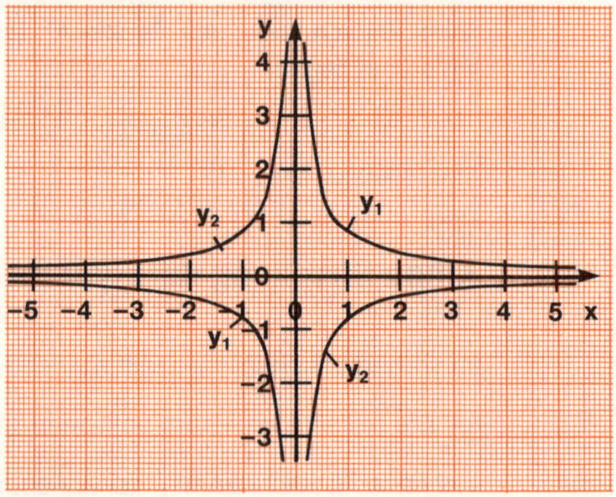

Aus der Zeichnung erkennen Sie die Symmetrie der beiden Graphen bezüglich der x-Achse. Sie sehen gleichzeitig, daß auch eine Symmetrie bezüglich der y-Achse besteht. Dies ist nicht verwunderlich. In Abschnitt 1 dieser Lektion haben Sie ja gesehen, daß bei einer solchen Hyperbel die Werte der beiden Variablen x und y vertauschbar sind; die Funktionsgleichung läßt sich als $x \cdot y = a$ schreiben.

Der Graph zu $y = -\frac{a}{x}$ entsteht aus dem Graphen von $y = +\frac{a}{x}$ durch Spiegelung an der x-Achse. Die beiden Graphen sind auch symmetrisch bezüglich der y-Achse.

Aufgaben zu 10.2

1. Durch welche Abbildungen (affine Streckung, affine Stauchung, Spiegelung) gehen die Graphen folgender Funktionen aus dem Graphen von $y = \frac{1}{x}$ hervor? (Evtl. mehrere Abbildungen hintereinander!)

   a) $y = -\frac{3}{x}$ b) $y = -\frac{1}{x}$ c) $y = \frac{0,5}{x}$ d) $y = -\frac{0,1}{x}$

2. Welche Symmetrieachse besitzen die Graphen der folgenden Funktionen?

a) $y = -\frac{3}{x}$ b) $y = -\frac{1}{x}$ c) $y = \frac{0,5}{x}$ d) $y = -\frac{0,1}{x}$

3. Suchen Sie aus den folgenden Funktionen diejenigen Paare heraus, deren Graphen zueinander spiegelbildlich sind.

$y = -\frac{3}{x}$; $y = \frac{0,5}{x}$; $y = -\frac{1}{x}$; $y = -\frac{0,5}{x}$; $y = \frac{3}{x}$; $y = -\frac{0,1}{x}$; $y = \frac{1}{10\,x}$; $y = \frac{1}{x}$

10.3 Umgekehrte Proportionalität

Aus Lektion 9 wissen Sie schon, daß die Funktionsgleichung $y = \frac{a}{x}$ die umgekehrte Proportionalität und damit den Dreisatz mit umgekehrtem Verhältnis beschreibt. Auch aus der indirekten Proportionalität lassen sich die Asymptoten und die Symmetrieeigenschaft der Hyperbel erschließen. Betrachten Sie dazu nochmals folgende Aufgabe zum „Dreisatz mit umgekehrtem Verhältnis“: Ein Grundstück hat einen Flächeninhalt von 1200 m^2. Wie lang und wie breit könnte es sein?

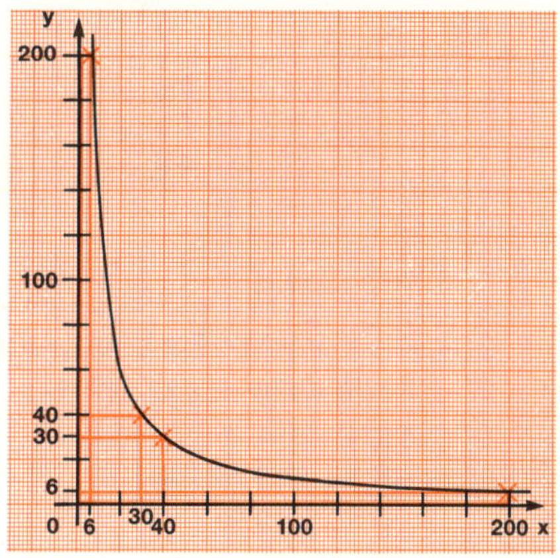

Die Länge des Grundstücks werde mit x, die Breite mit y bezeichnet. Der Flächeninhalt ist dann $x \cdot y = 1200$. Die Funktionsgleichung, mit der der Länge x die Breite y zugeordnet wird, ist $y = \frac{1200}{x}$. Das asymptotische Verhalten sieht man so: Wenn man die Länge x immer größer wählt, so wird die Breite y immer kleiner. Es bleibt aber stets noch eine gewisse, wenn auch sehr kleine Breite übrig, sonst hätte das Grundstück ja keinen Flächeninhalt mehr. Also nähert sich die zugehörige Hyperbel für größer werdende x-Werte immer mehr der x-Achse, kann sie aber nicht erreichen.

Umgekehrt sieht man: Wenn man die Breite y des Rechtecks immer größer macht, dann wird die Länge x immer kleiner; sie kann jedoch nicht Null werden, wenn eine Rechtecksfläche erhalten bleiben soll. Also ist auch die y-Achse Asymptote der Hyperbel.

Die Symmetrie zur 1. Winkelhalbierenden erkennt man aus der Vertauschbarkeit von Länge und Breite. Es ist ja bei einer Länge von 40 m die Breite 30 m und umgekehrt bei einer Breite von 40 m die Länge 30 m. Allgemein gesagt: Für jedes zulässige Paar $(u \mid v)$ für Länge und Breite gibt es ein zulässiges Paar $(v \mid u)$ für Länge und Breite. Wenn aber zu jedem Punkt $(u \mid v)$ auf der Hyperbel auch der Punkt $(v \mid u)$ auf der Hyperbel liegt, ist die Hyperbel symmetrisch zur 1. Winkelhalbierenden.

10

Aufgaben zu 10.3

Suchen Sie aus den folgenden Punkten, die alle auf der Hyperbel $y = \frac{4}{x}$ liegen, die Paare zueinander symmetrischer Punkte heraus: A(–2 | –2), B(1 | 4), C(–4 | –1), D (8 | 0,5), E(4 | 1), F(0,5 | 8), G (–1 | –4) .

10.4 Verschiebung der Hyperbel $y = \frac{1}{x}$ mit $x \neq 0$

In Abschnitt 10.2 wurden aus dem Graphen der Hyperbel $y = \frac{1}{x}$ weitere Hyperbeln durch affine Streckung bzw. Stauchung und durch Spiegelung an der x-Achse entwickelt. Nimmt man die Verschiebung als weitere geometrische Abbildung hinzu, so erhält man wieder neue Hyperbeln. In den folgenden beiden Bildern wurde die Hyperbel $y = \frac{1}{x}$ einmal in x-Richtung um 1 (nach rechts) und einmal in y-Richtung um 1 (nach oben) verschoben. Außerdem wurde jeweils die neue Asymptote eingezeichnet.

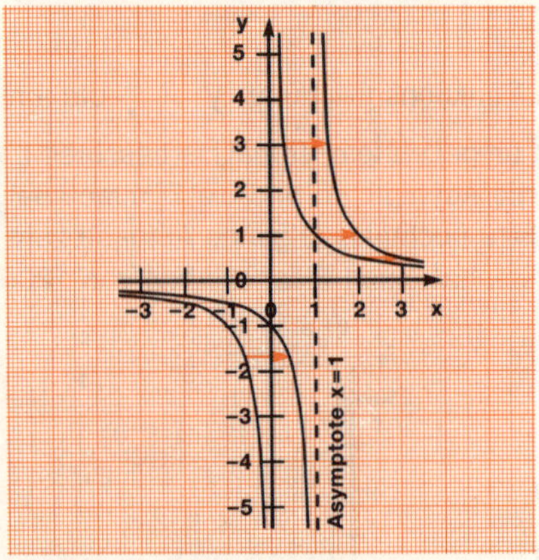

Verschiebung um 1 in x-Richtung

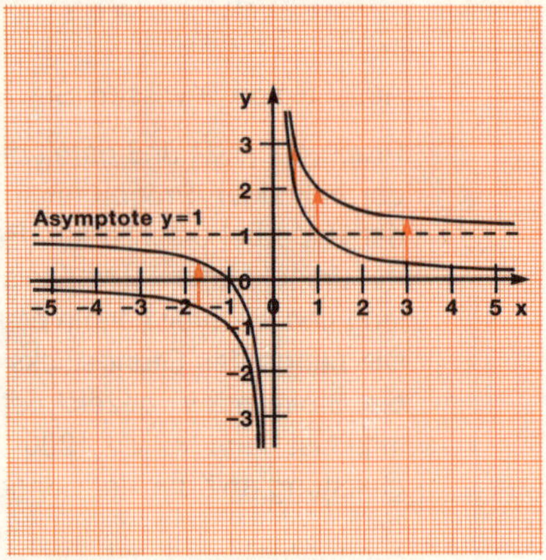

Verschiebung um 1 in y-Richtung

Wie lauten die Funktionsgleichungen zu diesen Graphen? Aus den Graphen können Sie die Wertetabellen erstellen:

x	−2	−1	0	1	2
y	$-\frac{1}{3}$	$-\frac{1}{2}$	−1	–	1

x	−2	−1	0	1	2
y	$+\frac{1}{2}$	0	–	2	$1\frac{1}{2}$

Die zugehörigen Funktionsgleichungen müssen also lauten:

$$y = \frac{1}{x-1} \quad \text{bzw.} \quad y = \frac{1}{x} + 1$$

Prüfen Sie dies bitte nochmals nach, indem Sie aus diesen Gleichungen die Wertetabellen berechnen.

Bei der Hyperbel links ist die Asymptote nicht mehr die y-Achse, sondern die Gerade $x = 1$, also eine Parallele zur y-Achse.

Bei der Hyperbel rechts ist die Asymptote nicht mehr die x-Achse, sondern die Gerade $y = 1$, also eine Parallele zur x-Achse.

Verschiebt man die Hyperbel $y = \frac{1}{x}$ gleichzeitig um 1 (nach rechts) in x-Richtung und um 1 (nach oben) in y-Richtung, so ergibt sich das links oben stehende Bild auf der nächsten Seite. Die zugehörige Funktionsgleichung muß jetzt $y = \frac{1}{x-1} + 1$ sein, wie Sie sich an Hand des Graphen und einer aus der Funktionsgleichung berechneten Wertetabelle klarmachen können. Bitte bestimmen Sie diese Wertetabelle für die ganzzahligen x-Werte zwischen − 4 und + 4. → ①

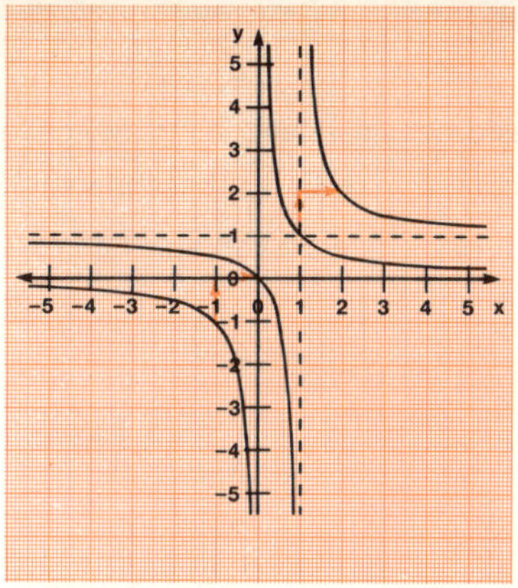

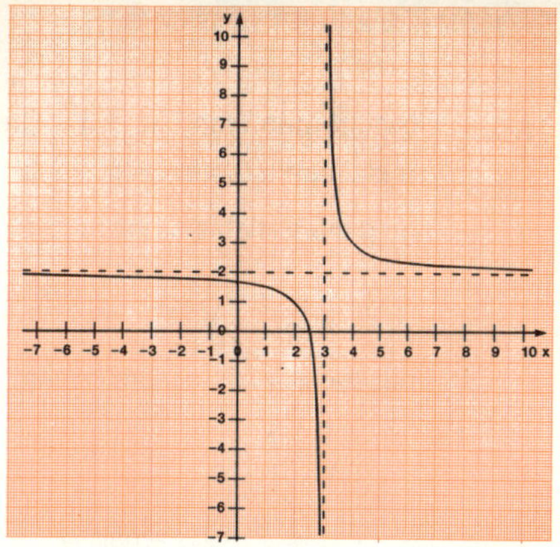

Verschiebt man die Hyperbel $y = \frac{1}{x}$ jetzt um 3 in x-Richtung (nach rechts) und um 2 in y-Richtung (nach oben), so ergibt sich das rechts stehende Bild und die Funktionsgleichung muß offensichtlich $y = \frac{1}{x-3} + 2$ lauten. Die Asymptoten sind dann die Parallelen zur x- bzw. y-Achse $y = 2$ und $x = 3$.

Verschiebt man die Hyperbel $y = \frac{1}{x}$ nach links bzw. nach unten, so müssen die Zahlen, die die Verschiebung anzeigen, negativ sein. Die beiden folgenden Bilder zeigen die Hyperbeln

$y = \frac{1}{x-(-3)} + (-2) = \frac{1}{x+3} - 2$ und $y = \frac{1}{x-(-1)} + 2 = \frac{1}{x+1} + 2$.

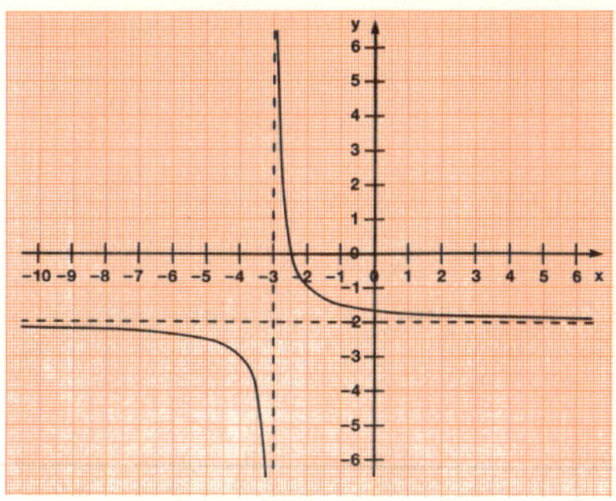

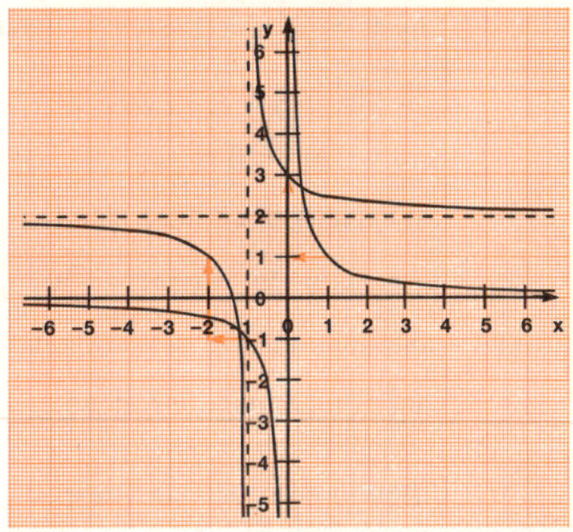

10

Allgemein gilt:

Verschiebt man die Hyperbel $y = \frac{1}{x}$ um den Wert x_0 in x-Richtung und um den Wert y_0 in y-Richtung, so entsteht eine Hyperbel mit der Funktionsgleichung $y = \frac{1}{x - x_0} + y_0$.

Ein Beispiel für die Anwendung einer gebrochen-rationalen Funktion, deren Graph eine verschobene Hyperbel ist, kennen Sie aus der Fernsehsendung (und vom Fotografieren): das Erzeugen von Bildern realer Gegenstände mit Hilfe einer Linse.

Die Lage des Bildes ist abhängig von der sogenannten Brennweite der Linse. Gegenstandsweite g, Bildweite b und Brennweite f stehen in der Beziehung $\frac{1}{g} + \frac{1}{b} = \frac{1}{f}$.

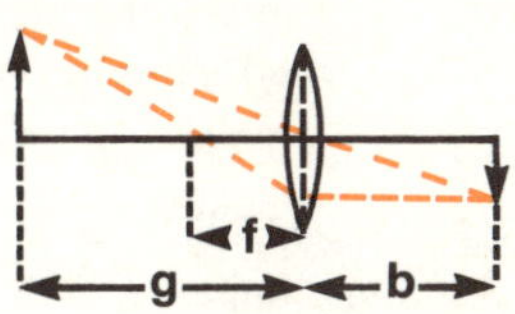

Nimmt man eine Linse der Brennweite 1, so wird der Zusammenhang zwischen Bildweite und Gegenstandsweite durch die Funktionsgleichung $\frac{1}{b} = 1 - \frac{1}{g}$ beschrieben. Setzt man für g die Variable x und für b die Variable y ein, so erhält man die vertraute Schreibweise

$$\frac{1}{y} = 1 - \frac{1}{x},$$

aus der man durch Umformen

$$\frac{1}{y} = \frac{x}{x} - \frac{1}{x} \quad \text{und dann}$$

$$\frac{1}{y} = \frac{x-1}{x} \quad \text{erhält.}$$

Die Kehrwertbildung ergibt schließlich

$$y = \frac{x}{x-1}.$$

Zeichnet man den Graphen dieser Funktion, so ergibt sich nebenstehendes Bild.

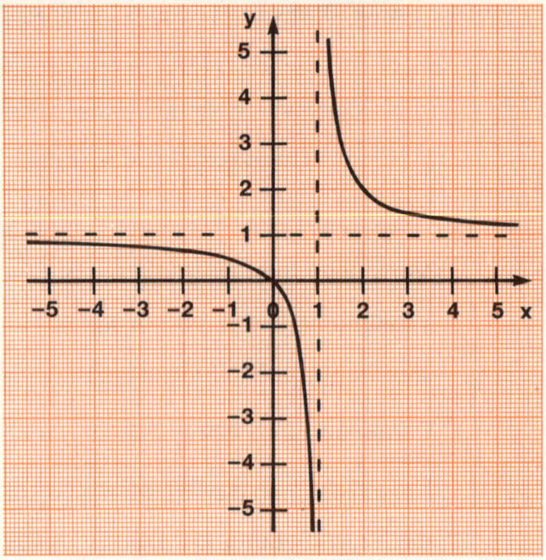

Dies ist eine um je 1 nach rechts und nach oben verschobene Hyperbel $y = \frac{1}{x}$. Ihre Funktionsgleichung muß dann $y = \frac{1}{x-1} + 1$ sein. Die Gleichungen f_1: $y = \frac{x}{x-1}$ und f_2: $y = \frac{1}{x-1} + 1$ stellen dieselbe Funktion dar. Dies zeigt man, indem man die Gleichung f_2 umrechnet: $y = \frac{1}{x-1} + 1 = \frac{1}{x-1} + \frac{x-1}{x-1} = \frac{1+x-1}{x-1} = \frac{x}{x-1}$

Gebrochen-rationale Funktionen sind durch so einfache Bruchterme wie $\frac{a}{x}$ oder $\frac{x-1}{x}$ bestimmt, aber auch durch andere wie etwa $\frac{2x-5}{x+2}$, $\frac{3x}{2x-7}$. Alle diese Funktionen können aus der Hyperbel $y = \frac{1}{x}$ gewonnen werden, indem man Streckungen bzw. Stauchungen sowie Verschiebungen in x- und y-Richtung vornimmt. Die Funktion $y = \frac{1}{x}$ ist also Stammutter eines ganzen Funktionengeschlechts.

Betrachten Sie das Beispiel $y = \frac{2x+4}{x+3}$, das rechts gezeichnet ist. Am Graphen läßt sich erkennen, daß diese Hyperbel aus der Stammutter $y = \frac{1}{x}$ entstanden ist durch eine Streckung (Streckfaktor −2) eine Verschiebung um −3 in x-Richtung und um 2 in y-Richtung. Die Funktionsgleichung muß daher die Gestalt $y = \frac{-2}{x+3} + 2$ haben.

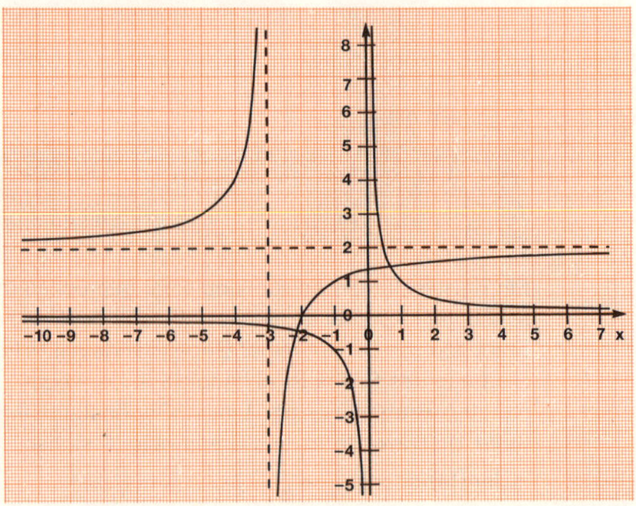

Daß $y = \frac{2x+4}{x+3}$ und $y = \frac{-2}{x+3} + 2$ dieselbe Funktion darstellen, läßt sich wieder nachrechnen. Es gilt $y = \frac{-2}{x+3} + 2 = \frac{-2}{x+3} + \frac{2\cdot(x+3)}{x+3} = \frac{-2+2x+6}{x+3} = \frac{2x+4}{x+3}$.

Tatsächlich gibt also die Gleichung $y = \frac{-2}{x+3} + 2$ die gezeichnete Hyperbel richtig an.

Eine Hyperbel, die in y-Richtung verschoben ist, zum Beispiel diejenige mit der Funktionsgleichung $y = \frac{2x+4}{x+3} = \frac{-2}{x+3} + 2$, hat eine **Nullstelle**. Dies können Sie am Graphen sehen. Die Nullstelle der Hyperbel liegt bei $x = -2$. Diese läßt sich aus beiden Formen der Gleichung berechnen. Für eine Nullstelle muß $y = 0$ gelten, also ist entweder die Gleichung $0 = \frac{2x+4}{x+3}$ oder die Gleichung $0 = \frac{-2}{x+3} + 2$ zu lösen.

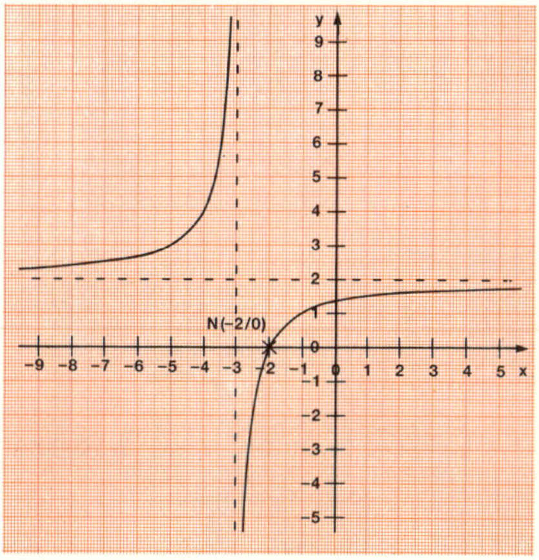

Für beide Formen finden Sie hier das Lösungsverfahren.

Beachten Sie: Multipliziert man die Gleichung mit einem Ausdruck, der eine Variable enthält, darf dieser Ausdruck nicht Null sein. Hier muß also $x \neq -3$ sein. Dies ist gewährleistet, da $x = -3$ nicht zum Definitionsbereich der Funktion gehört.

$$\begin{aligned} \frac{2x+4}{x+3} &= 0 \quad &&| \cdot (x+3) \\ 2x+4 &= 0 &&| -4 \\ 2x &= -4 &&| :2 \\ x &= -2 \end{aligned}$$

$$\begin{aligned} \frac{-2}{x+3} + 2 &= 0 \quad &&| -2 \\ \frac{-2}{x+3} &= -2 &&| :(-2) \\ \frac{1}{x+3} &= 1 &&| \cdot (x+3) \\ 1 &= x+3 &&| -3 \\ -2 &= x \end{aligned}$$

$x = -2$ gehört zur Definitionsmenge; $x = -2$ ist also Nullstelle der Funktion $y = \frac{2x+4}{x+3}$.

Bestimmen Sie die Nullstelle der Funktion $y = \frac{4x-5}{5x+4}$. → ②

Aufgaben zu 10.4

1. Verschieben Sie die Hyperbel $y = \frac{1}{x}$ um 2,5 in x-Richtung und um −2 in y-Richtung. Berechnen Sie die Wertetabelle für die neue Funktion und zeichnen Sie den Graphen.

2. Durch welche Verschiebungen der Hyperbel $y = \frac{1}{x}$ entstehen die Graphen der folgenden Funktionen? a) $y = \frac{1}{x-5} + 1$ b) $y = \frac{1}{x+0{,}5} - 8$ c) $y = \frac{1}{x-9} - 0{,}1$

3. Die Hyperbel $y = \frac{1}{x}$ soll zunächst um 2 gestreckt, sodann um 5 in x-Richtung und anschließend um −3 in y-Richtung verschoben werden. Wie lautet die Gleichung der entstehenden Hyperbel?

*4. Die Hyperbel $y = \frac{1}{x}$ soll zunächst um 5 in x-Richtung, sodann um –3 in y-Richtung verschoben und anschließend um 2 gestreckt werden. Wie lautet die Gleichung der entstehenden Hyperbel? Vergleichen Sie sie mit der Hyperbel in Aufgabe 3. Ergibt sich dieselbe Funktionsgleichung?

*5. Stellen die beiden Gleichungen $y_1 = \frac{x-1}{x}$ und $y_2 = -\frac{1}{x} + 1$ dieselbe Funktion dar?

6. Bestimmen Sie die Nullstellen der Funktionen

a) $y = \frac{2}{x-1} + 4$ b) $y = \frac{-7}{x+3} - 2$ c) $y = \frac{2x + 0{,}5}{x-3}$ d) $y = \frac{5x+2}{3x-12}$

Wiederholungsaufgaben

1. Die Hyperbel $y = \frac{1}{x}$ wird folgenden Abbildungen in der angegebenen Reihenfolge unterworfen. Bestimmen Sie die Funktionsgleichung der entstehenden Hyperbel.

   a) Streckung mit dem Streckfaktor 1,5 , Verschiebung um 4 in x-Richtung, Verschiebung um – 5 in y-Richtung.

   b) Verschiebung um 7 in y-Richtung, Verschiebung um – 4 in x-Richtung.

   c) Verschiebung um 2 in x-Richtung, Verschiebung um – 2 in y-Richtung, Stauchung mit dem Faktor 0,5 .

   d) Verschiebung um 1 in y-Richtung, Streckung mit dem Streckfaktor 2 , Verschiebung um – 1 in x-Richtung.

*2. Bestimmen Sie die Nullstellen der Funktionen. a) $y = \frac{2x-9}{4x+4}$ b) $y = \frac{x+3}{3x-6}$

3. Es seien folgende Funktionen gegeben:

   a) $y = \frac{1}{x-6} + 15$ b) $y = 3 \cdot \left(\frac{1}{x+6} - 15\right)$ c) $y = \frac{1}{x-1{,}5} - \frac{1}{2}$

   α) Durch welche Abbildungen können diese Funktionen aus der Hyperbel $y = \frac{1}{x}$ hervorgegangen sein?

   β) Geben Sie die Asymptoten der Graphen dieser Funktionen an.

   γ) Bestimmen Sie die Nullstellen dieser Funktionen.

*4. Zeichnen Sie den Graphen der Funktion, dessen Funktionsgleichung $y = \frac{2x-4}{x-1}$ ist. Zeichnen Sie die Asymptoten ein und kennzeichnen Sie die Nullstelle.

11. Quadratische Funktionen

Vor der Sendung

Die Lektionen 11 bis 13 beschäftigen sich mit quadratischen Funktionen und quadratischen Gleichungen. Zentrales Thema der Lektion 11 ist die graphische Darstellung quadratischer Funktionen im Koordinatensystem. Untersucht wird vor allem der Zusammenhang zwischen **Funktionsgleichung und Graph** von **quadratischen Funktionen**. Zum Anfertigen von Zeichnungen benötigen Sie besonders in dieser Lektion eine *Parabelschablone.*
Für die Berechnungen, die in Sendung und Buch durchgeführt werden, benötigen Sie Kenntnisse über die *binomischen Formeln.* Falls Sie Ihre Kenntnisse auffrischen möchten, können Sie in dem Buch „Funktionen in Anwendungen – Lösungswege und grundlegende Rechentechniken“ nachsehen.

Übersicht

1. **Der Graph der quadratischen Funktion** $y = x^2$ ist die Grundlage für alle weiteren Betrachtungen zu quadratischen Funktionen.

2. **Die quadratische Funktion** $y = x^2 + y_s$ beschreibt die Graphen, die durch Verschiebung der Normalparabel in Richtung der y-Achse entstehen.

3. **Die quadratische Funktion** $y = (x - x_s)^2$ beschreibt die Graphen, die durch Verschiebung der Normalparabel in Richtung der x-Achse entstehen.

4. **Graphen zu quadratischen Funktionen der Form** $y = x^2 + b \cdot x + c$ entstehen durch Verschiebung der Normalparabel in x- und y-Richtung. Man kann sie mit der Schablone zeichnen, wenn man den Scheitelpunkt kennt.

5. Durch Strecken und Verschieben der Normalparabel entsteht der **Graph der Funktion** $y = a \cdot x^2 + b \cdot x + c$.

11.1 Der Graph der quadratischen Funktion $y = x^2$

In den Lektionen 11 und 12 werden quadratische Funktionen behandelt. Man nennt diese Funktionen „quadratische Funktionen", weil in der Funktionsgleichung die Variable x in der zweiten Potenz (im Quadrat) steht:

> Funktionen mit der Funktionsgleichung $y = a \cdot x^2 + b \cdot x + c$ $(a, b, c \in \mathbb{R},\ a \neq 0)$
> nennt man **quadratische Funktionen.**

Die einfachste quadratische Funktion ist $y = x^2$. Der Graph dieser Funktion ist Grundlage für alle weiteren Betrachtungen und soll deshalb hier ausführlich vorgestellt werden.

Um den Graph einer unbekannten Funktion im Koordinatensystem zu bestimmen, muß man zunächst eine Wertetabelle erstellen:

x	$y = x^2$
– 2,5	6,25
– 2	4
–1,5	2,25
–1	1
–0,5	0,25
0	0
0,5	0,25
1	1
1,5	2,25
2	4
2,5	6,25

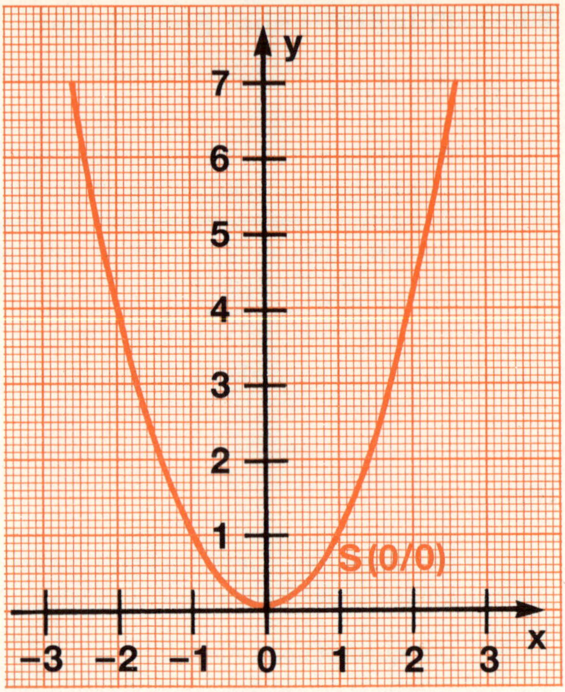

Alle Punkte, die aus der Wertetabelle entnommen werden können, liegen auf einer Kurve, deren Form man Parabel nennt: Der Graph der Funktion $y = x^2$ ist eine nach oben geöffnete **Normalparabel.** Für jeden x-Wert existiert ein y-Wert, d.h. der *Definitionsbereich* D der Funktion ist IR. (D = IR)

Der Graph verläuft - mit Ausnahme des Punktes (0 | 0) - oberhalb der x-Achse. Alle y-Werte des Graphen sind positive Zahlen; d.h. der *Wertebereich* W der Funktion ist IR_+ ($W = IR_+$). Im Koordinatenursprung besitzt der Graph ein Minimum, es ist der *Scheitelpunkt* S (0 | 0). Der Graph von $y = x^2$ ist *symmetrisch zur y-Achse.* Schon an der Wertetabelle sieht man, daß x-Werten mit dem gleichen Betrag (z.B. 2 und –2) der gleiche y-Wert zugeordnet ist. Dies läßt sich allgemein so formulieren: Für alle x gilt: $(+x)^2 = (-x)^2$.

Zusammenfassend gilt für die quadratische Funktion $y = x^2$:

> Der Graph der quadratischenFunktion $y = x^2$ ist eine nach oben geöffnete Normalparabel mit dem Scheitelpunkt S (0 | 0) .

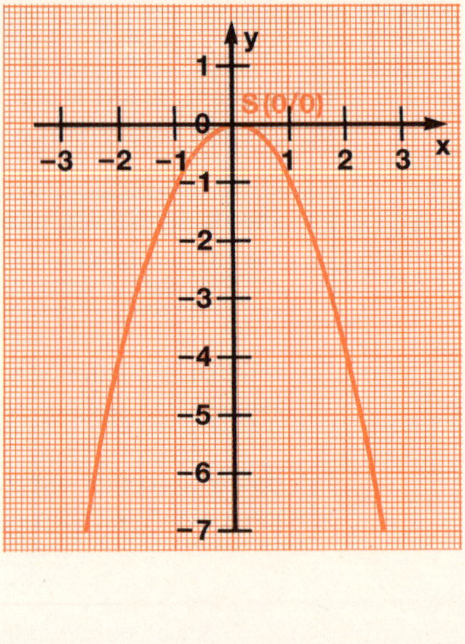

Spiegelt man den Graph der Normalparabel an der x-Achse, so erhält man diesen Graph :
Die gespiegelte Normalparabel ist nach unten geöffnet. Der Scheitelpunkt (0 | 0) ist ein Maximum.
Mit Ausnahme von (0 | 0) verläuft der Graph unterhalb der x-Achse. Die Funktionsgleichung lautet $y = -x^2$, denn in der Wertetabelle müßten die y-Werte alle negativ sein. Auch die gespiegelte Normalparabel ist symmetrisch zur y-Achse, denn es gilt:

$$-(+x)^2 = -(-x)^2 .$$

Aufgaben zu 11.1

1. Bestimmen Sie den Definitionsbereich und den Wertebereich zu $y = -x^2$.

2. Ergänzen Sie die fehlenden Koordinaten
   a) bei $y = x^2$ P(−4,5 | ?) ; Q(? | 5) b) bei $y = -x^2$ P(3,5 | ?) ; Q(? | −9)

11.2 Die quadratische Funktion $y = x^2 + y_S$

In diesem und den folgenden Kapiteln soll nun untersucht werden, wie sich eine Verschiebung oder Spiegelung der Normalparabel im Funktionsterm auswirkt.

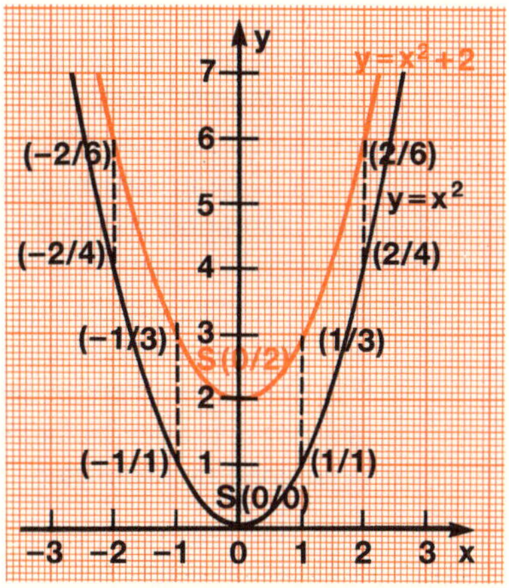

Betrachten wir zunächst eine in Richtung der y-Achse verschobene Normalparabel. In diesem Beispiel wurde die Normalparabel um 2 Einheiten entlang der y-Achse nach oben verschoben. Anhand von Punkten mit gleichem x-Wert bei beiden Parabeln kann man feststellen, daß die y-Werte der verschobenen Parabel jeweils um 2 erhöht wurden. Das gilt auch für den Scheitelpunkt, der jetzt bei (0 | 2) liegt. Da zum Wert x^2 der verschobenen Parabel jeweils +2 addiert werden muß, um den zugehörigen y-Wert zu erhalten, lautet die Funktionsgleichung: $y = x^2 + 2$.

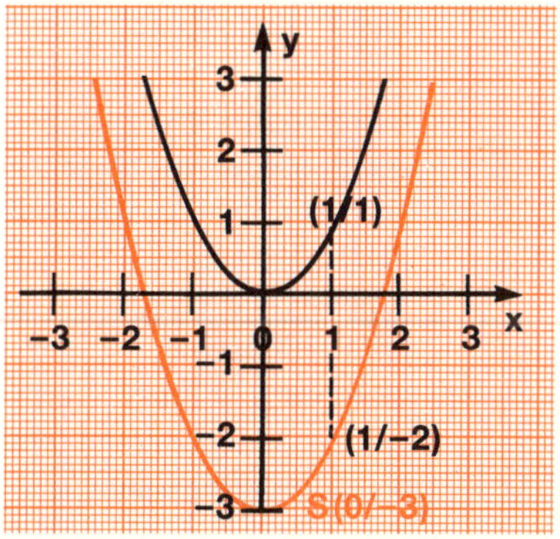

Verschiebt man die Parabel entlang der y-Achse nach unten, dann sind die y-Werte der verschobenen Parabel jeweils um diesen Betrag niedriger als die entsprechenden y-Werte der Parabel $y = x^2$.

Bitte ergänzen Sie, wie die Funktionsgleichung der nach unten verschobenen Parabel im nebenstehenden Beispiel lautet :

y = ...

→ ③

Den Betrag, um den eine Parabel in Richtung der y-Achse verschoben wird, nennen wir allgemein y_S . Dann gilt für Funktionsgleichung und Graph einer in Richtung der y-Achse verschobenen Parabel folgender Zusammenhang:

> Der Graph der quadratischen Funktion mit der Funktionsgleichung $y = x^2 + y_S$ ist eine nach oben geöffnete Normalparabel mit dem Scheitelpunkt (0 | y_S).

In der gleichen Weise läßt sich die gespiegelte Normalparabel in y-Richtung verschieben. Ihre Funktiongleichung lautet allgemein $y = -x^2 + y_S$. Der Scheitelpunkt liegt bei (0 | y_S), die Parabel ist nach unten geöffnet. Hier einige Beispiele, bei denen Sie die Funktionsgleichung ergänzen können :

→ ①

11

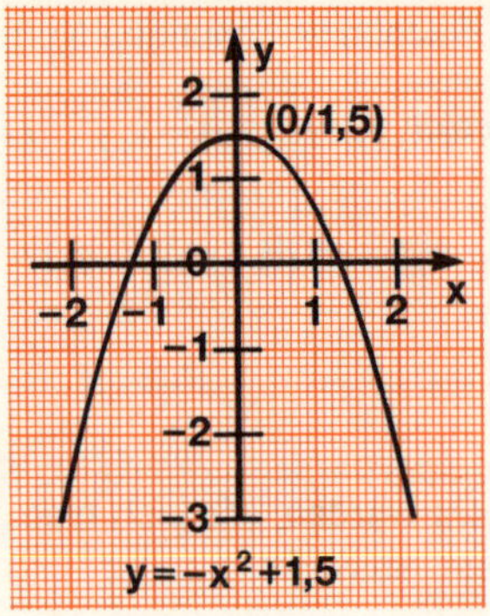

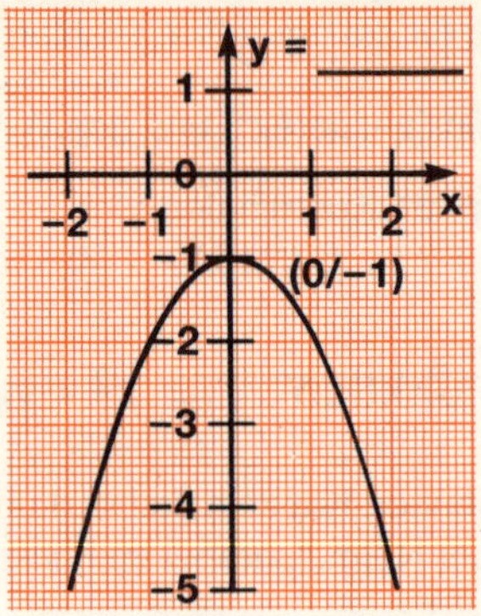

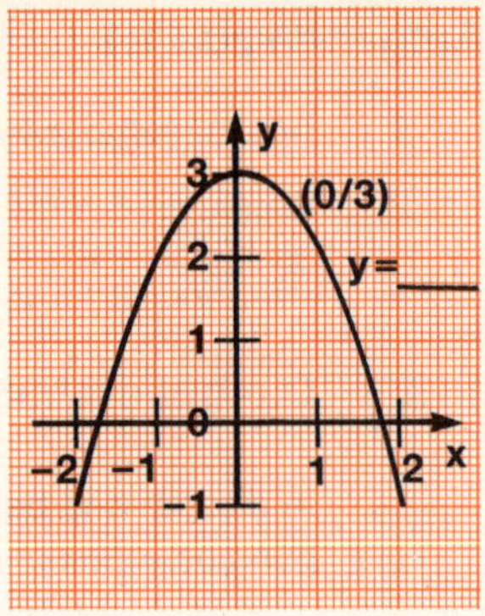

Bisher wurden zu vorgegebenen Graphen im Koordinatensystem die Funktionsgleichungen bestimmt. Will man umgekehrt zu einer gegebenen Funktionsgleichung einer quadratischen Funktion den Graphen zeichnen, dann geht man folgendermaßen vor: Aus der Funktionsgleichung liest man den Scheitelpunkt ab und bestimmt, ob die Parabel nach oben oder unten geöffnet ist. Nun legt man die Parabelschablone in entsprechender Ausrichtung am Scheitelpunkt an und zeichnet den Graphen. Wenn man diese Zusammenhänge zwischen Funktionsgleichung und Lage des Graphen im Koordinatensystem kennt, kann man den Graphen einfach zeichnen. Sie können dies an den Wertetabellen der abgebildeten Parabeln überprüfen. In diesem Kapitel ist nur die erste Parabel im Maßstab 1:1 abgebildet; alle übrigen sind verkleinert. Sie entsprechen also nicht der Größe Ihrer mit Hilfe der Schablone gezeichneten Parabeln.

11.3 Die quadratische Funktion $y = (x - x_s)^2$

Betrachten wir nun eine entlang der x-Achse verschobene Normalparabel, zum Beispiel diese, deren Scheitelpunkt bei (2 | 0) liegt.
Zur Bestimmung der Funktionsgleichung vergleichen wir wieder die verschobene Parabel mit der Parabel $y = x^2$. Bei Punkten mit gleichem y-Wert sind die x-Werte der verschobenen Parabel jeweils um 2 größer als die der Normalparabel $y = x^2$.

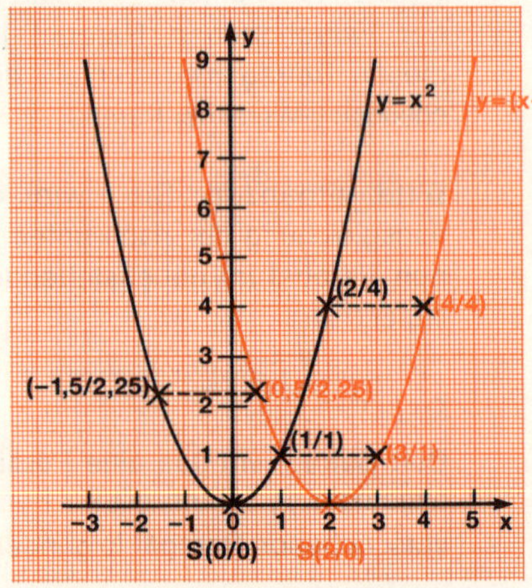

Die Frage nach der Funktionsgleichung kann man auch so stellen: Wie erhält man für die x-Werte der verschobenen Parabel durch Rechnung (Einsetzen in die gesuchte Funktionsgleichung) den zugehörigen y-Wert ?
Bei $y = x^2$ ist das bekannt: Man quadriert den x-Wert und erhält den y-Wert. Diese Grundkenntnis kann man für die verschobene Parabel nutzen: Man muß die Verschiebung rückgängig machen, dann kann man wie bei $y = x^2$ quadrieren, also gilt

für den x-Wert 4 : $(4 - 2)^2 = 4$
für den x-Wert 3 : $(3 - 2)^2 = 1$
für den x-Wert 2 : $(2 - 2)^2 = 0$
für den x-Wert 0,5 : $(0,5 - 2)^2 = 2,25$
Für alle x-Werte : $(x - 2)^2 = y$
Bitte vergleichen Sie jeweils in der Zeichnung.

Die Funktionsgleichung für die um +2 in Richtung der x-Achse verschobene Normalparabel lautet also : $y = (x-2)^2$. Der entscheidende Gedanke ist der, die Verschiebung in x-Richtung rückgängig zu machen, um die ursprüngliche Form $y = x^2$ anwenden zu können.
Aus der Funktionsgleichung läßt sich direkt der Scheitelpunkt (2 I 0) ablesen, denn es gilt : $(2-2)^2 = 0$.
Nennen wir allgemein den Betrag der Verschiebung in Richtung der positiven x-Achse x_S , dann gilt :

> Der Graph der quadratischen Funktion mit der Funktionsgleichung $y = (x-x_S)^2$ ist eine nach oben geöffnete Normalparabel mit dem Scheitelpunkt $(x_S \mid 0)$.

Die nächste Übung soll die umgekehrte Fragestellung behandeln: Wie sieht die graphische Darstellung der quadratischen Funktion mit der Funktionsgleichung $y = (x+3)^2$ aus ?
Es ist eine in x-Richtung verschobene Normalparabel. Dem Wert $-x_S$ in der allgemeinen Form entspricht hier der Wert +3 . Also muß $x_S = -3$ sein;
Dann muß der Scheitelpunkt bei (−3 I 0) liegen. Das kann man durch Einsetzen in die Gleichung bestätigen: $(-3+3)^2 = 0$.

Tragen Sie nun mit Hilfe der Parabelschablone den Graph in ein Koordinatensystem ein.

→ ④

Wie schon im Kapitel vorher soll auch hier zum Abschluß die gespiegelte Normalparabel betrachtet werden.
In diesem Beispiel wurde eine gepiegelte Parabel um −1 in Richtung der x-Achse verschoben. Wie lautet die zugehörige Funktionsgleichung ?
Außer am Scheitelpunkt (−1 I 0) verläuft die Parabel ganz im negativen Bereich der y-Achse. In der Funktionsgleichung muß daher ein Minuszeichen vor der Klammer stehen. Die Funktionsgleichung dieser Parabel lautet also: $y = -(x+1)^2$.

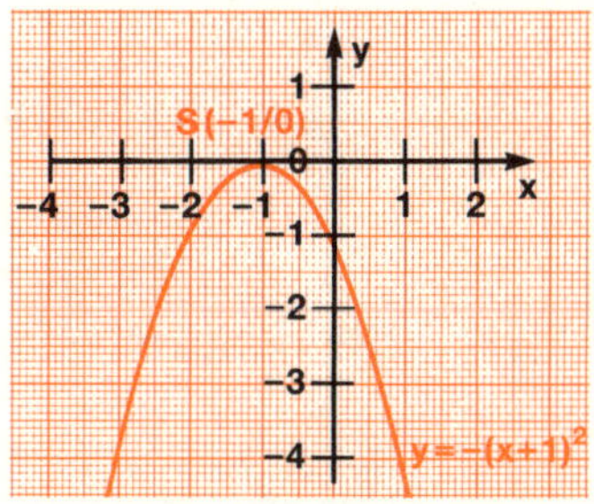

Aufgaben zu 11.2 und 11.3

1. Bestimmen Sie zu den Graphen dieser quadratischen Funktionen jeweils die Funktionsgleichung.

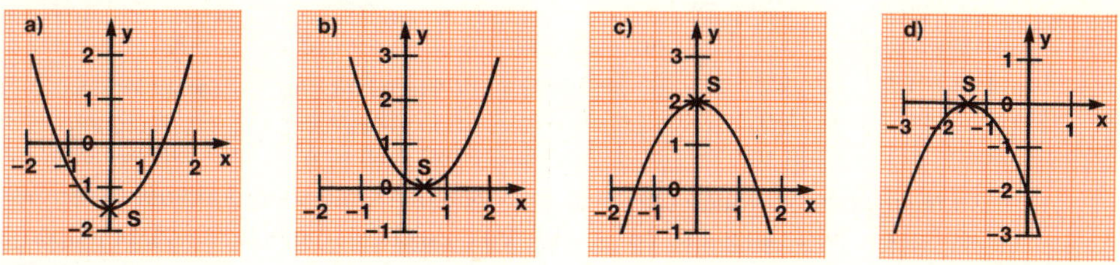

2. Zeichnen Sie die Graphen zu den quadratischen Funktionen mit den folgenden Funktionsgleichungen :
   a) $y = x^2 + 0{,}5$ b) $y = (x + 0{,}5)^2$ c) $y = -(x - 0{,}5)^2$ d) $y = -x^2 - 0{,}5$

11

3. Wie lautet allgemein die Funktionsgleichung einer gespiegelten Normalparabel, die in Richtung der x-Achse verschoben wurde ?

4. Eine in y-Richtung verschobene Normalparabel geht durch den Punkt P (–4 | 14). Wie heißt die Funktionsgleichung ?

5. Eine in x-Richtung verschobene Normalparabel geht durch den Punkt (0 | 9). Wie heißt die Funktionsgleichung ? (Beachten Sie, daß es hier zwei Lösungen gibt.)

11.4 Graphen zu quadratischen Funktionen der Form $y = x^2 + b \cdot x + c$

In der Sendung haben Sie gesehen, daß zur Lösung eines Sachproblems quadratische Funktionen benötigt werden, deren Graphen im Koordinatensystem nicht nur entlang der x-Achse *oder* der y-Achse verschoben wurden.

In dem Beispiel wurde die Normalparabel um 4 Einheiten in x-Richtung und um 1 Einheit in y-Richtung verschoben. Der Scheitelpunkt liegt bei (4 | 1).

An der Funktionsgleichung kann man diese beiden Verschiebungen ablesen:

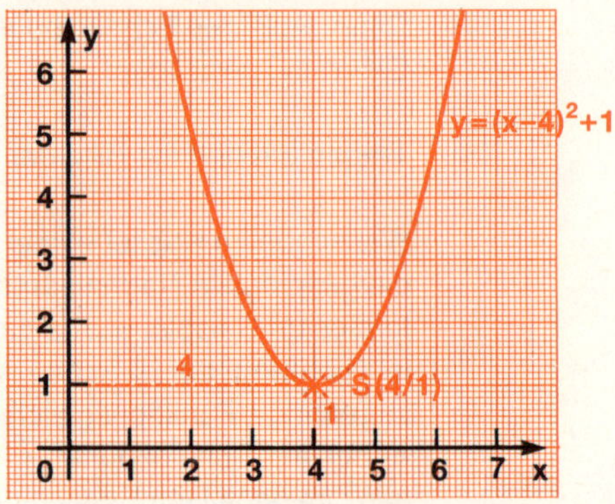

$$y = (x - 4)^2 + 1$$

(x – 4): Verschiebung in x-Richtung; + 1: Verschiebung in y-Richtung

Daß $y = (x - 4)^2 + 1$ die Funktionsgleichung für diesen Graph ist, kann man sich mit Hilfe des Scheitelpunktes überlegen. Setzt man $x = 4$ in die Funktionsgleichung ein, dann ist $(x - 4)^2 = (4 - 4)^2 = 0$ der kleinste Wert, den $(x - 4)^2$ annehmen kann. Alle anderen Einsetzungen für x führen durch das Quadrieren der Klammer zu höheren Werten für y. Der Punkt (4 | 1) ist also für diese Funktion ein Minimum; er ist damit Scheitelpunkt einer nach oben geöffneten Parabel. Diese Überlegungen bestätigen, daß $y = (x - 4)^2 + 1$ die Funktionsgleichung für den oben abgebildeten Graph ist.

Betrachten wir ein zweites Beispiel: Der Graph der quadratischen Funktion mit der Funktionsgleichung $y = (x + 3)^2 - 2$ soll gezeichnet werden. An der Funktionsgleichung wird die Verschiebung abgelesen:

$$y = (x + 3)^2 - 2$$

(x + 3): Verschiebung in x-Richtung; – 2: Verschiebung in y-Richtung

Die Normalparabel wurde um –3 in x-Richtung verschoben und um –2 in y-Richtung. Der Scheitelpunkt liegt also bei (–3 | –2). Zeichnen Sie bitte den zugehörigen Graphen in ein Koordinatensystem. → (2)

Allgemein bezeichnen wir wieder die Verschiebung in x-Richtung mit x_S und die Verschiebung in y-Richtung mit y_S. Dann gilt:

Der Graph der quadratischen Funktion mit der Funktionsgleichung

$$y = (x - x_S)^2 + y_S$$

ist eine nach oben geöffnete Normalparabel mit dem Scheitelpunkt $(x_S \mid y_S)$.
Die Form $y = (x - x_S)^2 + y_S$ der Funktionsgleichung nennt man **Scheitelpunktform**.

Entsprechendes gilt für die gespiegelte Normalparabel: Die Scheitelpunktform für die gespiegelte Normalparabel lautet:

$$y = -(x - x_S)^2 + y_S$$

Verschiebung in x-Richtung (x_S) — Verschiebung in y-Richtung (y_S)

Wenn die Funktionsgleichung einer quadratischen Funktion in der Scheitelpunktform gegeben ist, dann ist es relativ einfach, den Graph der Funktion mit Hilfe der Schablone zu zeichnen. Ist dagegen die Funktionsgleichung in der Form $\mathbf{y = x^2 + b \cdot x + c}$ gegeben, dann muß man, um den Graph der Funktion zeichnen zu können, entweder eine Wertetabelle aufstellen oder diese Form in die Scheitelpunktform umwandeln.
Da mit Hilfe einer Wertetabelle der Scheitelpunkt einer Parabel nur duch systematisches (und zeitraubendes) Probieren gefunden werden kann, soll hier der zweite Weg beschritten werden :
Der Graph der quadratischen Funktion mit der Funktionsgleichung $y = x^2 + 6 \cdot x + 9$ soll gezeichnet werden. Diese Aufgabe ist relativ schnell gelöst, denn der Term $x^2 + 6 \cdot x + 9$ läßt sich mit Kenntnis der binomischen Formeln umschreiben zu $x^2 + 6 \cdot x + 9 = (x + 3)^2$.
Der Graph von $y = x^2 + 6 \cdot x + 9$ ist also eine um -3 in x-Richtung verschobene Normalparabel mit dem Scheitelpunkt $(-3 \mid 0)$. (Zeichnung siehe Abschnitt 11.3)

Überprüfen Sie bitte anhand der nächsten beiden Aufgaben, ob Sie noch weitere Übung in der Grundanwendung der binomischen Formeln benötigen.
Bestimmen Sie jeweils über die Scheitelpunktform den Scheitelpunkt der Parabeln mit folgenden Funktionsgleichungen :

a) $y = x^2 - 5 \cdot x + 6{,}25$ b) $y = x^2 + x + 0{,}25$ → (5)

Im nächsten Beispiel läßt sich eine binomische Formel nicht direkt anwenden :
Wo liegt der Scheitelpunkt der Parabel mit der Funktionsgleichung $y = x^2 + 6 \cdot x + 7$?
Der Term $x^2 + 6 \cdot x + 7$ soll in die Form $(x - x_S)^2 + y_S$ umgeschrieben werden.
Damit man aus den Koeffizienten 6 und 7 die Werte für x_S und y_S bestimmen kann, schreibt man die allgemeine Form um: $(x - x_S)^2 + y_S$
Anwendung der binomischen Formel : $x^2 - 2 \cdot x_S \cdot x + x_S^2 + y_S$
Diese Form vergleicht man mit dem gegebenen Term : $x^2 + 6 \cdot x + 7$
Hier kann man nun einen **Koeffizientenvergleich** durchführen. Es muß gelten :

$$-2 \cdot x_S = 6$$

und

$$x_S^2 + y_S = 7$$

Damit kann man x_S und y_S ausrechnen: $x_S = -3$
Das Ergebnis, eingesetzt in die zweite Zeile, führt zu y_S: $9 + y_S = 7$, also $y_S = -2$
Dies setzt man in die Scheitelpunktform ein und erhält :

$$y = (x + 3)^2 - 2$$

Die Funktionsgleichung $y = x^2 + 6 \cdot x + 7$ lautet in der Scheitelpunktform $y = (x+3)^2 - 2$. Hieraus kann man ablesen, daß es sich um eine nach oben geöffnete Normalparabel mit dem Scheitelpunkt $(-3 \mid -2)$ handelt. Den Graphen zu dieser Funktion haben Sie bereits gezeichnet (Aufgabe 2 im Text).

Damit dieses Verfahren auf jede Funktionsgleichung angewendet werden kann, soll hier der Vergleich zwischen den Koeffizienten b und c der Form $y = x^2 + b \cdot x + c$ und den Scheitelpunktkoeffizienten x_S und y_S der Form $y = (x - x_S)^2 + y_S$ allgemein durchgeführt werden :

Die Form $y = (x - x_S)^2 + y_S$

wird umgeschrieben zu $y = x^2 - 2 \cdot x_S \cdot x + x_S^2 + y_S$

Die so erhaltenen Koeffizienten vergleicht man mit $y = x^2 + b \cdot x + c$

und erhält $b = -2 \cdot x_S$

$c = x_S^2 + y_S$

Aus $b = -2 \cdot x_S$ läßt sich x_S bestimmen: $\boxed{x_S = -\frac{b}{2}}$

Dies setzt man in die zweite Zeile ein: $c = (-\frac{b}{2})^2 + y_S$

und löst nach y_S auf: $\boxed{y_S = c - \frac{b^2}{4}}$

Aufgaben zu 11.4

1. Geben Sie die Funktionsgleichungen zu den nebenstehenden Graphen in der Scheitelpunktform an.

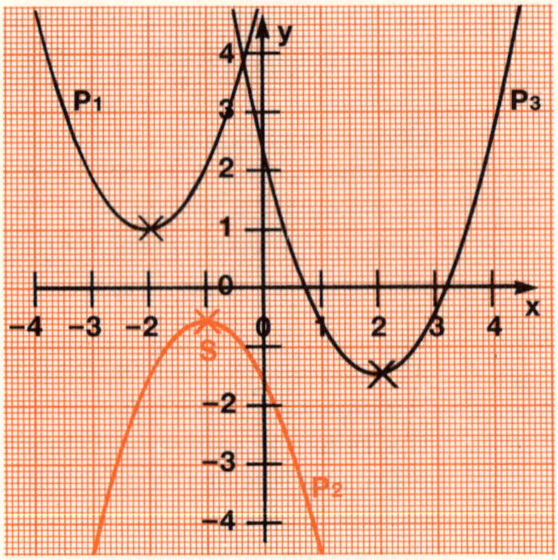

2. Zeichnen Sie die Graphen zu folgenden quadratischen Funktionen:
   P_1: $y = -(x+3)^2 + 1$
   P_2: $y = (x+0{,}5)^2 - 2$
   *P_3: $y = -(x-3)^2 + 1{,}5$

3. Formen Sie die folgenden Funktionsgleichungen in die Scheitelpunktform um : a) $y = x^2 - 4 \cdot x + 7$
   b) $y = x^2 + 10 \cdot x + 13$

11.5 Der Graph der Funktion $y = a \cdot x^2 + b \cdot x + c$

Zu Beginn dieser Lektion wurde als allgemeine Funktionsgleichung einer quadratischen Funktion die Form $y = a \cdot x^2 + b \cdot x + c$ vorgestellt. Bisher wurden jedoch nur solche Funktionen behandelt, bei denen der Faktor a bei x^2 den Wert 1 (Normalparabel) oder -1 (gespiegelte Normalparabel) hatte.

In der Sendung haben Sie am Beispiel der Zuordnung „Geschwindigkeit → Bremsweg“ Graphen zu quadratischen Funktionen der Form $y = a \cdot x^2$ kennengelernt. Hier sollen nun die in der Sendung gewonnenen Erkenntnisse nachvollzogen und vertieft werden.
Die Graphen der quadratischen Funktionen $y = 2 \cdot x^2$ und $y = 0{,}5 \cdot x^2$ sollen gezeichnet werden. Im anschließenden Vergleich soll die Auswirkung des Faktors a auf die Gestalt des Graphen untersucht werden.
Die Graphen zu $y = 2 \cdot x^2$ und $y = 0{,}5 \cdot x^2$ können nicht mehr mit der Schablone gezeichnet werden, denn sie haben nicht die Form der Normalparabel. Zum Anfertigen der Zeichnungen müssen Wertetabellen aufgestellt werden :

x	$y = 2 \cdot x^2$
– 2	8
– 1,5	4,5
– 1	2
– 0,5	0,5
0	0
0,5	0,5
1	2
1,5	4,5
2	8

x	$y = 0{,}5 \cdot x^2$
– 2	2
– 1,5	1,125
– 1	0,5
– 0,5	0,125
0	0
0,5	0,125
1	0,5
1,5	1,125
2	2

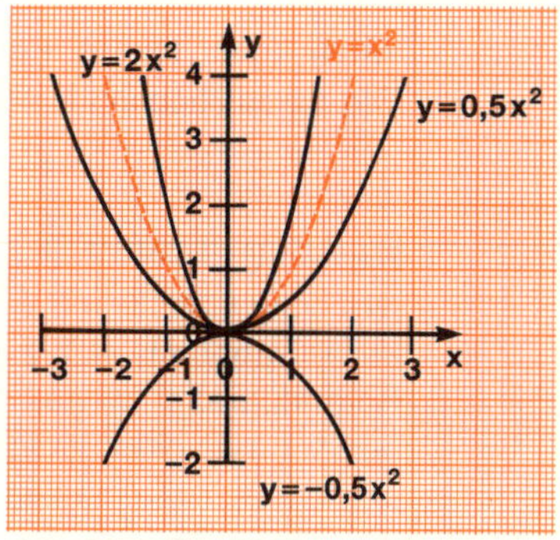

Vergleicht man die Graphen zu $y = 2 \cdot x^2$ und $y = 0{,}5 \cdot x^2$, so läßt sich feststellen, daß auch diese Graphen die Form einer Parabel haben, die „steiler" verläuft, je größer der Faktor a ist. Die Parabeln mit der Funktionsgleichung $y = a \cdot x^2$ haben alle den Scheitelpunkt (0 | 0) und sind symmetrisch zur y-Achse. Bezogen auf die Normalparabel $y = x^2$ wirkt sich der Faktor a als Streckfaktor aus. Wenn a negativ ist, handelt es sich um eine an der x-Achse gespiegelte, nach unten geöffnete Parabel (wie im Beispiel $y = -0{,}5 \cdot x^2$).

Der Graph der quadratischen Funktion mit der Funktionsgleichung
$y = a \cdot x^2$ ist eine Parabel mit dem Scheitelpunkt (0 | 0).
Für $a > 0$ ist die Parabel nach oben geöffnet.
Für $a < 0$ ist die Parabel nach unten geöffnet.
Für $|a| < 1$ ist die Parabel weiter geöffnet als die Normalparabel.
Für $|a| > 1$ ist die Parabel enger geöffnet als die Normalparabel.

Will man für eine solche Parabel die Funktionsgleichung bestimmen, dann reicht es nicht aus, wenn man den Scheitelpunkt kennt. Es müssen noch die Koordinaten eines weiteren Punktes bekannt sein.

11

In diesem Beispiel ist die Funktionsgleichung des unteren Graphen von der Form $y = a \cdot x^2$. Der Punkt P (2 | –1) ist bekannt. Um den Faktor a zu ermitteln, setzt man die Koordinaten von P in die allgemeine Form ein :

$$y = a \cdot x^2$$
$$-1 = a \cdot 4 \qquad | :4$$
$$-\frac{1}{4} = a$$

Die Funktionsgleichung des unteren Graphen ist: $y = -\frac{1}{4} \cdot x^2$

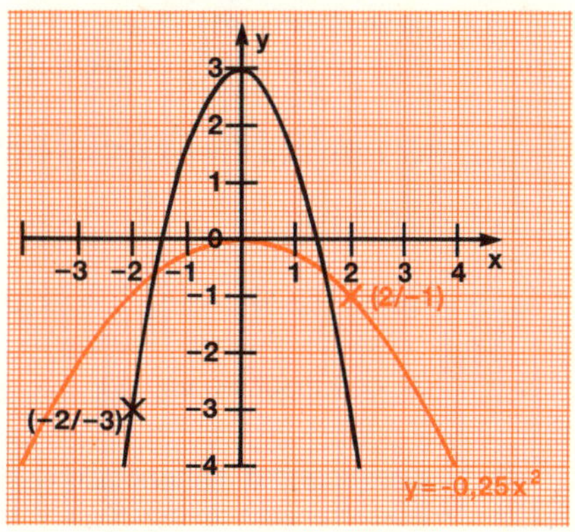

Der obere Graph ist eine entlang der y-Achse verschobene Parabel. Die Funktionsgleichung lautet allgemein: $y = a \cdot x^2 + y_s$. Der Scheitelpunkt (0 | 3) gibt den Wert von y_s an: $y = a \cdot x^2 + 3$. Außerdem ist der Punkt (–2 | –3) bekannt. Über die Koordinaten dieses Punktes läßt sich auch hier der Faktor a ermitteln. Bestimmen Sie die Funktionsgleichung des Graphen. ⟶ ⑥

Den Streckfaktor a kann man auch auf eine in x-Richtung verschobene Normalparabel anwenden. Die Funktionsgleichung heißt dann :

$$\mathbf{y = a \cdot (x - x_s)^2}$$

Wenn eine solche Parabel dann noch in y-Richtung verschoben wird, lautet die Funktionsgleichung in der Scheitelpunktform :

$$\mathbf{y = a \cdot (x - x_s)^2 + y_s}$$

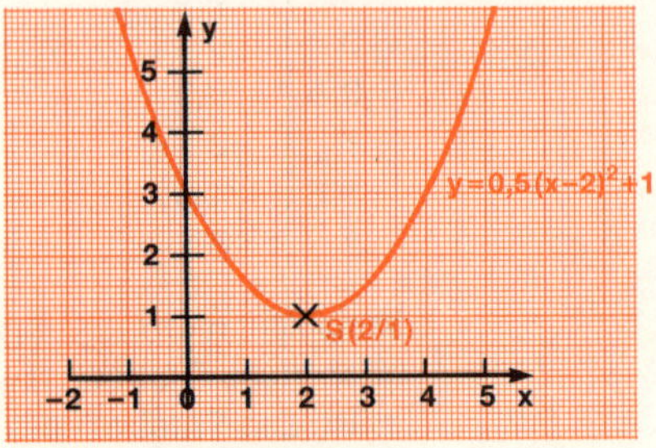

Hier ein Beispiel für eine solche Parabel: Die Funktionsgleichung lautet $y = 0{,}5 \cdot (x - 2)^2 + 1$. Der Scheitelpunkt der Parabel ist S (2 | 1). Sie ist im Vergleich zur Normalparabel weiter geöffnet (an dem Faktor 0,5 erkennt man eine Stauchung).

Aus der Scheitelpunktform läßt sich durch Anwendung der binomischen Formel die allgemeine Form ermitteln:

$$y = 0{,}5 \cdot (x - 2)^2 + 1$$
$$y = 0{,}5 \cdot (x^2 - 4 \cdot x + 4) + 1$$
$$y = 0{,}5 \cdot x^2 - 2 \cdot x + 2 + 1$$
$$y = 0{,}5 \cdot x^2 - 2 \cdot x + 3$$

Dies entspricht der allgemeinen Form : $\boxed{y = a \cdot x^2 + b \cdot x + c}$

Damit man zu einer Funktionsgleichung, die in dieser allgemeinen Form gegeben ist, den zugehörigen Graphen zeichnen kann, müßte man diese Form in die Scheitelpunktform zurückverwandeln. Dies kann auch hier wieder mit Hilfe eines Koeffizientenvergleichs geschehen:

Die Scheitelpunktform $y = a \cdot (x - x_s)^2 + y_s$

wird mit Hilfe der binomischen Formel $y = a \cdot (x^2 - 2 \cdot x_s \cdot x + x_s^2) + y_s$

und durch Ausmultiplizieren der Klammer umgeformt zu : $y = a \cdot x^2 - 2 \cdot a \cdot x_s \cdot x + a \cdot x_s^2 + y_s$

Diese Form wird mit der allgemeinen Form verglichen : $y = a \cdot x^2 \quad + b \cdot x \quad + c$

Mit Hilfe des Koeffizientenvergleichs ergibt sich : $b = -2 \cdot a \cdot x_s$

und damit $\boxed{-\dfrac{b}{2 \cdot a} = x_s}$

sowie $c = a \cdot x_s^2 + y_s$

Durch Einsetzen von x_s, $c = a \cdot \dfrac{b^2}{4 \cdot a^2} + y_s$

Kürzen und Auflösen nach y_s erhält man : $\boxed{c - \dfrac{b^2}{4 \cdot a} = y_s}$

Die Scheitelpunktform entspricht also: $y = a\,(x+\frac{b}{2a})^2 + c - \frac{b^2}{4a}$

Dazu ein Beispiel: Die Funktionsgleichung $y = 3 \cdot x^2 + 12 \cdot x - 5$ soll in die Scheitelpunktform umgeschrieben werden.
Mit Hilfe der Koeffizienten $a = 3$, $b = 12$ und $c = -5$ bestimmt man x_S:

$$x_S = -\frac{12}{2 \cdot 3} = -2 \quad \text{und} \quad y_S = -5 - \frac{144}{4 \cdot 3} = -17$$

und erhält damit die Scheitelpunktform: $y = 3 \cdot (x + 2)^2 - 17$

Aufgaben zu 11.5

1. Zeichnen Sie die Graphen zu den folgenden quadratischen Funktionen :
   a) $y = 0{,}4 \cdot x^2$ b) $y = 1{,}5 \cdot x^2 - 3$ c) $y = 2 \cdot (x + 2)^2 + 1$
2. Wie heißt die Funktionsgleichung einer Parabel mit dem Scheitelpunkt (0 | – 4) , die durch den Punkt (–2 | 6) geht ?
3. Eine Parabel mit dem Scheitelpunkt (6 | 0) geht durch P (2 | – 4) . Wie heißt die Funktionsgleichung in der allgemeinen Form ?

11.6 Wiederholungsaufgaben

1. Bestimmen Sie die Funktionsgleichungen zu den nebenstehenden Parabeln in der Scheitelpunktform und in der allgemeinen Form.
2. Zeichnen Sie die Graphen zu den quadratischen Funktionen mit folgenden Funktionsgleichungen:
   a) $y = (x - 1)^2 + 2$
   b) $y = -x^2 + 3$
   c) $y = x^2 + 4 \cdot x + 3$

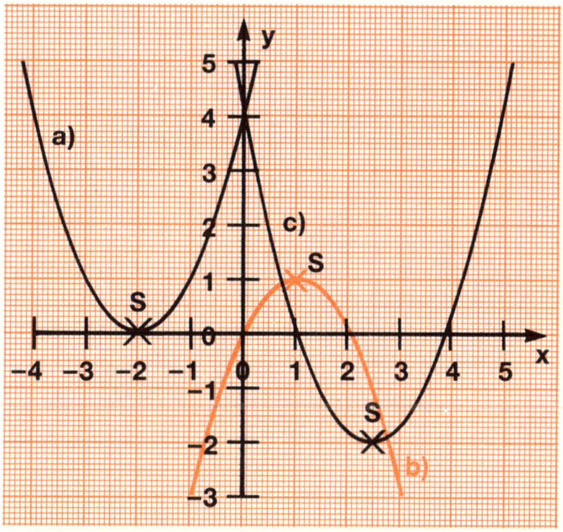

3. Formen Sie die folgenden Funktionsgleichungen in die Scheitelpunktform um.
   a) $y = x^2 + 8 \cdot x + 8$ b) $y = x^2 - 5 \cdot x + 9{,}75$ c) $y = x^2 - 3 \cdot x$
   d) $y = -x^2 - 4 \cdot x + 1$ e) $y = -x^2 + 7 \cdot x - 12{,}25$
4. Eine verschobene Normalparabel hat den Scheitelpunkt auf der x-Achse und schneidet die y-Achse bei +6,25. Bestimmen Sie die Funktionsgleichung der Parabel.
5. Eine Parabel der Form $y = a \cdot (x - x_S)^2 + y_S$ hat den Scheitelpunkt S (– 4 | 3) und geht durch P (– 5,5 | 1,2) . Bestimmen Sie die Funktionsgleichung der Parabel.

*6. Bei einer Parabel in Form der Normalparabel ist der Scheitelpunkt S (3 | 5) ein Maximum. Wie heißt die Funktionsgleichung in der allgemeinen Form ?

7. Eine nach oben geöffnete Normalparabel hat den Scheitelpunkt S (–7 | 0) . Wo schneidet sie die y-Achse?

11

12. Nullstellen der quadratischen Funktion

Vor der Sendung

Bevor wir zu den „Nullstellen der quadratischen Funktion" kommen, wenden wir uns in 12.1 den „Anwendungen der quadratischen Funktion" zu. Dieses Kapitel schließt direkt an die Lektion 11 an und könnte bereits vor der Sendung zu dieser Lektion bearbeitet werden. Nachdem in Lektion 11 und auch in den Anwendungsaufgaben zur quadratischen Funktion in 12.1 vor allem der Scheitelpunkt der Parabel betrachtet wurde, beschäftigt sich die übrige Lektion 12 mit der Berechnung der Nullstellen einer quadratischen Funktion. Besonders der allgemeine Teil, in dem diese Berechnung mit Variablen durchgeführt wird, ist eine wichtige Vorbereitung der Lektion 13 und sollte daher aufmerksam verfolgt werden.

Übersicht

1. Bei den **Anwendungen der quadratischen Funktion** muß aus den Informationen des Sachtextes erst der funktionale Zusammenhang erstellt werden, bevor weitere Lösungsschritte erfolgen können.

2. Die **Nullstellen der quadratischen Funktion** $y = x^2 + b \cdot x + c$ werden anhand von Beispielen und allgemein mit Variablen berechnet.

3. Bei der Betrachtung der **Nullstellen der quadratischen Funktion**
$$y = a \cdot x^2 + b \cdot x + c$$
wird analog zu 12.2 vorgegangen.

12.1 Anwendungen der quadratischen Funktion

In den Anwendungsaufgaben zur quadratischen Funktion ist in der Regel nach bestimmten Punkten des Graphen gefragt, sehr oft nach dem Scheitelpunkt. Für die Sachbeispiele werden also Kenntnisse aus der Lektion 11 benötigt. Die Schwierigkeit beim Lösen von Sachproblemen liegt vor allem darin, für die in der Aufgabe gegebenen Informationen eine geeignete mathematische Beschreibung zu finden.

Beispiel 1:

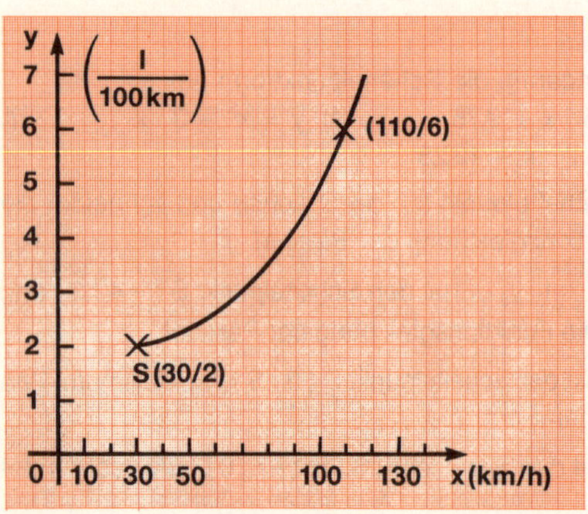

Der nebenstehende Graph zeigt den Benzinverbrauch eines Autos mit steigender Geschwindigkeit. Die Meßpunkte liegen auf einer Parabel, deren Form je nach PKW-Typ unterschiedlich ist. Für den PKW-Typ dieses Beispiels soll mit Hilfe des gezeigten Zusammenhangs festgestellt werden, wie groß der Benzinverbrauch bei einer Geschwindigkeit von $130 \frac{\text{km}}{\text{Std.}}$ ist.

Den Benzinverbrauch bei $130 \frac{\text{km}}{\text{Std.}}$ kann man berechnen, wenn man die Funktionsgleichung der nebenstehenden Parabel kennt. Die Funktionsgleichung in der Scheitelpunktform lautet allgemein: $y = a \cdot (x - x_S)^2 + y_S$.

Am Graph kann man den Scheitelpunkt S (30 I 2) ablesen. Außerdem ist der Meßpunkt (110 I 6) bekannt. Mit Hilfe dieser beiden Punkte kann man die Funktionsgleichung bestimmen:

Einsetzen des Scheitelpunktes : $y = a \cdot (x - 30)^2 + 2$

Einsetzen des Punktes (110I6) : $6 = a \cdot (110 - 30)^2 + 2$

Auflösen nach a : $6 = a \cdot 6400 + 2 \qquad | -2$

$4 = a \cdot 6400 \qquad | : 6400$

$\frac{1}{1600} = a$

Damit lautet die Funktionsgleichung: $y = \frac{1}{1600} \cdot (x - 30)^2 + 2$

In diesem Sachbeispiel ist der Verlauf des Graphen erst ab dem Punkt (30 I 2) parabelförmig. Die Funktionsgleichung gilt also nur für $x \geq 30$.
Mit Hilfe dieser Geichung kann der Benzinverbrauch bei 130 $\frac{\text{km}}{\text{Std.}}$ ausgerechnet werden :

$$
\begin{aligned}
y &= \frac{1}{1600} \cdot (130 - 30)^2 + 2 \\
&= \frac{1}{1600} \cdot 10\,000 + 2 \\
&= 6{,}25 + 2 \\
y &= 8{,}25
\end{aligned}
$$

Dieser PKW-Typ verbraucht bei einer Geschwindigkeit von 130 $\frac{\text{km}}{\text{Std.}}$ also $\frac{8{,}25 \text{ l Benzin}}{100 \text{ km}}$.

Berechnen Sie zur Übung, wieviel Benzin der gleiche PKW-Typ bei einer Geschwindigkeit von 150 $\frac{\text{km}}{\text{Std.}}$ verbraucht.

→ (2)

In diesem Beispiel konnte der zur Lösung benötigte funktionale Zusammenhang anhand von Punkten eines Graphen hergestellt werden. Durch die graphische Darstellung war bereits vorgegeben, welche Bedeutung die Variable x ($\frac{\text{km}}{\text{Std.}}$) und welche dieVariable y ($\frac{\text{l}}{100 \text{ km}}$) hat. Bei einer Aufgabe in reiner Textform muß man dies zusätzlich bedenken.

Beispiel 2 :

Eine Strecke von 16 m soll in zwei Teilstrecken zerlegt werden, die jeweils die Seite eines Quadrates bilden. Die Zerlegung der Strecke soll so gewählt werden, daß die Summe der Quadratflächen möglichst klein wird.
Je nach Zerlegung der Strecke in die Teilstrecken a und 16 – a entstehen unterschiedlich große Quadrate und damit auch verschiedene Summen dieser Quadratflächen.
Da die Summe der Quadratflächen abhängig ist von der Zerlegung der Strecke, wird diese Summe durch die abhängige Variable y beschrieben. Für die Zerlegung der Strecke wählt man die unabhängige Variable x .

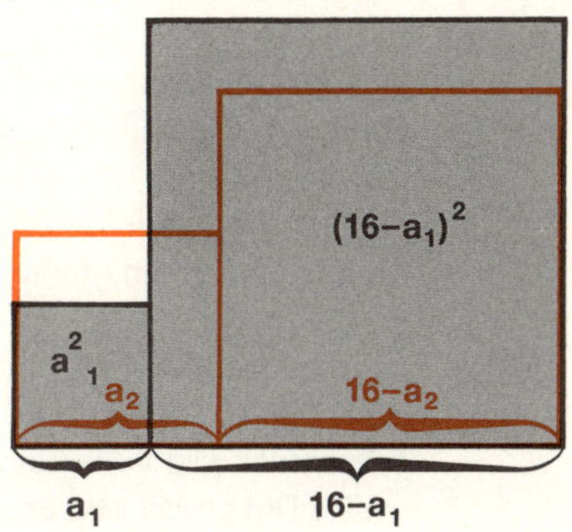

Damit läßt sich der funktionale Zusammenhang dieses Beispiel beschreiben durch:

$$y = x^2 + (16-x)^2$$

Durch Ausmultiplizieren der Klammer $\quad y = x^2 + 256 - 32 \cdot x + x^2$

entsteht die allgemeine Form : $\quad y = 2 \cdot x^2 - 32 \cdot x + 256$

Als Lösung ist *die* Zerlegung der Strecke gesucht, bei der die Summe der Quadratflächen am kleinsten ist. Es ist also das Minimum der quadratischen Funktion gesucht, das ist der Scheitelpunkt des zugehörigen Graphen.

Um den Scheitelpunkt der Funktion $y = 2 \cdot x^2 - 32 \cdot x + 256$ zu bestimmen, benutzen wir die in Lektion 11 aus dem Koeffizientenvergleich entwickelte Formel :

$$x_S = -\frac{b}{2 \cdot a} \quad \text{und} \quad y_S = c - \frac{b^2}{4 \cdot a}$$

Als Koeffizienten liest man ab : $\quad a = 2 \; , \quad b = -32 \; , \quad c = 256$

und setzt ein :

$$x_S = -\frac{(-32)}{2 \cdot 2} = 8 \quad , \quad y_S = 256 - \frac{(-32)^2}{4 \cdot 2} = 128$$

Der Scheitelpunkt $(x_S \mid y_S)$ kann nun angegeben werden: $\quad S\,(8 \mid 128)$.

Der x-Wert des Scheitelpunktes bestimmt die Lösung der Aufgabe: Die Strecke von 16 m muß in zwei Teile von je 8 m aufgeteilt werden, damit die Summe der Quadratflächen möglichst klein wird. Der y-Wert des Scheitelpunktes gibt an, wie groß in diesem Fall die Summe der Quadratflächen ist: 128 m^2 .

In vielen Anwendungen der quadratischen Funktion ist das Maximum der Funktion gesucht (z.B. größter Gewinn, maximale Fläche, größte Leistung).

Der Graph, der einen solchen Zusammenhang beschreibt, ist eine nach unten geöffnete Parabel, deren Scheitelpunkt ein Maximum ist.
Die Funktionsgleichung einer solchen Parabel lautet in der Scheitelpunktform :

$$y = a \cdot (x - x_S)^2 + y_S \; , \quad \text{mit } a < 0$$

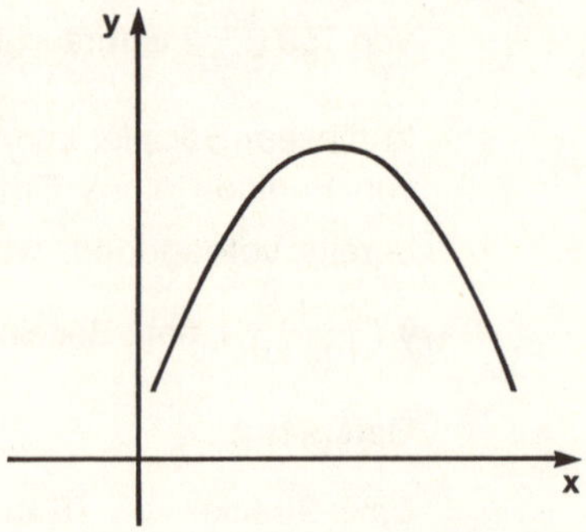

Ein Beispiel für eine Aufgabe dieser Art haben Sie in der Sendung zur Lektion 11 gesehen.

Beispiel 3 :

Ein Club veranstaltet jährlich mehrmals Skatturniere. Bei einem Startgeld von 3 DM wird das Turnier durchschnittlich von 60 Teilnehmern besucht. Zur Verbesserung der Einnahmen möchte der Club das Startgeld erhöhen. Man rechnet bei einer Erhöhung von je 0,50 DM mit einer Verminderung der Teilnehmerzahl um je 5 Teilnehmer. Bei welcher Erhöhung sind die Einnahmen am größten?

Vor dem Herstellen des funktionalen Zusammenhangs werden die Variablen festgelegt : Die Höhe der Einnahmen ist abhängig von der Höhe des Startgeldes und der Anzahl der Teilnehmer. Die Variable y steht also für die Einnahmen. Die Variable x beschreibt, wie oft um 0,5 DM erhöht wird und damit auch wie oft die Teilnehmerzahl um 5 abnimmt.

Einnahmen = Startgeld · Anzahl der Teilnehmer

Einnahmen bisher: $y = 3 \cdot 60$

Einnahmen bei Erhöhung: $y = (3 + 0{,}5 \cdot x) \cdot (60 - 5 \cdot x)$

Die Funktionsgleichung in der allgemeinen Form erhält man, indem man die Klammer ausmultipliziert:

$$y = 180 - 15 \cdot x + 30 \cdot x - 2{,}5 \cdot x^2$$

und zusammenfaßt: $y = -2{,}5 \cdot x^2 + 15 \cdot x + 180$

Gefragt ist nach den größten Einnahmen; es ist also das Maximum der Funktion zu bestimmen. Damit ist wiederum der Scheitelpunkt gesucht. Die zur Berechnung von x_S und y_S benötigten Koeffizienten sind: $a = -2{,}5$, $b = 15$, $c = 180$

Diese werden in die Formeln $x_S = -\frac{b}{2 \cdot a}$ und $y_S = c - \frac{b^2}{4 \cdot a}$

eingesetzt: $x_S = -\frac{15}{2 \cdot (-2{,}5)}$ $y_S = 180 - \frac{15^2}{4 \cdot (-2{,}5)}$

$x_S = 3$ $y_S = 202{,}5$

Der Scheitelpunkt des Graphen dieser Funktion ist S (3 | 202,5). Für die Aufgabe heißt dies, daß maximale Einnahmen (in der Höhe von 202,50 DM) bei einer Erhöhung von 3 mal 0,5 DM zu erwarten sind. Das Startgeld sollte also auf 4,50 DM erhöht werden.

Aufgaben zu 12.1

1. Mit einem 20 m langen Drahtzaun soll ein rechteckiges Gehege abgesteckt werden. Eine Seite des Geheges wird von der Gartenmauer gebildet. Wie sind die Seiten des Rechtecks zu wählen, damit der Zaun eine möglichst große Fläche absteckt?

2. Der Graph zeigt die Änderung des Wasservolumens bei Erwärmung ab 0° Celsius.

   Die Meßwerte des Scheitelpunktes und eines weiteren Meßpunktes sind eingetragen.

   Welche Volumenausdehnung erfährt das Wasser bei einer Temperatur von 12°?

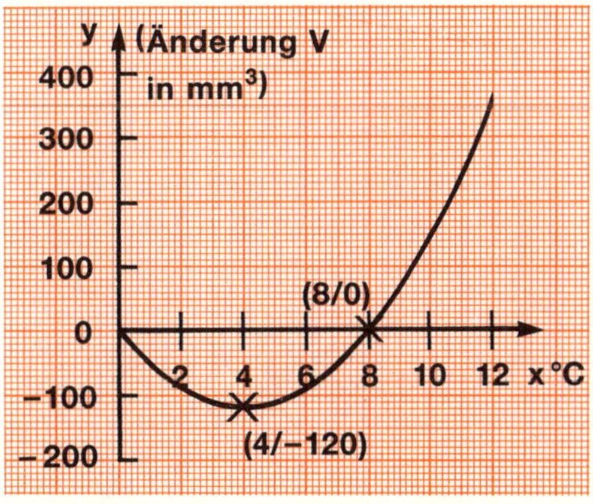

3. Ein Betrieb verkauft im Monat durchschnittlich 5000 Klappstühle mit einem Gewinn von 8 DM pro Stück. Man geht davon aus, daß sich bei einer Preissenkung um je 0,50 DM der Absatz um je 500 Stühle erhöhen würde. Um wieviel DM sollte der Preis gesenkt werden, um einen maximalen Gewinn zu erzielen?

4. Welches Rechteck mit dem Umfang 18 cm hat den größten Flächeninhalt?

12

12.2 Nullstellen der quadratischen Funktion $y = x^2 + b \cdot x + c$

In den Anwendungsaufgaben des vorherigen Kapitels wurde vor allem nach dem Extremwert (Maximum oder Minimum) einer quadratischen Funktion gefragt. Aus der Sendung wissen Sie, daß auch die Nullstellen einer quadratischen Funktion von Bedeutung sind und daß man unter den Nullstellen einer Funktion die Stellen versteht, in der der Funktionswert 0 ist. In diesem Kapitel soll daher erarbeitet werden, wie man die Nullstellen der quadratischen Funktion $y = x^2 + b \cdot x + c$ berechnet.

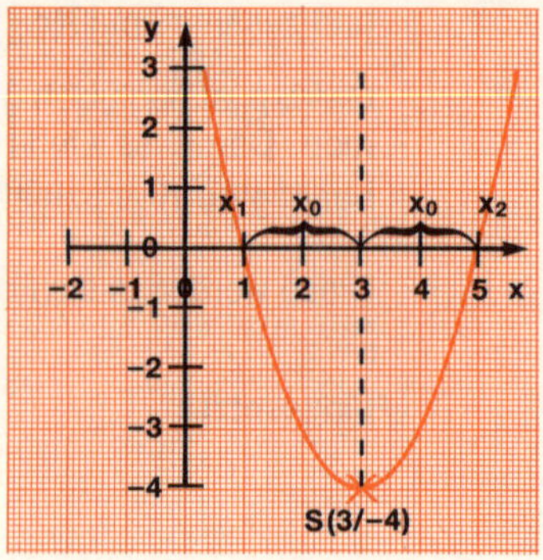

Der Weg zur Berechnung der Nullstellen einer quadratischen Funktion soll zunächst an einem Beispiel dargestellt werden :
Die Nullstellen der Funktion $y = x^2 - 6 \cdot x + 5$ sollen bestimmt werden.
Mit dem bisherigen Wissen läßt sich diese Aufgabe zeichnerisch lösen:
Man formt die Funktionsgleichung in die Scheitelpunktform um, zeichnet den Graphen und liest die Nullstellen ab.
Nach der Bestimmung des Scheitelpunktes:

$$x_S = -\frac{b}{2} = 3 \quad \text{und} \quad y_S = c - \frac{b^2}{4} = 5 - 9 = -4$$

läßt sich der Graph zeichnen, und die Nullstellen können abgelesen werden:
$N_1\ (1|0)$, $N_2\ (5|0)$.

Die graphische Darstellung läßt einen Ansatz zur Berechnung der Nullstellen erkennen: Durch die Symmetrie des Graphen einer quadratischen Funktion liegen die Nullstellen im jeweils gleichen Abstand x_0 vom x-Wert des Scheitelpunktes entfernt. Wenn man also den x-Wert des Scheitelpunktes kennt, und x_0 berechnen kann, dann kann man auch die Nullstellen bestimmen. Für dieses Beispiel gilt :

$$x_1 = 3 - x_0$$
$$x_2 = 3 + x_0$$

Wie berechnet man x_0 ?

Der Wert von x_0 hängt nur vom y-Wert des Scheitelpunktes ab, denn eine Verschiebung der Parabel in Richtung der x-Achse ändert nichts am Wert von x_0.
Zur Bestimmung von x_0 kann also der einfachste Fall gewählt werden :

$$y = x^2 - 4$$

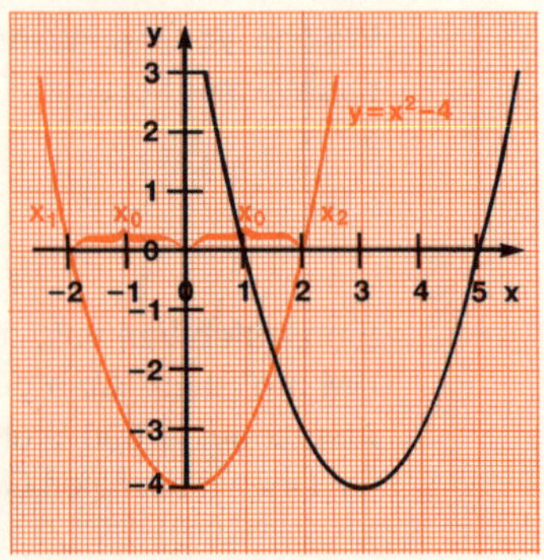

Für diesen Fall lassen sich die Nullstellen ausrechnen :

$$0 = x^2 - 4 \qquad | + 4$$
$$4 = x^2$$

und damit: $x_1 = -\sqrt{4} = -2$

und $x_2 = +\sqrt{4} = 2$

Da gilt $x_0 = x_2$, ist mit der Berechnung von x_2 auch x_0 bestimmt.

Der Weg zur Berechnung der Nullstellen soll nun vom Beispiel auf den allgemeinen Fall übertragen werden :

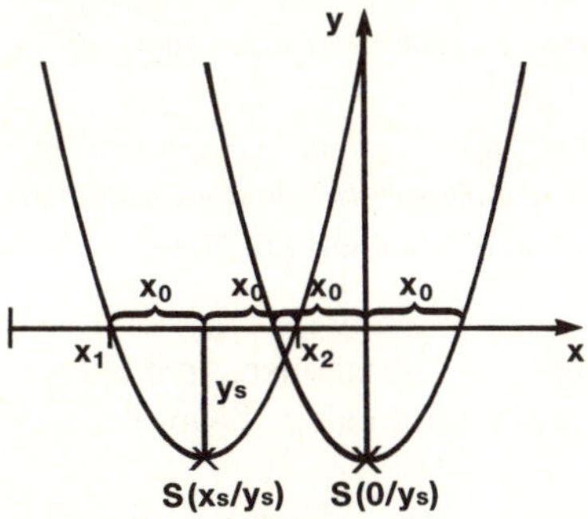

Der Scheitelpunkt (x_S I y_S) einer Parabel mit der Funktionsgleichung $y = (x - x_S)^2 + y_S$ ist bekannt. Dann liegen die Nullstellen bei :

$$x_1 = x_S - x_0$$

und

$$x_2 = x_S + x_0$$

Da x_0 nur vom y-Wert y_S abhängt, bestimmt man x_0 mit Hilfe von:

$$y = x^2 + y_S$$
$$0 = x^2 + y_S \qquad | - y_S$$
$$-y_S = x^2$$
$$x_1 = -\sqrt{-y_S} \qquad x_2 = +\sqrt{-y_S}$$

Der Wert von x_0 wird durch x_2 bestimmt: $x_0 = \sqrt{-y_S}$. Diesen Wert setzt man in die Form $x_1 = x_S - x_0$ und in $x_2 = x_S + x_0$ ein und erhält damit aus den Scheitelpunktkoordinaten die Nullstellen für die Parabel mit der Funktionsgleichung $y = (x - x_S)^2 + y_S$:

$$x_1 = x_S - \sqrt{-y_S} \qquad \text{und} \qquad x_2 = x_S + \sqrt{-y_S}$$

Berechnen Sie bitte zur Übung die Nullstellen der Funktion $y = x^2 + 8 \cdot x + 7$. ⟶ (1)

Ein weiteres Beispiel: Die Nullstellen der Funktion $y = x^2 + 4 \cdot x + 8$ sollen bestimmt werden. Dazu wird die Funktionsgleichung erst in die Scheitelpunktform umgewandelt :

$$y = x^2 + 4 \cdot x + 8$$
$$x_S = -\frac{4}{2}\,; \quad y_S = 8 - \frac{16}{4}$$
$$y = (x+2)^2 + 4$$

Dann werden x_S und y_S in die Berechnungsformel für x_1 und x_2 eingesetzt:

$$x_1 = -2 - \sqrt{-4} \qquad \text{und} \qquad x_2 = -2 + \sqrt{-4}$$

Da $\sqrt{-4}$ nicht definiert ist, gibt es für die Funktion $y = x^2 + 4 \cdot x + 8$ keine Nullstelle.

Bezüglich der Anzahl der Nullstellen gibt es bei der quadratischen Funktion $y = (x - x_S)^2 + y_S$ **drei Fälle**. Die Anzahl der Nullstellen ist abhängig von y_S :

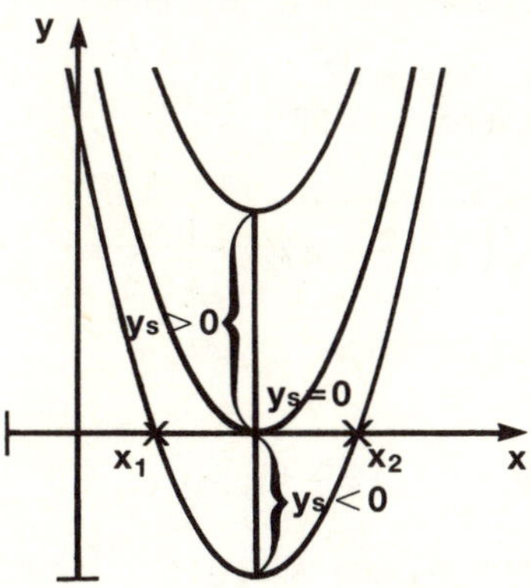

Wenn $y_S < 0$,
- dann liegt der Scheitelpunkt des Graphen unterhalb der x-Achse und der Graph schneidet die x-Achse zweimal,
- dann ist der Wert $-y_S$ unter der Wurzel positiv,

daraus folgt: die Funktion hat **zwei Nullstellen**.

Wenn $y_S = 0$,
- dann liegt der Scheitelpunkt des Graphen auf der x-Achse und der Graph berührt die x-Achse in diesem Punkt,
- dann ist der Wert $-y_S = 0$ und damit $x_1 = x_2 = x_S$,

daraus folgt: die Funktion hat **eine Nullstelle**.

12

Wenn $y_S > 0$,

- dann liegt der Scheitelpunkt des Graphen oberhalb der x-Achse und der Graph schneidet die x-Achse nicht,
- dann ist der Wert $-y_S$ unter der Wurzel negativ und damit die Wurzel nicht definiert,

daraus folgt : die Funktion hat **keine Nullstelle** .

Zu dem bisher erarbeiteten Weg bei der Berechnung der Nullstellen der quadratischen Funktion $y = x^2 + b \cdot x + c$ finden Sie im Aufgabenteil im Anschluß an dieses Kapitel Übungen unter der Aufgabe 1.

Dieser Weg geht davon aus, daß die Scheitelpunktform der quadratischen Funktion bekannt ist. Man muß also jedesmal erst die allgemeine Form umwandeln, bevor man die Formel für x_1 und x_2 anwenden kann.

In einem zweiten Schritt der Verallgemeinerung soll nun gezeigt werden, wie man die Nullstellen von $y = x^2 + b \cdot x + c$ *direkt* aus den Koeffizienten b und c der allgemeinen Funktionsgleichung berechnen kann. Aus der Lektion 11 ist bekannt, wie man aus den Koeffizienten b und c die Scheitelpunktkoordinaten x_S und y_S bestimmt:

$$x_S = -\frac{b}{2} \qquad \text{und} \qquad y_S = c - \left(\frac{b}{2}\right)^2$$

Dies wird in die schon erarbeitete Formel für die Nullstellen eingesetzt :

$$x_1 = x_S - \sqrt{-y_S} \qquad \text{und} \qquad x_2 = x_S + \sqrt{-y_S}$$

$$x_1 = -\frac{b}{2} - \sqrt{-\left(c - \left(\frac{b}{2}\right)^2\right)} \qquad \text{und} \qquad x_2 = -\frac{b}{2} + \sqrt{-\left(c - \left(\frac{b}{2}\right)^2\right)}$$

Wenn man die Klammer unter der Wurzel noch auflöst und die beiden Ausdrücke für x_1 und x_2 zusammenfaßt, erhält man die

Formel zur Berechnung der Nullstellen der quadratischen Funktion $y = x^2 + b \cdot x + c$:

$$x_{1/2} = -\frac{b}{2} \pm \sqrt{\left(\frac{b}{2}\right)^2 - c}$$

Zum Abschluß dieses Kapitels soll diese Formel an einem Beispiel angewendet werden:

Zu bestimmen sind die Nullstellen der Funktion $y = x^2 - 12 \cdot x + 27$.
Aus der allgemeinen Form entnimmt man: $b = -12$ und $c = 27$.
Dies setzt man in die Formel ein:

$$x_{1/2} = -\frac{-12}{2} \pm \sqrt{\left(\frac{-12}{2}\right)^2 - 27}$$

und rechnet aus:

$$x_{1/2} = 6 \pm \sqrt{36 - 27}$$

Dann ist : $x_1 = 6 - \sqrt{9} = 3$ und $x_2 = 6 + \sqrt{9} = 9$

Die Nullstellen der Funktion $y = x^2 - 12 \cdot x + 27$ sind $N_1\ (3 | 0)$ und $N_2\ (9 | 0)$.

Aufgaben zu 12.2

1. Bestimmen Sie zu den gegebenen Funktionsgleichungen die Scheitelpunktform und dann mit Hilfe der Scheitelpunktkoordinaten die Nullstellen der Funktion :

a) $y = x^2 - 2 \cdot x - 3$	b) $y = x^2 + 10 \cdot x + 24$
c) $y = x^2 - 14 \cdot x + 49$	d) $y = x^2 - 12 \cdot x + 38$
e) $y = x^2 + 8 \cdot x + 21$	f) $y = x^2 + 6 \cdot x - 7$
g) $y = x^2 + 16 \cdot x + 64$	h) $y = x^2 - 4 \cdot x - 5$

2. Bestimmen Sie die Nullstellen der gegebenen Funktionen mit Hilfe der Formel:

a) $y = x^2 - 6 \cdot x + 8$	b) $y = x^2 - 3 \cdot x + 2{,}25$
c) $y = x^2 - x - 6$	d) $y = x^2 + 18 \cdot x + 100$
e) $y = x^2 + 5{,}5 \cdot x - 20$	f) $y = x^2 + 7 \cdot x + 14$
g) $y = x^2 + 11 \cdot x + 30{,}25$	h) $y = x^2 - 2{,}5 \cdot x - 6$

3. Welche quadratische Funktion der Form $y = x^2 + b \cdot x + c$ hat die Nullstellen N_1 (2 | 0) und N_2 (8 | 0) ? (Anleitung: Überlegen Sie, wo x_S bezüglich der Nullstellen liegt und bestimmen Sie erst die Scheitelpunktform).

12.3 Nullstellen der quadratischen Funktion $y = a \cdot x^2 + b \cdot x + c$

Bei der Berechnung der Nullstellen der quadratischen Funktion $y = a \cdot x^2 + b \cdot x + c$ wird der gleiche Weg eingeschlagen wie im vorherigen Kapitel. Auch bei den Parabeln, die durch den Faktor a bei x^2 gestreckt werden, liegen die Nullstellen (durch die Achsensymmetrie) im gleichen Abstand x_0 vom x-Wert des Scheitelpunktes. Der einfachste Fall ist eine gestreckte Parabel, die entlang der y-Achse verschoben ist:

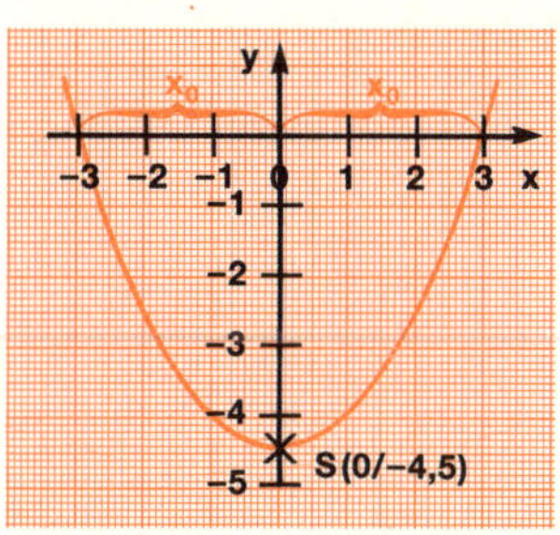

Für die Funktion $y = 0{,}5 \cdot x^2 - 4{,}5$ sollen die Nullstellen bestimmt werden. Mit der Berechnung von x_2 erhält man gleichzeitig den Wert für x_0 :

$$0 = 0{,}5 \cdot x^2 - 4{,}5 \qquad | + 4{,}5$$
$$4{,}5 = 0{,}5 \cdot x^2 \qquad | : 0{,}5$$
$$9 = x^2$$

und damit $x_1 = -\sqrt{9} = -3$; $x_2 = +\sqrt{9} = +3$

In diesem Beispiel ist $x_0 = 3$, die Nullstellen liegen bei N_1 (–3 | 0) und N_2 (3 | 0) .

Die Berechnung für das Beispiel $y = 0{,}5 \cdot x^2 - 4{,}5$ wird auf den allgemeinen Fall übertragen

$$y = a \cdot x^2 + y_S$$
$$0 = a \cdot x^2 + y_S \qquad | - y_S$$
$$-y_S = a \cdot x^2 \qquad | : a$$
$$\frac{-y_S}{a} = x^2$$

und damit $x_1 = -\sqrt{\frac{-y_S}{a}}$; $x_2 = +\sqrt{\frac{-y_S}{a}}$.

Der Abstand x_0 der Nullstellen vom Scheitelpunkt ist $x_0 = \sqrt{\frac{-y_S}{a}}$.

Die Erkenntnis aus dem vorherigen Kapitel, daß eine Verschiebung entlang der x-Achse nichts am Wert von x_0 ändert, wird auch hier wieder angewendet:

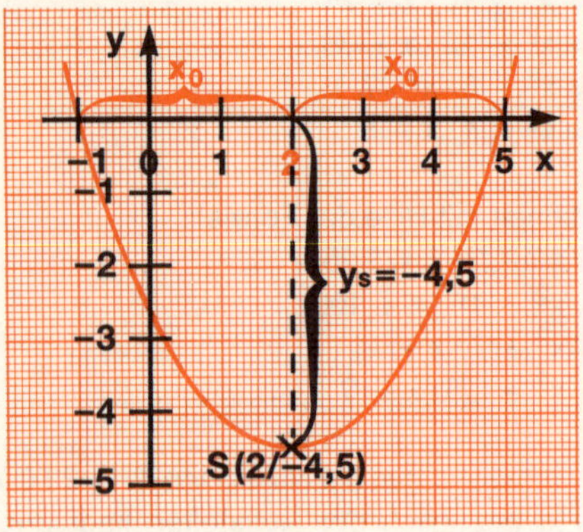

Bei der Funktion $y = 0{,}5 \cdot (x - 2)^2 - 4{,}5$ liegen die Nullstellen im Abstand $x_0 = 3$ vom x-Wert des Scheitelpunktes. Es ist also

$x_1 = 2 - 3 = -1$ und $x_2 = 2 + 3 = 5$

Wir überprüfen die erhaltenen Nullstellen $N_1(-1 \mid 0)$ und $N_2(5 \mid 0)$ durch Einsetzen in die Funktionsgleichung :

$$y = 0{,}5 \cdot (x - 2)^2 - 4{,}5$$

N_1 :

$$\begin{aligned} y &= 0{,}5 \cdot (x - 2)^2 - 4{,}5 \\ 0 &= 0{,}5 \cdot (-1 - 2)^2 - 4{,}5 \\ 0 &= 0{,}5 \cdot 9 - 4{,}5 \\ 0 &= 4{,}5 - 4{,}5 \end{aligned}$$

N_2 :

$$\begin{aligned} y &= 0{,}5 \cdot (x - 2)^2 - 4{,}5 \\ 0 &= 0{,}5 \cdot (5 - 2)^2 - 4{,}5 \\ 0 &= 0{,}5 \cdot 9 - 4{,}5 \\ 0 &= 4{,}5 - 4{,}5 \end{aligned}$$

Wieder wird der Rechenweg, der für den konkreten Fall erarbeitet wurde, auf den allgemeinen Fall übertragen. Die Nullstellen der Funktion $y = a \cdot (x - x_s)^2 + y_s$ sind gesucht.

Es sind $x_1 = x_s - x_0$ und $x_2 = x_s + x_0$

Für x_0 gilt : $x_0 = \sqrt{\frac{-y_s}{a}}$, also $x_1 = x_s - \sqrt{\frac{-y_s}{a}}$ und $x_2 = x_s + \sqrt{\frac{-y_s}{a}}$

Wenn man den Scheitelpunkt der Funktion $y = a \cdot x^2 + b \cdot x + c$ kennt, dann kann man die Nullstellen aus den Koordinaten des Scheitelpunktes und aus dem Faktor a berechnen.

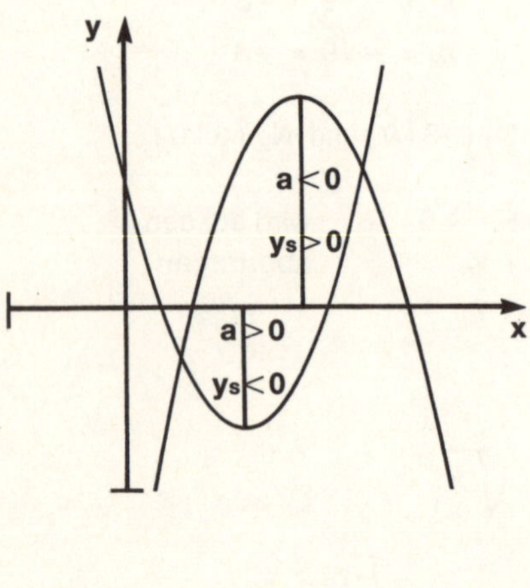

Für die Anzahl der Nullstellen ist bei den quadratischen Funktionen $y = a \cdot x^2 + b \cdot x + c$ also nicht nur der Wert von y_s ausschlaggebend, sondern auch der Wert von a. **Zwei Nullstellen** haben solche Funktionen, bei denen

$a > 0$ *und* $y_s < 0$ oder $a < 0$ *und* $y_s > 0$ ist.

Nur in diesen Fällen ist der Wert des Terms $\frac{-y_s}{a}$ unter der Wurzel positiv.

Wenn $y_s = 0$ ist, dann berührt der Graph die x-Achse im Scheitelpunkt; der Term unter der Wurzel wird 0, die Funktion hat **eine Nullstelle**.

Wenn y_s und a beide positiv oder beide negativ sind, dann schneidet der Graph die x-Achse nicht; der Wert unter der Wurzel wird negativ, die Funktion hat **keine Nullstelle**.

Die erarbeitete Formel $x_{1/2} = x_S \pm \sqrt{\frac{-y_S}{a}}$ soll nun zunächst in einem Beispiel angewendet werden.

Gesucht sind die Nullstellen der Funktion mit der Funktionsgleichung $y = -4 \cdot x^2 + 12 \cdot x$.

Um den Scheitelpunkt dieser Funktion zu bestimmen, benutzen wir die in Lektion 11 aus dem Koeffizientenvergleich entwickelte Formel:

$$x_S = \frac{-b}{2 \cdot a} \qquad \text{und} \qquad y_S = c - \frac{b^2}{4 \cdot a}$$

Die Koeffizienten $a = -4$, $b = 12$ und $c = 0$ werden eingesetzt:

$$x_S = \frac{-12}{2 \cdot (-4)} = 1{,}5 \qquad y_S = 0 - \frac{12^2}{4 \cdot (-4)} = 9$$

Die erhaltenen Werte $x_S = 1{,}5$, $y_S = 9$ und $a = -4$ werden in die soeben gewonnene Formel eingesetzt:

$$x_{1/2} = 1{,}5 \pm \sqrt{\frac{-9}{-4}}$$

und damit x_1 und x_2 ausgerechnet :

$$x_1 = 1{,}5 - 1{,}5 = 0$$
$$x_2 = 1{,}5 + 1{,}5 = 3$$

Die Nullstellen von $y = -4 \cdot x^2 + 12 \cdot x$ sind $N_1\,(0|0)$ und $N_2\,(3|0)$.

Übungen zu diesem Weg der Nullstellenbestimmung finden Sie im Anschluß an dieses Kapitel in der Aufgabe 1.

Zum Abschluß soll auch hier eine Formel gefunden werden, die es gestattet, direkt aus den Koeffizienten a , b und c der allgemeinen Form $y = a \cdot x^2 + b \cdot x + c$ die Nullstellen der Funktion zu bestimmen.

Dazu müssen die Scheitelpunktkoordinaten $x_S = \frac{-b}{2 \cdot a}$ und $y_S = c - \frac{b^2}{4 \cdot a}$

in die Formel $x_{1/2} = x_S \pm \sqrt{\frac{-y_S}{a}}$

eingesetzt werden :

$$x_{1/2} = \frac{-b}{2 \cdot a} \pm \sqrt{\frac{-\left(c - \frac{b^2}{4 \cdot a}\right)}{a}}$$

Den Term unter der Wurzel kann man noch vereinfachen :

$$\frac{-\left(c - \frac{b^2}{4 \cdot a}\right)}{a} = -\frac{c}{a} + \frac{b^2}{4 \cdot a^2} = \frac{b^2 - 4 \cdot a \cdot c}{4 \cdot a^2}$$

Damit heißt die Formel :

$$x_{1/2} = \frac{-b}{2 \cdot a} \pm \sqrt{\frac{b^2 - 4 \cdot a \cdot c}{4 \cdot a^2}}$$

Da gilt: $\sqrt{4 \cdot a^2} = 2 \cdot a$ *, kann man beide Brüche zusammenfassen und erhält die

Formel zur Berechnung der Nullstellen der quadratischen Funktion $y = a \cdot x^2 + b \cdot x + c$

$$x_{1/2} = \frac{-b \pm \sqrt{b^2 - 4 \cdot a \cdot c}}{2 \cdot a}$$

* Wegen $\pm\sqrt{b^2 - 4 \cdot a \cdot c}$ gilt die hergeleitete Formel auch für $a < 0$.

12

Diese Formel soll auf folgendes Beispiel angewendet werden: Die Nullstellen der Funktion $y = -1{,}5 \cdot x^2 - 12 \cdot x - 18$ sollen unter Anwendung der Formel bestimmt werden.

Man liest aus der Funktionsgleichung die Koeffizienten ab :

$a = -1{,}5 \quad ; \quad b = -12 \quad ; \quad c = -18$ und setzt in die Formel ein :

$$x_{1/2} = \frac{12 \pm \sqrt{144 - 4 \cdot (-1{,}5) \cdot (-18)}}{2 \cdot (-1{,}5)}$$

rechnet aus :

$$x_{1/2} = \frac{12 \pm \sqrt{36}}{-3}$$

und erhält : $x_1 = \frac{12 + 6}{-3}$ und $x_2 = \frac{12 - 6}{-3}$

Die Nullstellen der Funktion sind $N_1 (-6 \mid 0)$ und $N_2 (-2 \mid 0)$.

Aufgaben zu 12.3

1. Bestimmen Sie zu den folgenden Funktionen erst die Scheitelpunktform und dann aus den Scheitelpunktkoordinaten und dem Faktor a die Nullstellen:
   a) $y = 2 \cdot x^2 - 4 \cdot x - 16$
   b) $y = 1{,}5 \cdot x^2 + 12 \cdot x + 30$
   c) $y = -4 \cdot x^2 + 20 \cdot x$
   d) $y = -0{,}5 \cdot x^2 + 4 \cdot x + 10$
   e) $y = 3 \cdot x^2 + 18 \cdot x + 27$
   f) $y = -5 \cdot x^2 + 20 \cdot x - 5$
   g) $y = 2{,}5 \cdot x^2 + 5 \cdot x + 7{,}5$
   h) $y = 4 \cdot x^2 + 18 \cdot x + 14$

2. Bestimmen Sie unter Anwendung der am Ende dieses Teil gefundenen Formel die Nullstellen der folgenden Funktionen:
   a) $y = 8 \cdot x^2 + 4 \cdot x + 1$
   b) $y = 2 \cdot x^2 - 2 \cdot x - 60$
   c) $y = -3{,}5 \cdot x^2 + 28 \cdot x - 38{,}5$
   d) $y = 4 \cdot x^2 - 20 \cdot x + 25$
   e) $y = -3 \cdot x^2 - 7{,}2 \cdot x - 2{,}4$
   f) $y = -5 \cdot x^2 + 8 \cdot x - 45$
   g) $y = 4{,}8 \cdot x^2 + 9{,}6 \cdot x + 4{,}8$
   h) $y = 1{,}6 \cdot x^2 - 6{,}4 \cdot x$

3. Bestimmen Sie in der Funktionsgleichung $y = 0{,}5 \cdot x^2 + 6 \cdot x + c$ eine Zahl für den Koeffizienten c, so daß die Funktion eine Nullstelle besitzt.

12.4 Wiederholungsaufgaben

1. Eine Strecke von 120 m Länge soll in zwei Teilstrecken zerlegt werden. Die beiden Teilstrecken sollen die Grundseiten eines Rechtecks bilden. Bei welcher Zerlegung hat das Rechteck den größten Flächeninhalt ?

2. Berechnen Sie die Nullstellen folgender Funktionen:
   a) $y = 1{,}5 \cdot x^2 + x - 2{,}5$
   b) $y = x^2 + 10 \cdot x - 24$
   c) $y = 2 \cdot x^2 + 7 \cdot x + 8$
   d) $y = -36 \cdot x^2 + 36 \cdot x - 9$
   e) $y = -3 \cdot x^2 + 10{,}5 \cdot x - 12$
   f) $y = 4{,}5 \cdot x^2 + 9 \cdot x - 4{,}5$
   g) $y = -2{,}5 \cdot x^2 - 10 \cdot x$
   h) $y = 3{,}5 \cdot x^2 + 56 \cdot x + 224$

3. Ein Verein hat 30 Mitglieder, die einen Vierteljahresbeitrag von je 20 DM bezahlen. Um die Einnahmen zu verbessern und gleichzeitig die Mitgliederzahl zu erhöhen, will der Verein den Beitragssatz von 20 DM senken. Man verspricht sich von einer Verminderung um je 1 DM jeweils 5 Mitglieder mehr. Um wieviel DM sollte der Verein den Beitragssatz senken, um maximale Einnahmen zu erzielen ?

4. Eine quadratische Funktion der Form $y = x^2 + b \cdot x + c$ hat die Nullstellen $N_1 (0 \mid 0)$ und $N_2 (7 \mid 0)$. Bestimmen Sie die Funktionsgleichung.

5. Für welche Zahl ist das Produkt aus dem Dreifachen der Zahl und der um 2 vergrößerten Zahl am kleinsten ?

6. Bei einer Parabel in Form einer Normalparabel ist der Scheitelpunkt S (1,5 I 6,25) ein Maximum: Wo schneidet die Parabel die x-Achse und wo die y-Achse ?

*7. Bestimmen Sie für die Funktion $y = x^2 + b \cdot x + 20{,}25$ eine Zahl für b so, daß
   a) die Parabel ganz oberhalb der x-Achse liegt,
   b) der Scheitelpunkt der Parabel auf der x-Achse liegt.

8. Beim schiefen Wurf einer Kugel entsteht ab der Abwurfstelle der hier unten stehende Graph.
   Die x-Werte bezeichnen die Wurfweite, die y-Werte bezeichnen die Wurfhöhe. Wie weit fliegt die Kugel?

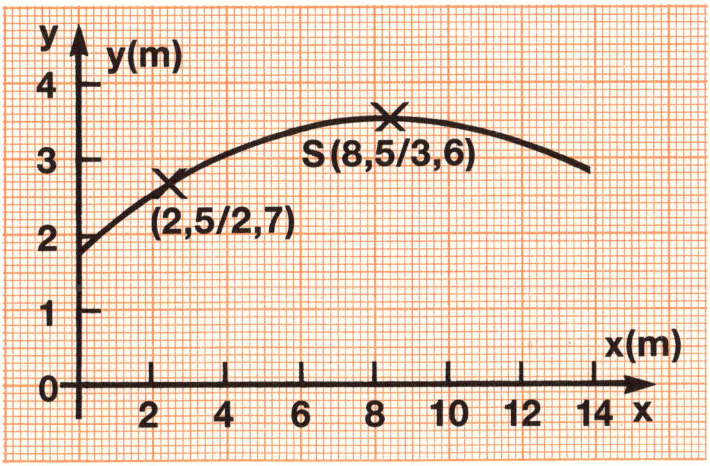

12

13. Quadratische Gleichungen

Vor der Sendung

Der Inhalt dieser Lektion schließt direkt an die Berechnung der Nullstellen einer quadratischen Funktion in Lektion 12 an.
Wenn man weiß, wie die Nullstellen der quadratischen Funktion $y = x^2 + b \cdot x + c$ berechnet werden, dann kann man auch die Lösungen der quadratischen Gleichung $x^2 + p \cdot x + q = 0$ bestimmen.

Übersicht

1. **Die Lösungen der quadratischen Gleichung** $x^2 + p \cdot x + q = 0$ sind Grundlage der Berechnungen für die gesamte Lektion 13.
2. **Die allgemeine quadratische Gleichung** $a \cdot x^2 + b \cdot x + c = 0$ läßt sich auf die in 13.1 erarbeiteten Grundlagen zurückführen.
3. Durch die **Anwendungen quadratischer Gleichungen** lassen sich einige Sachprobleme lösen.

13.1 Die Lösungen der quadratischen Gleichung $x^2 + p \cdot x + q = 0$

Ist es möglich, bei einem Rechteck von 2 m Breite und 12 m Länge die kürzere Seite um ein Stück zu verlängern und die längere Seite um die gleiche Strecke so zu verkürzen, daß ein Rechteck mit doppelt so großem Flächeninhalt entsteht?

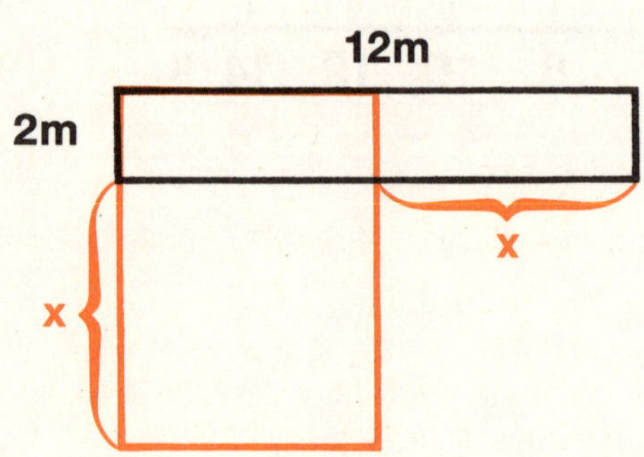

Betrachten wir bei dieser Frage zunächst den Prozeß der Veränderung der Rechteckseiten:
Die kürzere Seite wird um ein Stück verlängert: $(2 + x)$, die längere Seite wird um ein gleiches Stück verkürzt: $(12 - x)$.
Es entsteht ein neues Rechteck mit dem Flächeninhalt

$$y = (2 + x) \cdot (12 - x)$$
$$y = 24 - 2 \cdot x + 12 \cdot x - x^2$$
$$y = 24 + 10 \cdot x - x^2$$

In diesem Fall soll eine doppelt so große Fläche entstehen:

$$y = 2 \cdot (2 \cdot 12) = 48$$

Das Flächenproblem wird also durch die *quadratische Gleichung* $48 = 24 + 10 \cdot x - x^2$ beschrieben. Gesucht ist: die Lösung oder die Lösungen dieser quadratischen Gleichung.

In der letzten Lektion wurde entwickelt, wie man die Nullstellen einer quadratischen Funktion bestimmen kann, das heißt x-Werte, bei denen der zugehörige y-Wert 0 beträgt.

Für die Funktion $y = x^2 + b \cdot x + c$ führte die Frage nach den Nullstellen zu der *quadratischen Gleichung* $0 = x^2 + b \cdot x + c$. Die Nullstellen $(x_1 \mid 0)$ und $(x_2 \mid 0)$ konnten mit Hilfe der Formel

$$x_{1/2} = -\frac{b}{2} \pm \sqrt{\left(\frac{b}{2}\right)^2 - c}$$

berechnet werden.

In den meisten Mathematik-Lehrbüchern werden die Koeffizienten einer quadratischen Gleichung mit p und q (statt b und c) bezeichnet, so daß diese Form einer quadratischen Gleichung lautet: $x^2 + p \cdot x + q = 0$.

Wenn man diese Schreibweise auf die erarbeitete Lösungsformel überträgt, dann gilt allgemein:

> Die Lösungen x_1 und x_2 einer quadratischen Gleichung der Form $x^2 + p \cdot x + q = 0$ lassen sich berechnen durch:
>
> $$x_{1/2} = -\frac{p}{2} \pm \sqrt{\left(\frac{p}{2}\right)^2 - q}$$

Zurück zum Flächenproblem: Der bisherige Lösungsansatz lautet: $48 = 24 + 10 \cdot x - x^2$

Um die Lösungsformel anwenden zu können, muß dieser Ansatz zunächst in die Form $x^2 + p \cdot x + q = 0$ umgewandelt werden:

$$48 = 24 + 10 \cdot x - x^2 \qquad | -24 - 10 \cdot x + x^2$$
$$48 - 24 - 10 \cdot x + x^2 = 0$$
$$x^2 - 10 \cdot x + 24 = 0$$

Als Koeffizienten p und q liest man ab: $p = -10$; $q = 24$ und setzt diese in die Lösungsformel ein:

$$x_{1/2} = 5 \pm \sqrt{25 - 24}$$

Damit ist $x_1 = 5 - 1 = 4$ und $x_2 = 5 + 1 = 6$ [1]

Für das Flächenproblem bedeuten diese Lösungen: Sowohl eine Verlängerung bzw. Verkürzung der Seitenlängen um 4 m: $(2+4) \cdot (12-4) = 48$
als auch eine Veränderung um 6 m: $(2+6) \cdot (12-6) = 48$
führt zu dem gewünschten Rechteck mit doppelt so großem Flächeninhalt.

Der Lösungsweg dieses Flächenproblems soll - mit veränderten Zahlen - noch einmal im Zusammenhang dargestellt werden:

Ist es möglich, bei einem Rechteck von 4 m Breite und 20 m Länge die kürzere Seite um ein Stück zu verlängern und die längere Seite um die gleiche Strecke so zu verkürzen, daß ein Rechteck mit doppelt so großem Flächeninhalt entsteht?

---

1 Die Bezeichnungen „x_1" und „x_2" bedeuten keine Reihenfolge. Es ist unwichtig, welche der Lösungen man x_1 nennt und welche x_2.

Lösungsansatz: $2 \cdot (4 \cdot 20) = (4 + x) \cdot (20 - x)$

Umformung bis zur Form $x^2 + p \cdot x + q = 0$:

$$160 = 80 - 4 \cdot x + 20 \cdot x - x^2$$

$$160 = 80 + 16 \cdot x - x^2 \qquad | + x^2 - 16 \cdot x - 80$$

$$x^2 - 16 \cdot x + 80 = 0$$

Einsetzen in die Lösungsformel: $x_{1/2} = 8 \pm \sqrt{64 - 80}$

$$x_{1/2} = 8 \pm \sqrt{-16}$$

Die negative Zahl unter der Wurzel zeigt an, daß es für diese quadratische Gleichung (und damit auch für dieses Flächenproblem) keine Lösung gibt. Die Lösungsmenge ist die leere Menge. Man schreibt die Lösungsmenge dann auch $L = \{ \}$.

Ob eine quadratische Gleichung der Form $x^2 + p \cdot x + q = 0$ zwei Lösungen, eine Lösung oder keine Lösung hat, ist abhängig von dem Wert des Terms unter der Wurzel. Dieser Term trägt - entsprechend seiner Bedeutung - einen besonderen Namen:

Den Term $(\frac{p}{2})^2 - q$ in der Lösungsformel der quadratischen Gleichung $x^2 + p \cdot x + q = 0$ nennt man **Diskriminante**.

An der Diskriminante kann man die drei möglichen Fälle für die Lösungsmenge einer quadratischen Gleichung ablesen:

(1) Wenn die Diskriminante *positiv* ist, gibt es *zwei* Lösungen.
(2) Wenn die Diskriminante *Null* ist, gibt es *eine* Lösung.
(3) Wenn die Diskriminante *negativ* ist, gibt es *keine* Lösung.

In die mathematische Schreibweise gebracht, sieht das so aus:

(1) $(\frac{p}{2})^2 - q > 0 \Rightarrow x_1 = -\frac{p}{2} + \sqrt{(\frac{p}{2})^2 - q}$ und $x_2 = -\frac{p}{2} - \sqrt{(\frac{p}{2})^2 - q}$

(2) $(\frac{p}{2})^2 - q = 0 \Rightarrow x_1 = x_2 = -\frac{p}{2}$

(3) $(\frac{p}{2})^2 - q < 0 \Rightarrow L = \{ \}$

Die Betrachtung der Diskriminante war wichtig, um in einer quadratischen Gleichung die Koeffizienten p oder q so wählen zu können, daß die gewünschte Anzahl von Lösungen entsteht.
Ein Beispiel:
Bestimmen Sie in der quadratischen Gleichung $x^2 + p \cdot x + 12{,}25 = 0$ einen Wert für p so, daß die Gleichung zwei Lösungen hat.

Damit die Gleichung zwei Lösungen hat, muß p so gewählt werden, daß die Diskriminante positiv ist:

$$(\frac{p}{2})^2 - 12{,}25 > 0 \qquad | + 12{,}25$$

Auflösen nach p^2: $\frac{p^2}{4} > 12{,}25 \qquad | \cdot 4$

$$p^2 > 49$$

Damit $p^2 > 49$ wird, muß $p > 7$ oder $p < -7$ gewählt werden.

Aufgaben zu 13.1

1. Überprüfen Sie mit Hilfe der Diskriminante, ob die gegebenen quadratischen Gleichungen zwei, eine oder keine Lösung haben:

a) $x^2 - 18 \cdot x + 99 = 0$ b) $x^2 + 6 \cdot x + 18 = 0$
c) $x^2 - 9 \cdot x + 20{,}25 = 0$ d) $17 \cdot x + x^2 - 70 = 0$
e) $42 - 12 \cdot x + x^2 = 0$ f) $10 + x^2 - 7 \cdot x = 0$

2. Bestimmen Sie zu den gegebenen quadratischen Gleichungen jeweils die Lösungen:

a) $x^2 - 2 \cdot x = 35$ b) $(x - 2{,}5) \cdot (x + 4) = 0$
c) $4 \cdot x \cdot (x - 3) + 10 = x \cdot (3 \cdot x - 16)$ d) $(x + 1)^2 = 5$
e) $2 \cdot x \cdot (x + 1{,}5) = x^2 - 2{,}25$ f) $2 \cdot (x^2 - 4) - (x - 4)^2 = 2 \cdot x^2 + 1$
g) $2 \cdot x \cdot (x - 8) + 120 - 4 \cdot (4 \cdot x - 25) = x^2$ h) $3 \cdot (4 - x) = 3 \cdot x - x^2 + 12$
i) $(x - 2)^2 + 2 \cdot x + 21 = (x + 3)^2 - x^2$ k) $0{,}5\,x + 7{,}5 = x^2 - (5 + 2 \cdot x) \cdot (2{,}5 + x)$

*3. Setzen Sie in den folgenden quadratischen Gleichungen je eine Zahl für p oder q ein, so daß die Gleichung genau zwei Lösungen hat:

a) $x^2 - 26 \cdot x + q = 0$ b) $x^2 + p \cdot x + 6{,}25 = 0$
c) $x^2 - 18 \cdot x + 5 = q$ d) $x^2 + 7 \cdot x + p \cdot x + 16 = 0$

4. Bestimmen Sie eine Zahl für q so, daß die eine Lösung x_1 der quadratischen Gleichung $(x - 3)^2 - 10 = q - 2 \cdot x$ gleich 5 ist. Wie lautet die andere Lösung x_2 der Gleichung?

13.2 Die allgemeine quadratische Gleichung $a \cdot x^2 + b \cdot x + c = 0$

Die in Kapitel 1 besprochene Form der quadratischen Gleichung $x^2 + p \cdot x + q = 0$ ist nur eine Sonderform der allgemeinen quadratischen Gleichung. Für die *allgemeine quadratische Gleichung* soll nun eine Definition gegeben werden:

> Gleichungen, die in die Form $\mathbf{a \cdot x^2 + b \cdot x + c = 0}$ (mit $a \neq 0$) umgewandelt werden können, heißen **quadratische Gleichungen**.
> Dabei nennt man $a \cdot x^2$ das *quadratische Glied*,
> $b \cdot x$ das *lineare Glied* und
> c das *absolute Glied*.

Dazu ein Beispiel:

Die Lösungen der Gleichung $4 \cdot (x + 1)^2 = 76 - 2 \cdot x \cdot (x - 1)$ sind gesucht.

Die gegebene Gleichung muß zunächst in die allgemeine Form gebracht werden:

Anwendung der binomischen Formel: $4 \cdot (x^2 + 2 \cdot x + 1) = 76 - 2 \cdot x \cdot (x - 1)$

Auflösen der Klammern: $4 \cdot x^2 + 8 \cdot x + 4 = 76 - 2 \cdot x^2 + 2 \cdot x$

Äquivalenzumformung: $| - 76 + 2 \cdot x^2 - 2 \cdot x$

$$6 \cdot x^2 + 6 \cdot x - 72 = 0$$

Nun sollen Lösungen der Gleichung $6 \cdot x^2 + 6 \cdot x - 72 = 0$ bestimmt werden.

Dazu gibt es zwei Möglichkeiten:

1. Die Lösungsformel der quadratischen Gleichung der Form $x^2 + p \cdot x + q = 0$ ist bekannt. Die Gleichung $6 \cdot x^2 + 6 \cdot x - 72 = 0$ kann auf diese Form zurückgeführt werden, wenn man beide Seiten der Gleichung durch 6 dividiert:

$$6 \cdot x^2 + 6 \cdot x - 72 = 0 \quad | : 6$$
$$x^2 + \quad x - 12 = 0$$

13

Nun kann die Lösungsformel angewendet werden:

$$x_{1/2} = -0{,}5 \pm \sqrt{0{,}25 + 12}$$

$$x_{1/2} = -0{,}5 \pm 3{,}5$$

Die Lösungen sind: $x_1 = -4 \quad , \quad x_2 = 3$

Allgemein kann man jede quadratische Gleichung der Form $a \cdot x^2 + b \cdot x + c = 0$ auf die Form $x^2 + p \cdot x + q = 0$ bringen, indem man beide Seiten der Gleichung durch a dividiert:

$$a \cdot x^2 + b \cdot x + c = 0 \qquad | : a$$

$$x^2 + \frac{b}{a} \cdot x + \frac{c}{a} = 0$$

$$x^2 + p \cdot x + q = 0$$

Auf die so erhaltene Form der quadratischen Gleichung wendet man dann die Lösungsformel an.

2. Man wendet die aus Lektion 12 bekannte Formel

$$x_{1/2} = \frac{-b \pm \sqrt{b^2 - 4 \cdot a \cdot c}^{*}}{2 \cdot a}$$

direkt auf die Gleichung $6 \cdot x^2 + 6 \cdot x - 72 = 0$ an:

$$x_{1/2} = \frac{-6 \pm \sqrt{36 - 4 \cdot 6 \cdot (-72)}}{2 \cdot 6}$$

und erhält: $$x_{1/2} = \frac{-6 \pm \sqrt{1764}}{12}$$

mit $x_1 = \frac{-6 + 42}{12} = 3$ und $x_2 = \frac{-6 - 42}{12} = -4$

Ein weiteres Beispiel:

Die Lösungen der Gleichung $3 \cdot (x - 1{,}5) \cdot (x + 8) = 0$ sind gesucht.

In diesem Fall dividiert man am besten vor dem Ausmultiplizieren der Klammern durch 3 und erhält:

$$(x - 1{,}5) \cdot (x + 8) = 0$$

Auflösen der Klammern: $x^2 + 8 \cdot x - 1{,}5 \cdot x - 12 = 0$

Zusammenfassen: $x^2 + 6{,}5 \cdot x - 12 = 0$

Anwenden der Lösungsformel:

$$x_{1/2} = -3{,}25 \pm \sqrt{10{,}5625 + 12}$$

$$x_{1/2} = -3{,}25 \pm 4{,}75$$

$x_1 = 1{,}5$ und $x_2 = -8$

Vergleicht man die erhaltenen Lösungen mit der gegebenen Gleichung, dann stellt man fest, daß an den Termen in den Klammern die Lösungen schon erkennbar waren. Bei Gleichungen dieser Form kann man die Lösungen schneller bestimmen, wenn man den Satz vom Nullprodukt kennt:

Satz vom Nullprodukt:
Ein Produkt ist genau dann gleich Null, wenn mindestens einer der Faktoren Null ist.

* Auch in dieser Formel wird der Term unter der Wurzel, $b^2 - 4 \cdot a \cdot c$, Diskriminante genannt.

Angewendet auf die gegebene Gleichung $3 \cdot (x - 1{,}5) \cdot (x + 8) = 0$ heißt das: Dieses Produkt nimmt den Wert 0 an, wenn $x - 1{,}5 = 0$ oder wenn $x + 8 = 0$ gilt.
Dies ist der Fall, wenn $x = 1{,}5$ oder $x = -8$ ist.
Die Lösungen $x_1 = 1{,}5$ und $x_2 = -8$ sind also direkt aus der Gleichung abzulesen.

Wenn man diesen Zusammenhang kennt, dann kann man auch recht einfach zu gegebenen Lösungen eine quadratische Gleichung aufstellen.

Ein Beispiel:
Geben Sie eine quadratische Gleichung mit den Lösungen $x_1 = -9$ und $x_2 = 7$ an.

Lösung:
$$(x + 9) \cdot (x - 7) = 0$$
$$x^2 + 2 \cdot x - 63 = 0$$

Dies ist eine der quadratischen Gleichungen mit den Lösungen -9 und 7. Durch Multiplikation mit einem Faktor a können Sie unendlich viele quadratische Gleichungen mit den Lösungen -9 und 7 konstruieren:
$$a \cdot (x + 9) \cdot (x - 7) = 0$$
$$a \cdot (x^2 + 2 \cdot x - 63) = 0$$

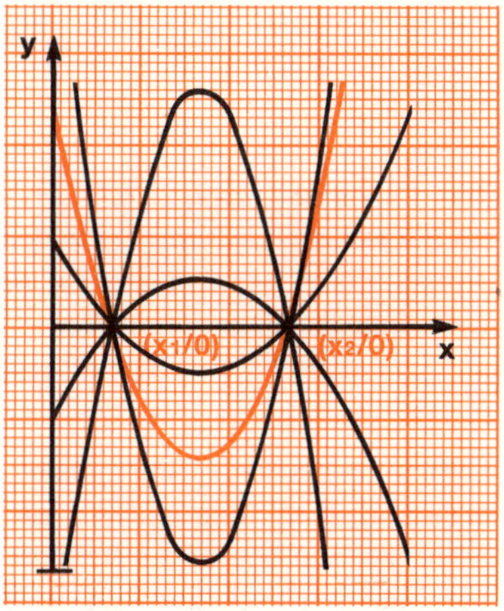

In der Lektion 12 wurde zu gegebenen Nullstellen $(x_1 \mid 0)$ und $(x_2 \mid 0)$ die Funktionsgleichung einer Normalparabel erstellt. Mit Hilfe des eben genannten Satzes läßt sich auch eine solche Aufgabe einfacher lösen:
Eine Parabel mit der Funktionsgleichung $y = (x - x_1) \cdot (x - x_2)$ hat die Nullstellen $(x_1 \mid 0)$ und $(x_2 \mid 0)$.
Dieselben Nullstellen haben alle Parabeln mit der Funktionsgleichung

$$y = a \cdot (x - x_1) \cdot (x - x_2).$$

Besondere Fälle der quadratischen Gleichung $a \cdot x^2 + b \cdot x + c = 0$ liegen vor, wenn einer der Koeffizienten b oder c Null wird.

Falls $b = 0$, erhält man eine quadratische

Gleichung der Form	$a \cdot x^2 + c = 0$	$\mid -c$
und durch Umformung	$a \cdot x^2 = -c$	$\mid : a$
die **reinquadratische Gleichung**	$x^2 = -\frac{c}{a}$	
	$x^2 = -q$	

Die Lösungen einer solchen reinquadratischen Gleichung sind
$$x_1 = +\sqrt{-q} \quad \text{und} \quad x_2 = -\sqrt{-q}.$$

Falls $c = 0$, erhält man eine quadratische

Gleichung der Form	$a \cdot x^2 + b \cdot x = 0$
Durch die Umformung	$a \cdot x \cdot (x + \frac{b}{a}) = 0$
erhält man	$a \cdot x \cdot (x + p) = 0$

Hier kann man wieder den Satz anwenden: „Ein Produkt ist Null, wenn mindestens einer der Faktoren Null ist."
Die Lösungen bei dieser Form sind: $x_1 = 0$ und $x_2 = -p$.

13

Aufgaben zu 13.2

1. Bestimmen Sie die Lösungen zu folgenden quadratischen Gleichungen:

a) $(x - 3{,}5) \cdot (x + 6) = 0$
b) $2{,}5 \cdot x^2 - 7{,}5 \cdot x = 25$
c) $1{,}8 \cdot x^2 + 5{,}4 \cdot x = 0$
d) $(x - 2) \cdot (3 \cdot x - 10) = 2 \cdot x - 10$
e) $2 \cdot (x - 5) \cdot (3 + x) = -4 \cdot (x + 3)$
f) $(8 + x) \cdot (2{,}5 + 4 \cdot x) = 20 - 13{,}5 \cdot x$
g) $(4 \cdot x + 9)^2 + 2 \cdot x = 76 - (3 \cdot x - 4)^2$
h) $0{,}5 \cdot (x + 4)^2 = -2 \cdot (x + 1{,}5)^2 - 7{,}5$
i) $3 \cdot x \cdot (2 \cdot x - 3) = x^2$
k) $0{,}5 \cdot (x - 4)^2 - 3{,}5 = -(x - 3)^2 + 5 \cdot x$

2. Geben Sie eine quadratische Gleichung der Form $x^2 + p \cdot x + q = 0$ an, die folgende Lösungen hat:

a) $x_1 = -3$; $x_2 = 5$
b) $x_1 = 0$; $x_2 = -4$
c) $x_1 = -8$; $x_2 = 8$
d) $x_1 = x_2 = 7$
e) $x_1 = 1{,}6$; $x_2 = 2{,}5$
f) $x_1 = 1 + \sqrt{3}$; $x_2 = 1 - \sqrt{3}$

3. Eine mit dem Faktor 2,5 gestreckte Parabel hat die Nullstellen $(-4 \mid 0)$ und $(6 \mid 0)$. Geben Sie die Funktionsgleichung in der allgemeinen Form an.

13.3 Anwendungen quadratischer Gleichungen

Bei den Anwendungen der quadratischen Gleichung handelt es sich - wie schon bei den Anwendungen der quadratischen Funktion - um die Bearbeitung von Textaufgaben. Aus dem Text muß zunächst der mathematische Zusammenhang herausgearbeitet werden. Oft muß eine einschränkende Bedingung beachtet werden, die dazu führen kann, daß nicht beide Lösungen der quadratischen Gleichung auch Lösungen für das Sachproblem sind.

Beispiel 1

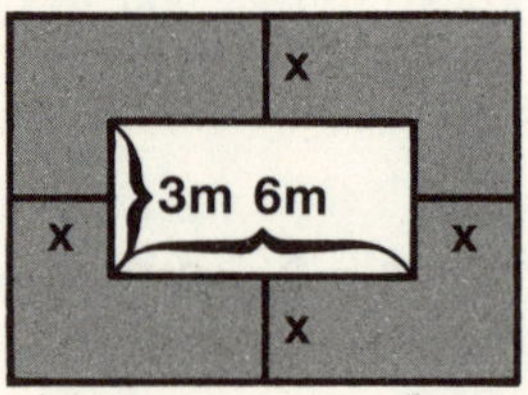

Um ein rechteckiges Blumenbeet, das 3 m breit und 6 m lang ist, wird ein auf jeder Seite gleich breiter Rasenstreifen angelegt. Die Fläche dieses Streifens ist insgesamt fünfmal so groß wie die des Blumenbeetes. Wie breit ist der Streifen?

Gesucht ist die Breite des Streifens x. Für x muß gelten $x > 0$.

Ansatz: Fläche des Streifens = Gesamtfläche − Fläche des Blumenbeetes

$$18 \cdot 5\,m^2 = (3 + 2x)\,m \cdot (6 + 2x)\,m - 3 \cdot 6\,m^2$$

Rechnung:

$$90 = (3 + 2x) \cdot (6 + 2x) - 3 \cdot 6$$
$$90 = 18 + 6x + 12x + 4x^2 - 18$$
$$90 = 4x^2 + 18x$$
$$4x^2 + 18x - 90 = 0$$

Hier und in den folgenden Sachbeispielen wird der Lösungsweg nur bis zu diesem Schritt angegeben. Sie können dann von den beiden Lösungsformeln diejenige auswählen, mit der Sie lieber arbeiten möchten.

Die Lösungen der quadratischen Gleichung sind $x_1 = 3$ und $x_2 = -7{,}5$. Als Lösung der Sachaufgabe kommt nur $x_1 = 3$ in Betracht, da $x_2 = -7{,}5$ die einschränkende Bedingung $x > 0$ nicht erfüllt.

Anhand von sogenannten „Zahlenrätseln" kann man gut das Aufstellen von Gleichungen üben und die einschränkende Bedingung formulieren.

Beispiel 2
Eine Zahl besteht aus zwei Ziffern, von denen die zweite um 4 größer ist als die erste. Multipliziert man die Zahl mit ihrer Quersumme, dann erhält man 576. Wie heißt die Zahl?

Hier ist zwar nach einer Zahl gefragt, aber die Informationen im Text beziehen sich auf die Ziffern dieser Zahl. Die Variable x muß also eine der Ziffern der gesuchten Zahl bezeichnen. Mit dieser Grundlage kann man die weiteren Informationen auswerten:

1. Ziffer: x 2. Ziffer: $x + 4$ Quersumme: $x + (x + 4) = 2 \cdot x + 4$

Es fehlt für den Ansatz noch die Darstellung der Zahl aus ihren Ziffern. Die erste Ziffer ist die Zehnerziffer, für die Beschreibung der Zahl muß sie verzehnfacht werden:
Zahl: $10 \cdot x + (x + 4)$

Da die Variable x für die Ziffer einer Zahl steht, kann x nur eine natürliche Zahl zwischen 0 und 9 sein.
Einschränkende Bedingung: $x \in \mathbb{N}^*$ mit $0 \leq x \leq 9$

Ansatz:
$$\text{Zahl} \cdot \text{Quersumme} = 576$$
$$(10 \cdot x + x + 4) \cdot (2 \cdot x + 4) = 576$$

Rechnung: $(11 \cdot x + 4) \cdot (2 \cdot x + 4) = 576$
Ausmultiplizieren: $22 \cdot x^2 + 44 \cdot x + 8 \cdot x + 16 = 576$
Zusammenfassen: $22 \cdot x^2 + 52 \cdot x - 560 = 0$

Die Lösungen sind $x_1 = 4$ und $x_2 = -\frac{70}{11}$
Nur $x_1 = 4$ erfüllt die einschränkende Bedingung ($x \in \mathbb{N}^*$ mit $0 \leq x \leq 9$).
Antwort: Die Zahl heißt 48.

Zur Überprüfung der erhaltenen Lösung benutzt man am besten den Text der Aufgabe: Multipliziert man die Zahl 48 mit ihrer Quersumme (12), dann erhält man 576.
$48 \cdot 12 = 576$ ist wahr.

In einigen Fällen besteht der Lösungsansatz einer Anwendungsaufgabe aus einer Gleichung, die erst im Laufe der Berechnung zu einer quadratischen Gleichung führt. Die Gleichung, die den Ansatz formuliert, ist dabei häufig eine Bruchgleichung, bei der die Variable x im Nenner steht. Durch Multiplikation mit diesem Nenner entsteht dann eine quadratische Gleichung.

Hierzu ein Beispiel aus einem alten Rechenbuch (die Preise stammen aus dem Jahr 1911):

Beispiel 3
Eine Anzahl von Studenten kehrte in einem Wirtshause ein und hatte schließlich eine Rechnung von 12 Mark zu bezahlen. Wären ihrer 4 mehr gewesen und hätte jeder für 25 Pfennige weniger verzehrt, so hätte sich die Rechnung auf 15 Mark belaufen. Wie groß war die Zahl der Studenten?

Für den mathematischen Ansatz zu dieser Aufgabe muß davon ausgegangen werden, daß jeder gleichviel bezahlt hat.
Die Umrechnung von Mark in Pfennig ist: 12 Mark = 1200 Pfennige

Anzahl der Studenten: x mit der einschränkenden Bedingung: $x \in \mathbb{N}^*$
Verzehr jedes Studenten: $\frac{1200}{x}$

Ansatz: (Anzahl der Studenten plus 4) · (Verzehr minus 25 Pf) = 15 M

$$(x + 4) \cdot \left(\frac{1200}{x} - 25\right) = 1500$$

Ausmultiplizieren: $$1200 - 25\,x + \frac{4800}{x} - 100 = 1500$$

1500 subtrahieren und

Zusammenfassen: $$-25 \cdot x + \frac{4800}{x} - 400 = 0$$

Die Gleichung $-25 \cdot x + \frac{4800}{x} - 400 = 0$ führt zu einer quadratischen Gleichung, wenn man beide Seiten der Gleichung mit x multipliziert, um den Nenner zu beseitigen:

$$-25 \cdot x + \frac{4800}{x} - 400 = 0 \quad | \cdot x$$

$$-25 \cdot x^2 + 4800 - 400 \cdot x = 0$$

Von den beiden Lösungen $x_1 = 8$ und $x_2 = -24$ gilt für die Textaufgabe nur x_1, da x_2 die einschränkende Bedingung nicht erfüllt. Antwort: Es waren 8 Studenten.

Aufgaben zu 13.3

1. Ist es möglich, eine rechteckige Fläche von 180 m^2 mit einem
   a) 54 m langen b) 52 m langen Zaun einzufassen?
   Wenn ja, wie lang müßten dann die Seiten des Rechtecks gewählt werden?

2. Dividiert man 7,2 durch eine Zahl, so erhält man genausoviel, wie wenn man die Zahl von 7,2 subtrahiert. Wie heißt die Zahl?

3. Für einen Betriebsausflug wird ein Bus für 180 DM gemietet. Hätten 5 Personen mehr teilgenommen, dann hätte jede 50 Pfennig weniger bezahlt. Wieviele Personen nahmen an dem Betriebsausflug teil?

*4. Bei einer Zahl mit zwei Ziffern ist die erste Ziffer um 3 kleiner als die zweite. Stellt man die Ziffern um und multipliziert die so erhaltene Zahl mit der ursprünglichen, so erhält man 1300.

5. Ein Spiegel von 60 cm Länge und 40 cm Breite soll mit einem überall gleich breiten Rahmen versehen werden. Aus optischen Gründen soll die Rahmenfläche genauso groß wie die Spiegelfläche sein. Wie breit muß der Rahmen werden?

Wiederholungsaufgaben

1. Bestimmen Sie jeweils die Lösungen der quadratischen Gleichungen:
   a) $2{,}5 \cdot x^2 + 5 \cdot x = 60$ b) $x \cdot (x - 5) = 5 \cdot (x - 6)$
   c) $(x - 11) \cdot (x - 4) = -3 - x$ d) $(2 \cdot x + 20) \cdot (x + 4) = (x + 6)^2 - 20$
   e) $4 \cdot (2 \cdot x - 9) = (x - 4) \cdot (x + 4)$ f) $(x - 1{,}5)^2 - 0{,}5 \cdot (4{,}5 - 2 \cdot x) = x$
   g) $(x - 5)^2 - 10 = 0{,}5 \cdot (40 - x)$ h) $5 \cdot (2 \cdot x + 3) - (x + 5)^2 = 15 - 2 \cdot x^2$

2. Welche Zahl ergibt durch 8 dividiert 2 mehr, als wenn man 280 durch sie dividiert?

*3. Setzen Sie jeweils eine Zahl für q so ein, daß die quadratische Gleichung die Lösung 2 hat. Bestimmen Sie auch die andere Lösung der Gleichung:

a) $x^2 - 7 \cdot x + q = 0$ b) $(x - 3) \cdot (x + 3) = q$

c) $(x - 1)^2 = q - 3$ d) $(x - 5)^2 - 3 = 6 \cdot (q - x)$

4. Bei einem bestimmten PKW-Typ läßt sich die Abhängigkeit des Benzinverbrauchs von der Geschwindigkeit beschreiben durch: $y = \frac{1}{1600} \cdot (x - 30)^2 + 2$ (siehe Folge 12, Kapitel 1).

Bei welcher Geschwindigkeit ist der Benzinverbrauch nur halb so groß wie bei 150 km/h ?

5. Bestimmen Sie aus den Nullstellen und dem Streckfaktor der Parabeln die Funktionsgleichung:

a) $N_1(0|0)$, $N_2(6|0)$, $a=2$ b) $N_1(-3|0)$, $N_2(5|0)$, $a=1{,}5$

c) $N_1(-4|0)$, $N_2(2{,}5|0)$, $a=4$

*6. Eine Strecke ist nach dem goldenen Schnitt geteilt, wenn gilt: $s : x = x : y$

Wie groß sind x und y , wenn eine Strecke von 8 m nach dem *goldenen Schnitt* geteilt werden soll?

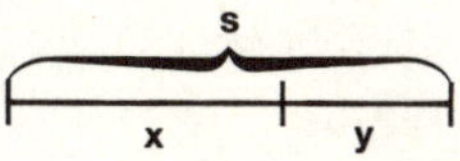

7. Die quadratische Gleichung $x^2 + p \cdot x + q = 0$ läßt sich mit Hilfe der Lösungen x_1 und x_2 auch schreiben als: $(x - x_1) \cdot (x - x_2) = 0$ (siehe Kapitel 13.2). Der quadratische Term $x^2 + p \cdot x + q$ kann so in seine *Linearfaktoren* $(x - x_1)$ und $(x - x_2)$ zerlegt werden.

Geben Sie folgende Terme als Produkt von Linearfaktoren an:

a) $x^2 - x - 12$ b) $x^2 - 3{,}5 \cdot x + 3$

c) $x^2 + 6 \cdot x + 5$ d) $x^2 + 10 \cdot x - 24$

13

Lösungen der Aufgaben

Lektion 1

Aufgaben im Text

1. Am größten ist die Belastung um ca. 17.40 Uhr, am kleinsten um ca. 2.40 Uhr. Am Tiefpunkt liegt sowohl durch die Industrie als auch durch die Haushalte kaum Belastung vor. Am Hochpunkt ist die Belastung hoch, da die Industrie vielfach noch arbeitet und - da es Winter ist - bereits Belastung durch Beleuchtung sowie auch durch die Haushalte besteht.

2. a) Funktion b) Funktion c) keine Funktion

3. Größen zwischen 0,5 und 2 Stunden.

4. Zeitpunkte - Körpertemperaturen

5. | 160 | 64 | 32 | 21,3 | 16 | 10,7 | 6,4 |

6. a) Funktion b) keine Funktion c) keine Funktion

7.

7. Woche	61 000 Kranke
13. Woche	8 000 Kranke
2. Woche	20 000 Kranke
Während der 11.und 12. Woche	20 000 Kranke

Aufgaben zu 1.1

1.

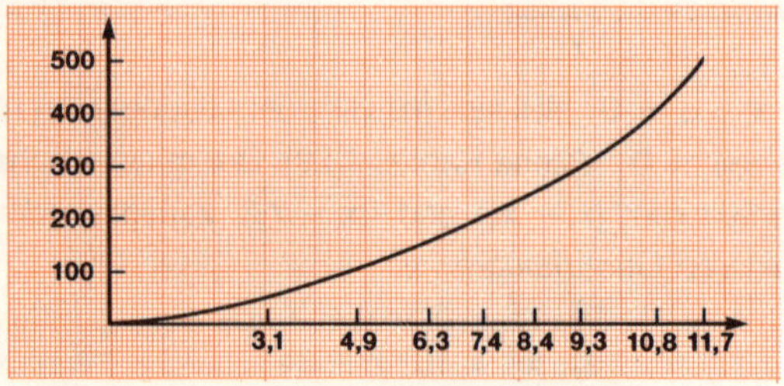

2.

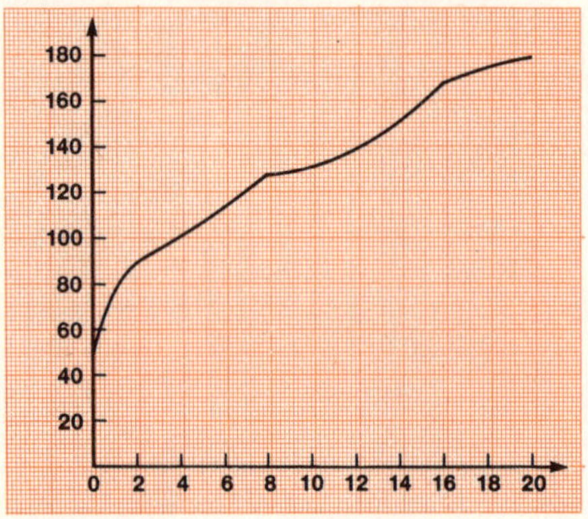

3.

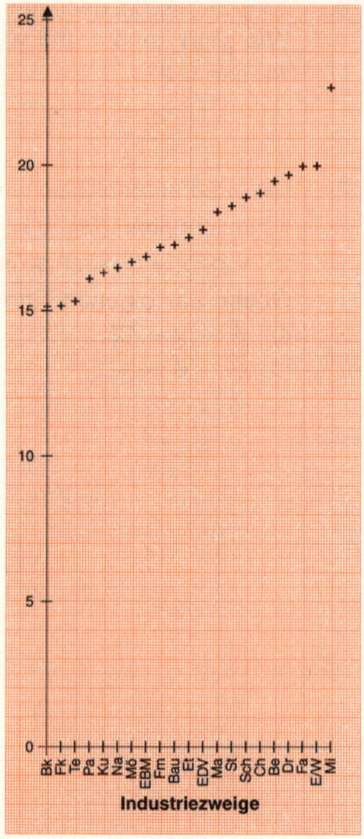

Aufgaben zu 1.2

1. (0 | 4), (1 | 2), (2 | 0), (3 | 3), (5 | 5), (6 | 5), (7 | 4), (9 | 2), (10 | 1), auch (2,8 | 2), (7,8 | 2), (9,5 | 2), (0,7 | 4), (3,4 | 4).

2. A Hochpunkt, B Nullstelle, E Tiefpunkt, F Hochpunkt

3.

0	0
2	3
4	5
8	0
10	2

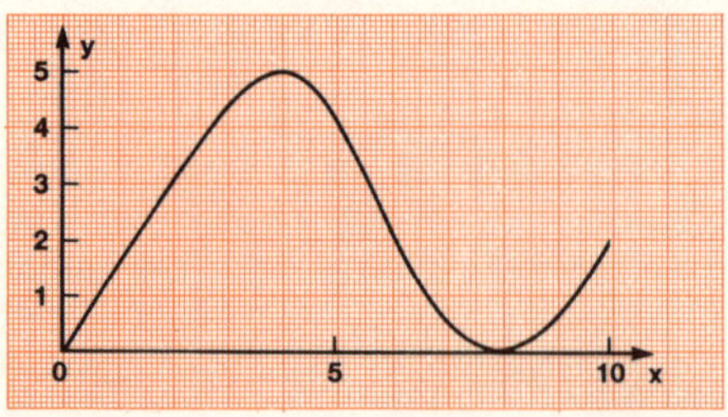

4. zwei

Aufgaben zu 1.3

1. a) Der Graph verläuft parallel zur waagrechten Achse (Zeitachse). b) E 1887, 3527, N 3524

2. a) N 3524 von Karlsruhe nach Mannheim; 3482 von Baden-Oos nach Karlsruhe; E 1887 von Mannheim nach Karlsruhe
   b) Zu folgenden Zeiten kommen Züge an: 11.40 h, 11.47 h, 12.41 h, 12.57 h, 11.18 h, 11.51 h, 12.06 h, Zu diesen Zeiten fahren Züge ab: 11.48 h, 11.52 h, 13.01 h, 11.04 h, 11.30, 11.52 h.

3. a) In diesem Diagramm daran, daß die Linie des überholenden Zuges die waagrecht verlaufende Linie des überholten Zuges schneidet; grundsätzlich daran, daß zwei Linien von in dieselbe Richtung fahrenden Zügen sich schneiden.
   b) (D 503 I IC 173), (N 3524 I D 1302), (3482 I IC 172)

4. a) Die Linien kreuzen sich. b) (E 1887 I D 1302), (E 1887 I N 3524), (E 1887 I IC 172)

5. a) Je steiler die Linie, um so schneller der Zug. b) IC 173, D 505, D 503, E 1887, 3527

6. a)

	a)	b)
D503	27 min	111 km/Std.
IC 173	24 min	125 km/Std.
E 1887	34 min	88 km/Std.
D 505	26 min	115 km/Std.

7. a) Steigung 1,2 b) Steigung 1 c) Steigung 0,8

Aufgaben zu 1.4

1. a) Funktion b) keine Funktion c) Funktion 2. a) keine Funktion b) Funktion

3. a) Funktion b) keine Funktion c) Funktion

4. a) zulässig b) nicht zulässig c) zulässig d) zulässig

Aufgaben zu 1.5

1.

Mähdrescher	Tage
1	30
2	15
3	10
4	7,5
5	6
6	5
7	4,29
8	3,75
9	3,33
10	3
11	2,73
12	2,5
13	2,31
14	2,14
15	2

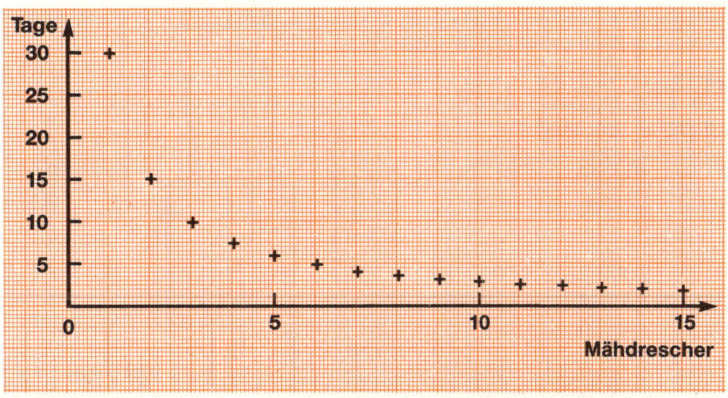

Eine sinnvolle Einschränkung des Definitionsbereichs wäre D = { 3, 4, 5, 6 } .

2. a) Abstand mindestens 3 m, höchstens 40 m.
   b) Geschwindigkeit kann etwa zwischen 0 m/s und 100 m/s (zwischen 0 km/h und 360 km/h) liegen.
   c) Anzahl der Lastwagen liegt zwischen 1 und vielleicht 12, damit die Lastwagen sich beim Beladen nicht behindern.

3. Definitionsbereich zwischen 0 N und 36 N .

Aufgaben zu 1.6

1. Fahrtenschreiber

7.15 Uhr	60 km/Std.
9.30 Uhr	40 km/Std.
10.40 Uhr	80 km/Std.
13.00 Uhr	0 km/Std.

2. 1. Quadrant: B 3. Quadrant: D x-Achse: F
   2. Quadrant: A, C 4. Quadrant: – y-Achse: E

Wiederholungsaufgaben

1.

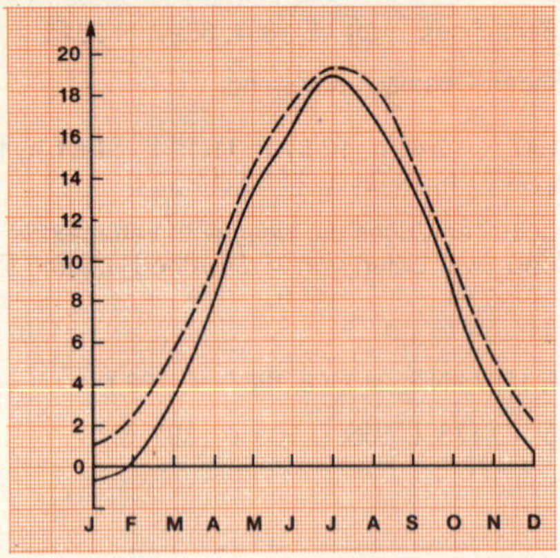

2.

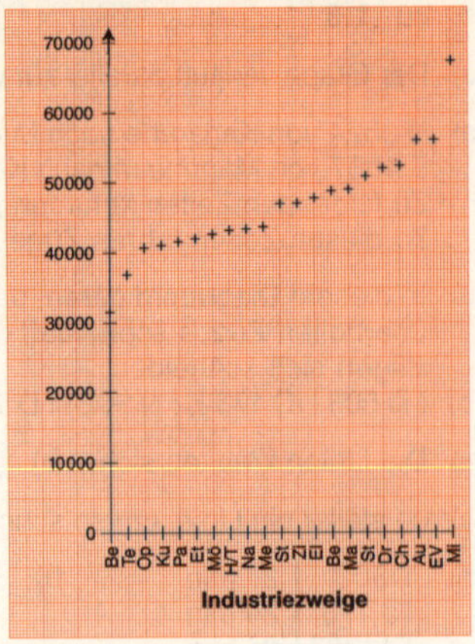

3. Hochpunkte bei 7.40 Uhr, 17.40 Uhr; Tiefpunkte bei 2.40 Uhr, 12.45 Uhr; absolutes Minimum bei 2.40 Uhr; absolutes Maximum bei 17.40 Uhr; keine Nullstellen.

4. a)

D 503	18 km
IC 173	21 km
D 505	19 km

b) 108 km/Std.
126 km/Std.
114 km/Std.

5. Funktion

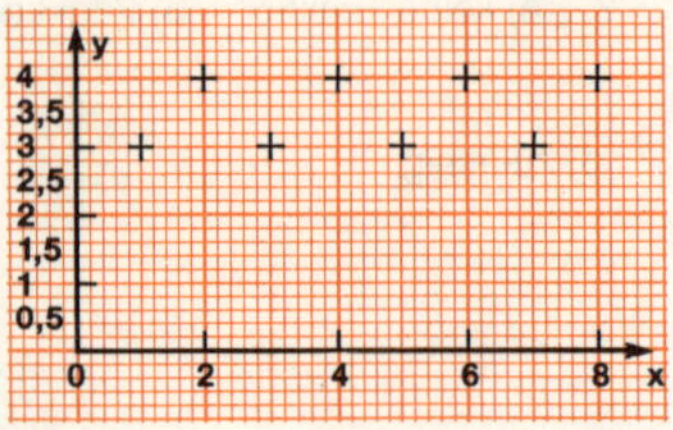

6. 1. Quadrant: –
x-Achse: B , F
2. Quadrant: C
y-Achse: D
3. Quadrant: A
4. Quadrant: E

7. Im rechtwinkligen Koordinatensystem sind die Koordinaten durch ihre Längen (nach rechts bzw. links und nach oben bzw. unten) angegeben; im kreisförmigen durch die Winkelgröße und die Länge des Radius.

Lektion 2

Aufgaben im Text

1. 160 km, 240 km

2. $0{,}05 \cdot 1^3 - 0{,}25 \cdot 1^2 + 1{,}6 \cdot 1 + 0{,}6 = 2{,}0$
$0{,}05 \cdot 2^3 - 0{,}25 \cdot 2^2 + 1{,}6 \cdot 2 + 0{,}6 = 3{,}2$
$0{,}05 \cdot 3^3 - 0{,}25 \cdot 3^2 + 1{,}6 \cdot 3 + 0{,}6 = 4{,}5$

3. 6 000 DM, 12 000 DM

4. 10 Monate, 5 Monate, 4 Monate, 15 Monate

5.

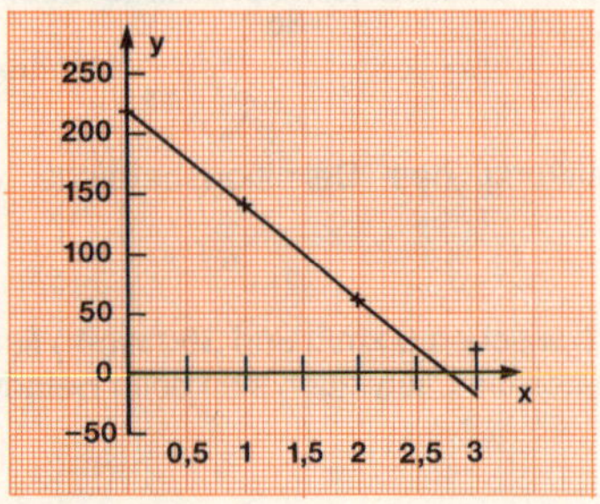

6. Funktionsterm $0{,}8 \cdot x$ bzw. $0{,}72 \cdot x$

7. Steigung in x = 2 1,2
in x = 3 1,45
in x = 5 2,85

8. $y = \frac{3}{x} - 5 \cdot (10 - 2x)$

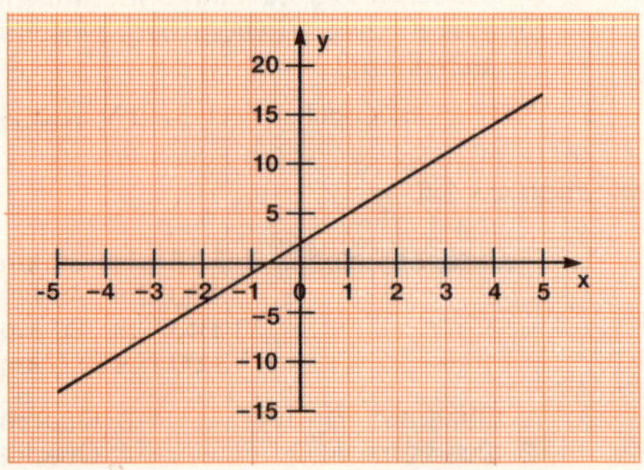

Aufgaben zu 2.1

1. a) $1{,}43 \cdot x$ b) $0{,}058 \cdot x$ c) $16 \cdot x$ d) $16 \cdot x$

2. a)

x	y
−5	−13
−4	−10
−3	−7
−2	−4
−1	−1

0	2
1	5
2	8
3	11
4	14
5	17

b)

x	y
– 5	14
– 4	12
– 3	10
– 2	8
– 1	6
0	4
1	2
2	0
3	– 2
4	– 4
5	– 6

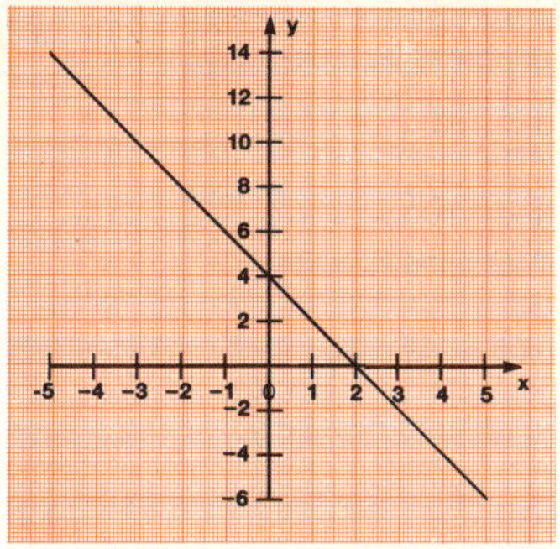

c)

x	y
– 5	32
– 4	35
– 3	40
– 2	50
– 1	80
0	––
1	– 40
2	– 10
3	0
4	5
5	8

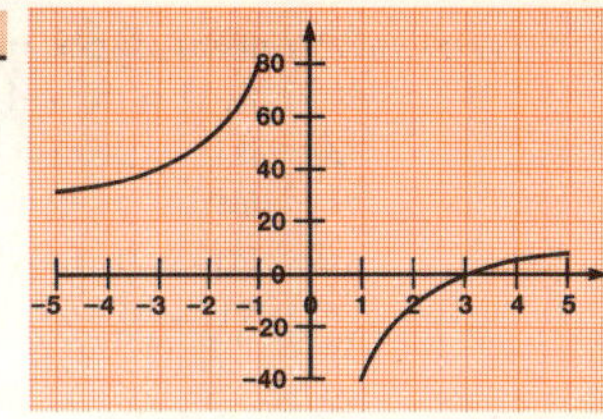

d)

x	y
– 5	–3,5
– 4	–3,0
– 3	–2,5
– 2	–2,0
– 1	–1,5
0	–1,0
1	–0,5
2	0,0
3	0,5
4	1,0
5	1,5

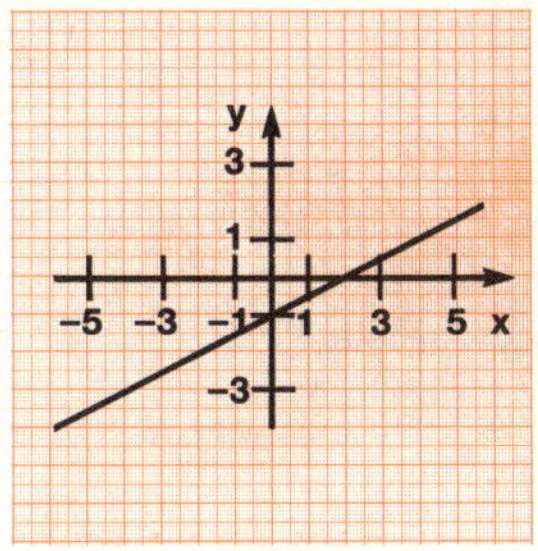

3.

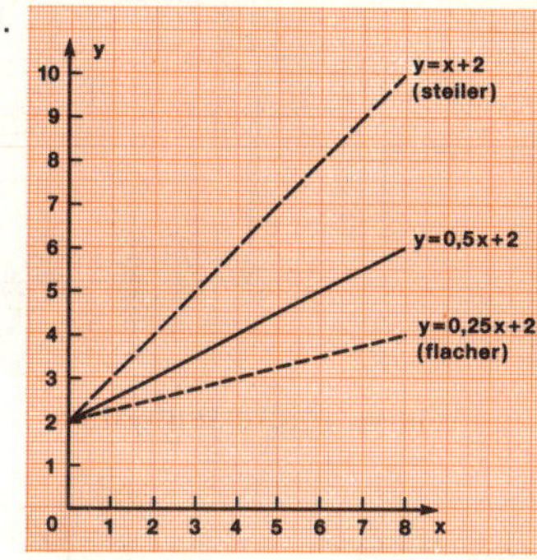

Aufgaben zu 2.2

1. a) $y = 14{,}3 \cdot x$ $x \to 14{,}3 \cdot x$ b) $y = 0{,}058 \cdot x$ $x \to 0{,}058 \cdot x$ c) $y = 16 \cdot x$ $x \to 16 \cdot x$ d) $y = 16 \cdot x$ $x \to 16 \cdot x$

2.

						y = f(x)
a)	(2 I 1) ja	(3 I 4) nein	(–1 I –5) ja	(2 I –1) nein	(5 I –7) nein	$y = 2x - 3$
b)	(2 I 1) nein	(2 I 9) ja	(10 I 5) ja	(–2 I 9) nein	(–2 I 11) ja	$y = 10 - 0{,}5x$
c)	(2 I 1) nein	(1 I 1) nein	(1 I 2) ja	(–1 I 2) nein	(–1 I 0) ja	$y = x^2 + x$
d)	(5 I 0) nein	(5 I 2) ja	(2 I –4) ja	(4 I 2) nein	(10 I 52) ja	$y = (x-5)x + 2$
e)	(1 I 20) ja	(–1 I 22) ja	(–2 I 24) nein	(5 I 40) ja	(0 I 0) nein	$y = 20 - x + x^2$

Aufgaben zu 2.3

1.

	Funktionsgleichung	Gleichung zur Nullstellenbestimmung	Nullstellen bei
a)	$y = 4x - 16$	$4x - 16 = 0$	$x = 4$
b)	$y = 240 - 80x$	$240 - 80x = 0$	$x = 3$
c)	$y = 2x + 18$	$2x + 18 = 0$	$x = -9$
d)	$y = 1 : x$	$1 : x = 0$	keine

2.

	Funktionsgleichung	Gleichung zur Nullstellenbestimmung	Nullstellen bei
a)	$f(x) = (x-2)(x-5)(x+3)$	$(x-2)(x-5)(x+3) = 0$	$x = 2;\ x = 5;\ x = -3$
b)	$f(x) = 5(x-4)(x+1)$	$5(x-4)(x+1) = 0$	$x = 4;\ x = -1$
c)	$f(x) = x(2x-8)$	$x(2x-8) = 0$	$x = 0;\ x = 4$
d)	$f(x) = x(x-1) : (x-2)$	$x(x-1) : (x-2) = 0$	$x = 0;\ x = 1$

3. Nullstellen einsetzen in f(x)

a) $f(2) = (2-2) \cdot (2-5) \cdot (2+3) \quad = 0 \cdot (2-5)(2+3) = 0$

$f(5) = (5-2) \cdot (5-5) \cdot (5+3) \quad = (5-2) \cdot 0 \cdot (5+3) = 0$

$f(-3) = (-3-2) \cdot (-3-5) \cdot (-3+3) \quad = (-3-2)(-3-5) \cdot 0 = 0$

L

b) $f(4) = 5 \cdot (4-4) \cdot (4+1) \quad = 5 \cdot 0 \cdot (4+1) = 0$

$f(-1) = 5 \cdot (-1-4) \cdot (-1+1) \quad = 5 \cdot (-1-4) \cdot 0 = 0$

c) $f(0) = 0 \cdot (2 \cdot 0 - 8) \quad = 0 \cdot (-8) = 0$

$f(4) = 4 \cdot (2 \cdot 4 - 8) \quad = 4 \cdot (8-8) = 0$

d) $f(0) = 0 \cdot (0-1) : (0-2) \quad = 0 \cdot (-1) : (-2) = 0$

$f(1) = 1 \cdot (1-1) : (1-2) \quad = 1 \cdot 0 : (1-2) = 0$

Aufgaben zu 2.4

1.

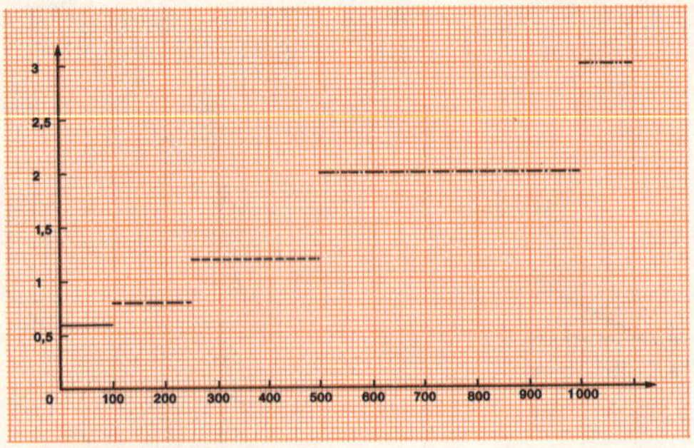

2. von 0 km bis 100 km 70 DM

von 101 km an $70 + 0{,}5\,(x - 100)$ DM

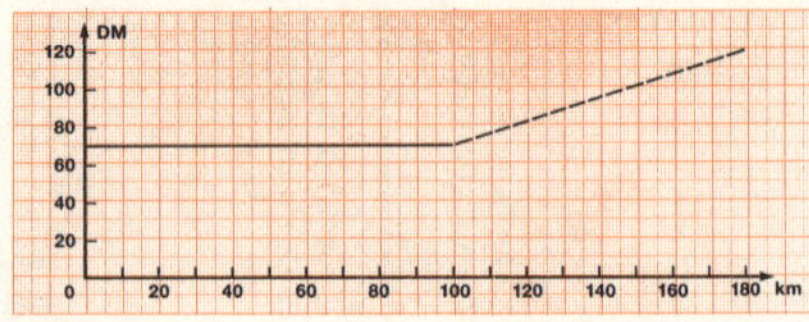

Wiederholungsaufgaben

1. a)

x	y
−5	−4,4
−4	−5
−3	−6
−2	−8
−1	−14
0	––
1	10
2	4
3	2
4	1
5	0,4

b)

x	y
−5	−1,6
−4	−1,3
−3	−1
−2	−0,7
−1	−0,4
0	−0,1
1	0,2
2	0,5
3	0,8
4	1,1
5	1,4

c)

x	y
−5	−10
−4	−6
−3	−2
−2	2
−1	6
0	10
1	14
2	18
3	22
4	26
5	30

d)

x	y
−5	44
−4	40
−3	36
−2	32
−1	28
0	24
1	20
2	16
3	12
4	8
5	4

a)

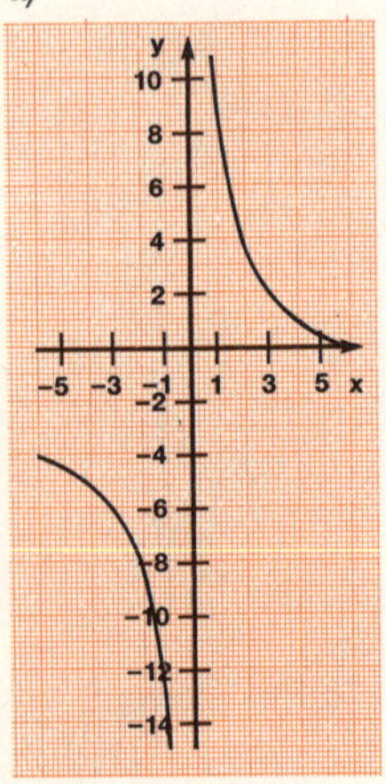

b)

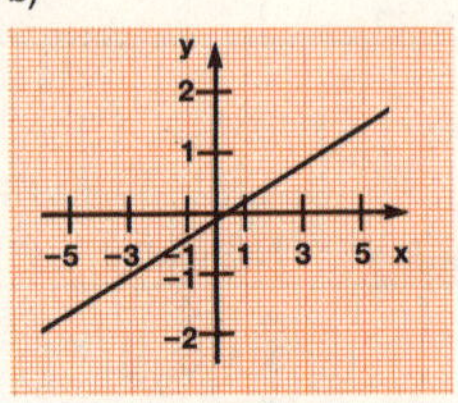

c)

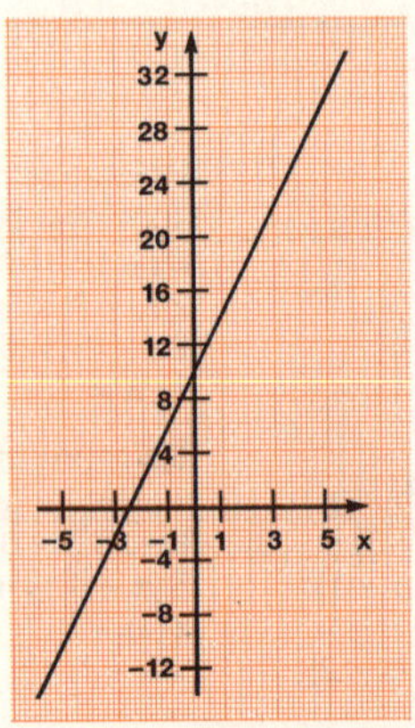

d)

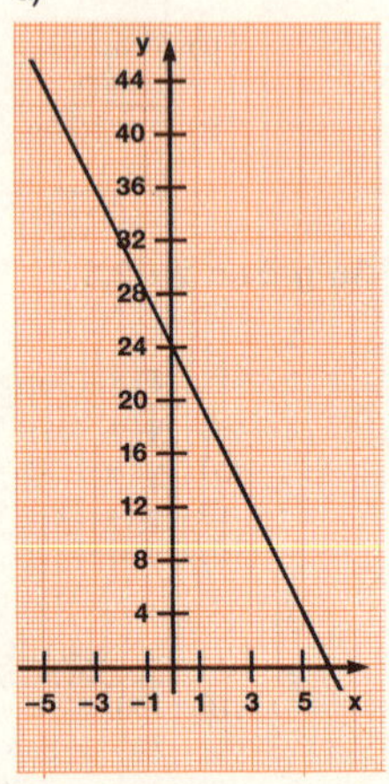

2. a) A zu b) B und C zu keinen

b) $x = 6$; $x = \frac{1}{3}$; $x = -2{,}5$; $x = 6$

3.

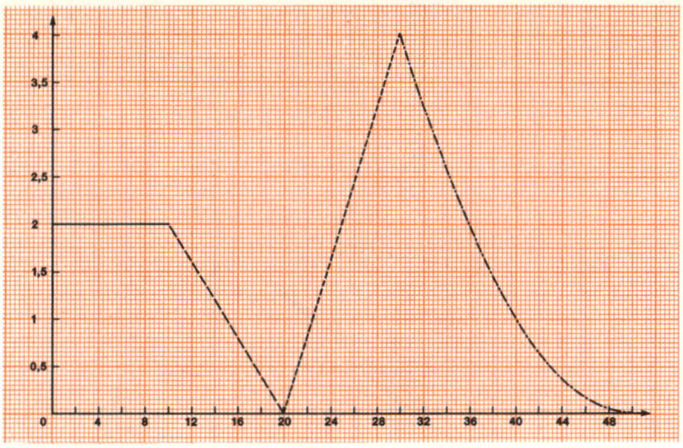

Lektion 3

Aufgaben im Text

1.

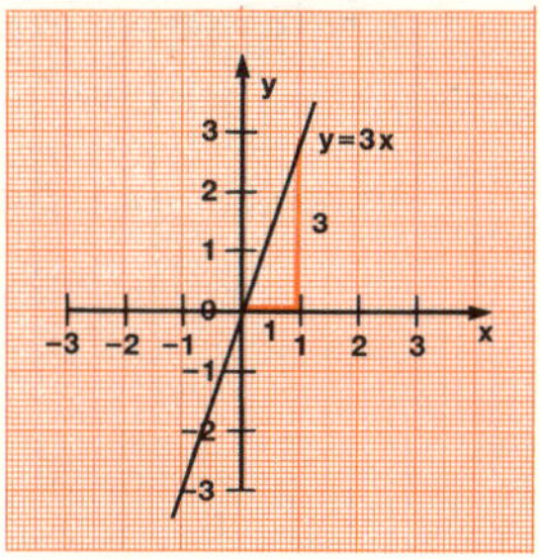

2.

x	y = 1,5 · x
– 3	– 4,5
– 2	– 3
– 1	– 1,5
0	0
1	1,5
2	3
3	4,5

3.

$$\frac{12{,}4}{160} = \frac{12}{x} \quad | \cdot x$$

$$\frac{12{,}4}{160} \cdot x = 12 \quad | \cdot 160$$

$$12{,}4 \cdot x = 12 \cdot 160 \quad | : 12{,}4$$

$$x = \frac{12 \cdot 160}{12{,}4}$$

$$x = 154{,}8 \text{ cm}$$

Aufgaben zu 3.1

a) nein b) ja, m = 0,8 c) nein

Aufgaben zu 3.2

1.

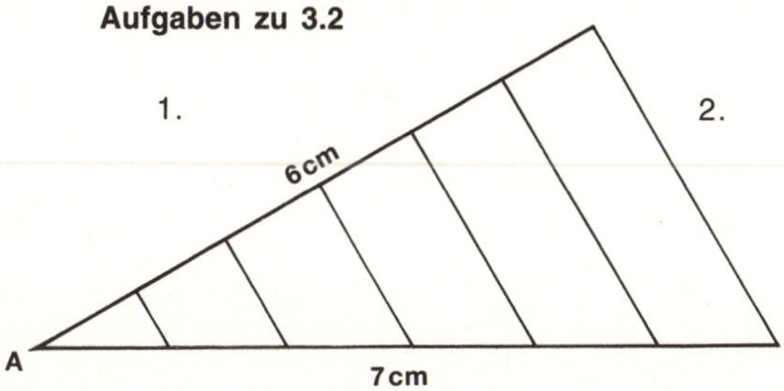

2.

$$\frac{1{,}20}{3{,}60} = \frac{1{,}50}{x} \quad | \cdot x \cdot 3{,}60$$

$$1{,}20 \cdot x = 1{,}50 \cdot 3{,}60 \quad | : 1{,}20$$

$$x = \frac{1{,}50 \cdot 3{,}60}{1{,}20}$$

$$x = 4{,}50 \text{ m}$$

3.

$$\frac{x}{x + 14} = \frac{10{,}8}{27} \quad | \cdot 27 \cdot (x + 14)$$

$$27x = 10{,}8x + 10{,}8 \cdot 14 \quad | - 10{,}8x$$

$$16{,}2x = 151{,}2$$

$$x = 9{,}\overline{3}\ldots$$

Aufgaben zu 3.3

1. a)

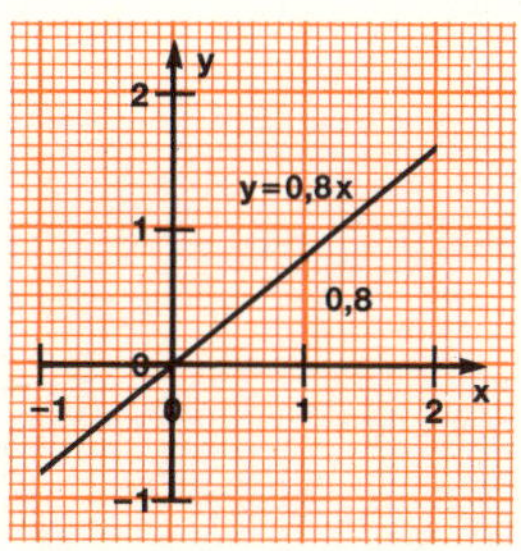

b)

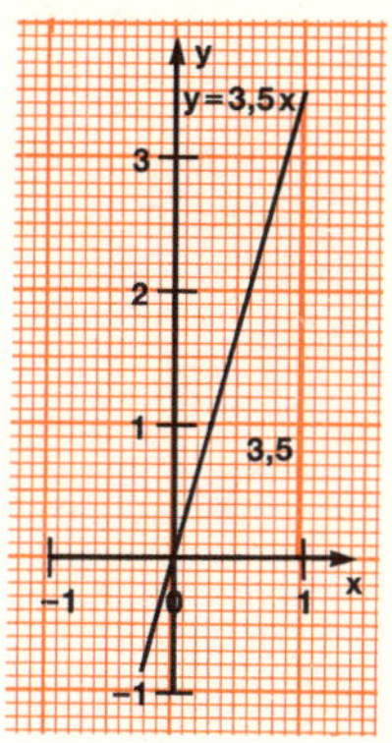

2. a) $y = 0{,}5 \cdot x$ b) $y = \frac{4}{3} \cdot x$

3. $y = 1{,}2 \cdot x$; Q (4 | 4,8) 4. m = 3,6 %

Wiederholungsaufgaben

1. P: $y = 2{,}4 \cdot 0{,}5 = 1{,}2$
   P (0,5 | 1,2)

   Q: $3{,}6 = 2{,}4 \cdot x$ | : 2,4
   $1{,}5 = x$
   Q (1,5 | 3,6)

2. 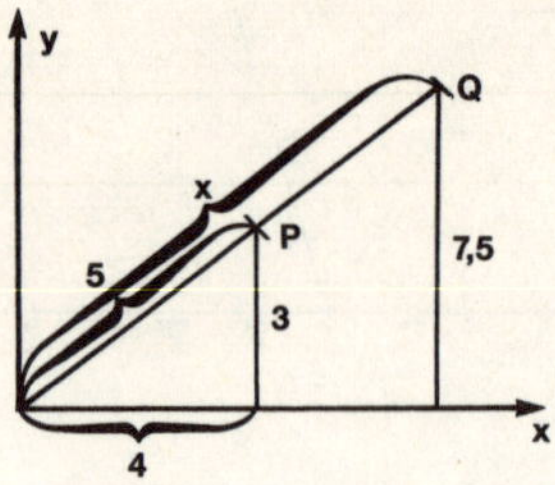

2. Strahlensatz: $\frac{7{,}5}{3} = \frac{x}{5}$ | · 5

$\frac{7{,}5 \cdot 5}{3} = x$

$x = 12{,}5$ cm

(anderer Weg: Berechnung des x-Wertes von Q (10 | 7,5) . Ansatz über den 1. Strahlensatz: $\frac{4}{10} = \frac{5}{x}$)

3. $y = m \cdot x$
   $4{,}2 = m \cdot 3{,}5$ | : 3,5
   $1{,}2 = m$

   $y = 1{,}2 \cdot x$
   $7{,}2 = 1{,}2 \cdot x$ | : 1,2
   $6 = x$ Q (6/7,2)

Lektion 4

Aufgaben im Text

1. g: $y = 3 \cdot x - 1{,}5$
   h: $y = 0{,}\overline{3} \ldots \cdot x + 2$

2. $y = 3 \cdot x - 9$
   $0 = 3 \cdot x - 9$ | $- 3 \cdot x$
   $-3 \cdot x = -9$ | : (–3)
   $x = 3$ N (3 | 0)

3. 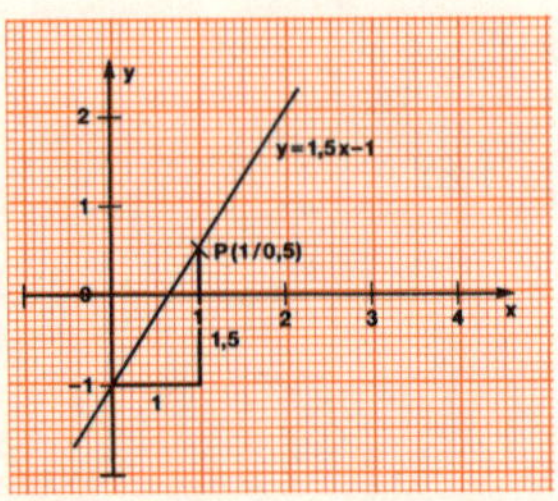

$y = 1{,}5 \cdot x - 1$
Schnittpunkt mit der y-Achse (0 | –1)
Steigungsdreieck: 1 x-Einheit
1,5 y-Einheiten
führt zum zweiten Punkt P (1 | 0,5)

4. Statt 7 SFR zahlt man $\frac{4{,}80}{4} \cdot 7$ DM = 8,40 DM

5. g: $y = 0{,}5$

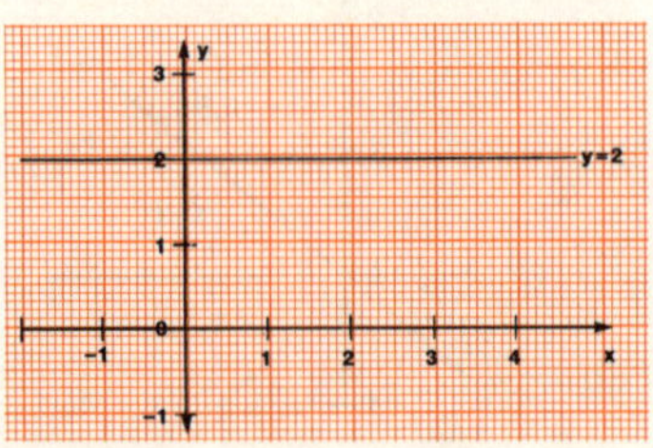

Aufgaben zu 4.1

1. Funktionsgleichung: $y = 0{,}2 \cdot x$

Zuckerrüben	50 kg	80 kg	100 kg	350 kg
Zucker	10 kg	16 kg	20 kg	70 kg

2. Funktionsgleichung: $y = 5{,}5 \cdot x$

Stunden	3 Std.	5 Std.	11 Std.	24 Std.
Stoff	16,5 m	27,5 m	60,5 m	132 m

3. a) Funktionsgleichung: $y = 750 \cdot x$

Zeit	10 min	30 min	50 min	120 min
Wasser	7500 l	22500 l	37500 l	90000 l

b) $240\,000\,l = 750 \cdot x$ $\quad x = 320$ min (= 5 Std. 20 min)

Aufgaben zu 4.2

1. g: $y = 0{,}5 \cdot x + 1$
   h: $y = x - 3$

2.

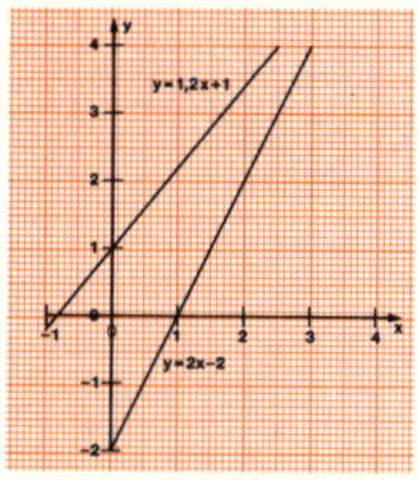

Aufgaben zu 4.3

1.

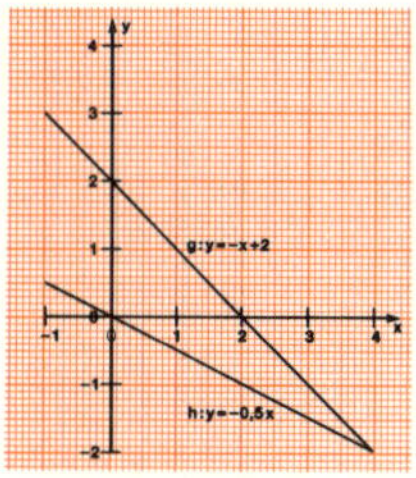

2. a) $y = -1{,}6 \cdot x + 4$; $m = -1{,}6$, $b = 4$
   b) $y = 2 \cdot x - 3$; $m = 2$, $b = -3$
   c) $y = -x \;\; -2{,}5$; $m = -1$, $b = -2{,}5$

Aufgaben zu 4.4

a) N (1,5 | 0) b) N (–2,5 | 0) c) N (–3 | 0)

Aufgaben zu 4.5

1.

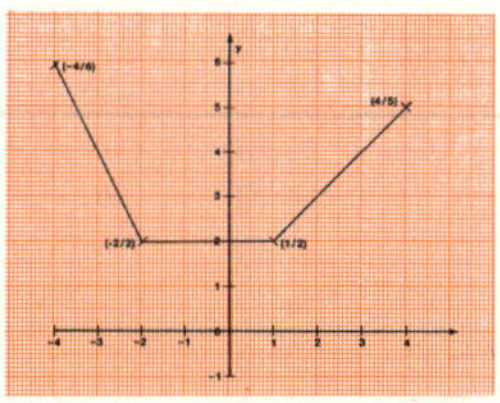

2. $y = \begin{cases} 0{,}5 \cdot x + 1{,}5 & \text{für } -4 \le x \le -1 \\ 1 & \text{für } -1 < x \le 2 \\ x - 1 & \text{für } 2 < x \le 3 \end{cases}$

Wiederholungsaufgaben

1. g: $y = -x + 2$
   h: $y = 3 \cdot x$
   i: $y = -1$

2. 109,50 DM

3. 60,80 DM

4.

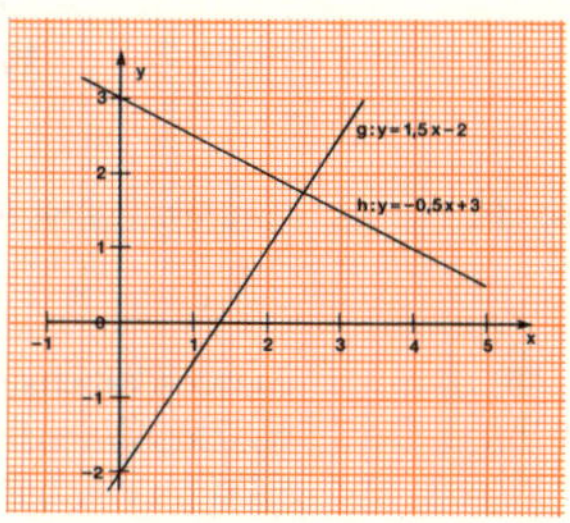

5. a) N (–0,5 | 0)
   b) N (2,5 | 0)
   c) N (–1,5 | 0)

6. 158 g

7. 2,4 kg

8. a) $b = -1{,}5$ b) $y = -3 \cdot x$

L

Lektion 5

Aufgaben im Text

1.

x	y
0	2400
1	2423
2	2446
3	2469
4	2492
5	2515
6	2538
8	2584
9	2607
10	2630

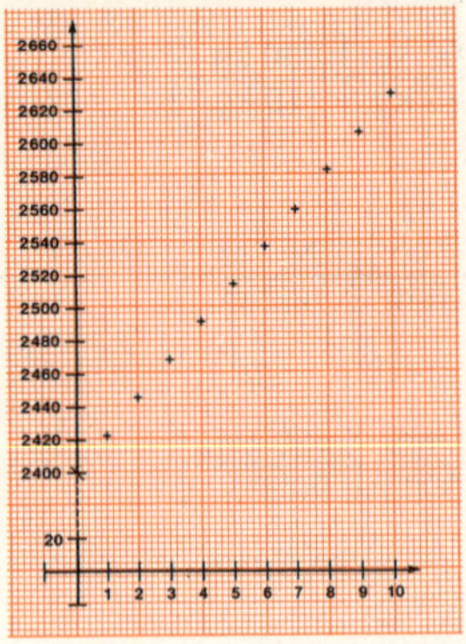

x	y
0	0
1	30
2	60
3	90
4	120
5	150
6	180
7	210
8	240
9	270
10	300

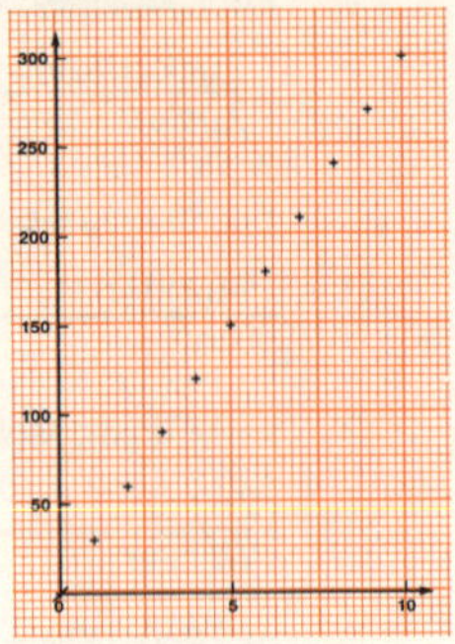

2. 5, 5, 5, 5, 5, 5

3. 4, 12, 36, 108, 324, 972

4. Bei den Fahrpreisen ohne BahnCard: 50 DM
   Bei den Fahrpreisen mit BahnCard: 25 DM
   Bei den Telefongebühren: 23 Pf.

5.

Jahre	Kapital
0	4000
1	4260
2	4536,9
3	4831,8
4	5145,9
5	5480,3
6	5836,6

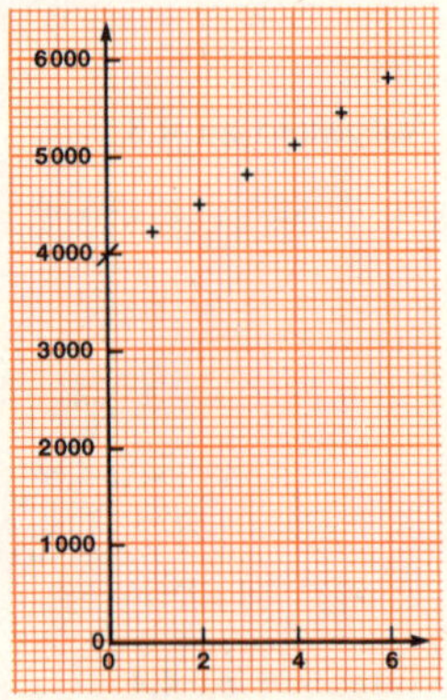

Aufgaben zu 5.1

1. a) Folge, da keine Bruchteile von Kiwis verkauft werden.
   b) Keine Folge, da beliebige Bruchteile verkauft werden.
   c) Folge.

2.

x	y
0	0
1	78
2	156
3	234
4	312
5	390
6	468

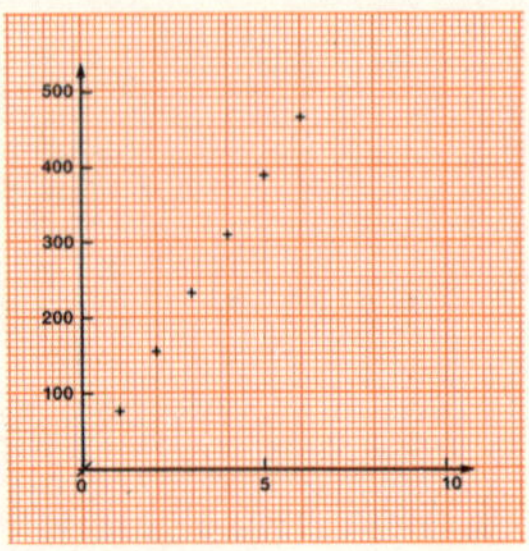

x	y
0	380
100	400
200	420
300	440
400	460
500	480
600	500
700	520
800	540
900	560
1000	580

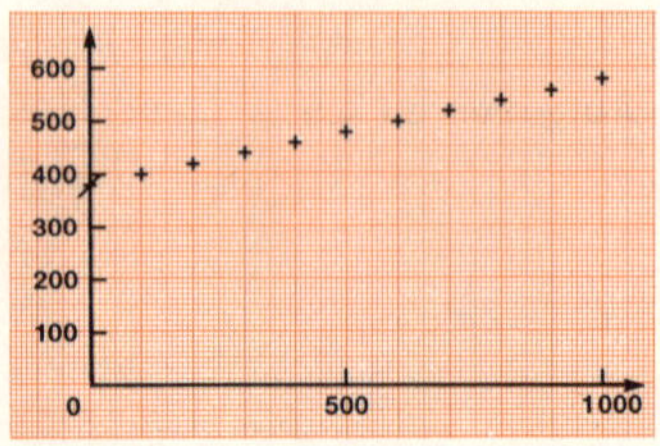

Aufgaben zu 5.2

1. 20, 24, 28, 32, 36, 40, 44, 48, 52, 56 arithmetische Folge, lineares Wachstum

2. 7, 10, 13, 16, 19, 22

3. a) 10, 17, 24, 31, 38, 45, 52, ... lineares Wachstum (um je 7)
   b) 10, 21, 32, 43, 54, 65, ... lineares Wachstum (um je 11)
   c) 10, 8, 6, 4, 2, ... lineares Wachstum (um je –2)
   d) 3, 7, 11, 15, 18, 22, 26, ... kein lineares Wachstum, da 18–15 = 3

4. a) $d = 7$ $a_7 = 59$ b) $d = 11$ $a_6 = 76$ c) $d = -2$ $a_5 = 0$

Aufgaben zu 5.3

1. a) 5, 0, 0, 0, 0, . . . (vom zweiten Glied an nur noch Nullen)
   b) +3, –6, +12, –24, +48, –96, . . (wechselt von Glied zu Glied das Vorzeichen)

2. erstes Glied $f(0) = 2$

   Funktionsvorschrift
   $f(x) = 2 \cdot 5^x$

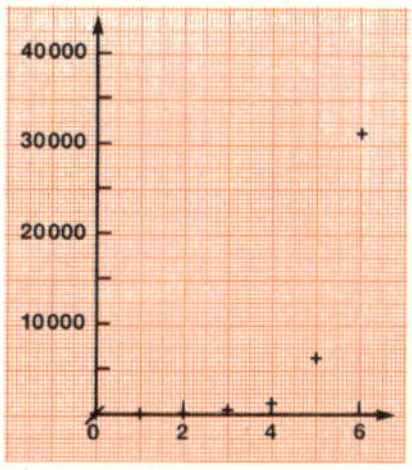

3. $f(19) = 1 \cdot 2^{19} = 524288$

4.

x	y
0	2
1	14
2	98
3	686
4	4802
5	33614

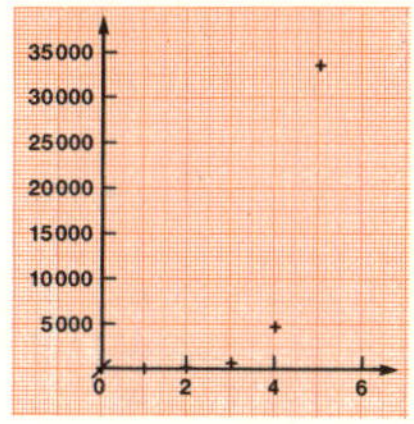

5. 1, 5, 25, 125, ...
   $f(x) = 5^x$; $f(8) = 5^8 = 390\,625$

6. 1, 2, 4, 8, 16, 32, 64, . . . $2^{49} = 5{,}63 \cdot 10^{14}$

Aufgaben zu 5.4

1. $z = \frac{K \cdot t \cdot p}{100 \cdot 360} = \frac{12000 \cdot 201 \cdot 7{,}8}{100 \cdot 360} = 522{,}60$

2. $K_{12} = K_0 \cdot q^n = 20000 \cdot 1{,}09^{12} = 56253{,}30$

3. $K_{1200} = K_0 \cdot q^n = 1 \cdot 1{,}03^{1200} = 2{,}539 \cdot 10^{15}$ Das sind $2\frac{1}{2}$ Billiarden Mark.

4.

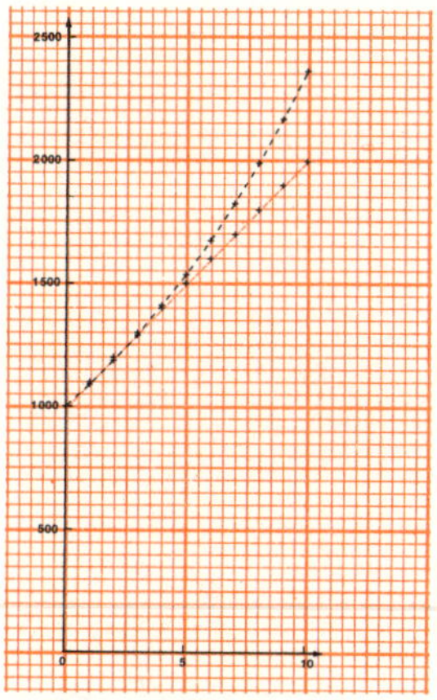

Jahre	Kapital	Kapital
0	1000	1000,00
1	1100	1090,00
2	1200	1188,10
3	1300	1295,03
4	1400	1411,58
5	1500	1538,62
6	1600	1677,10
7	1700	1828,04
8	1800	1992,56
9	1900	2171,89
10	2000	2367,36

Wiederholungsaufgaben

1. a) arithmetisch b) nicht arithmetisch, nicht geometrisch c) geometrisch

2. a) 60; 56; 52; 48; 44 b) 60; 15; 3,75; 0,9375; 0,234375

3. $y = 80 \cdot 0{,}5^x$; Erste fünf Glieder: 80; 40; 20; 10; 5

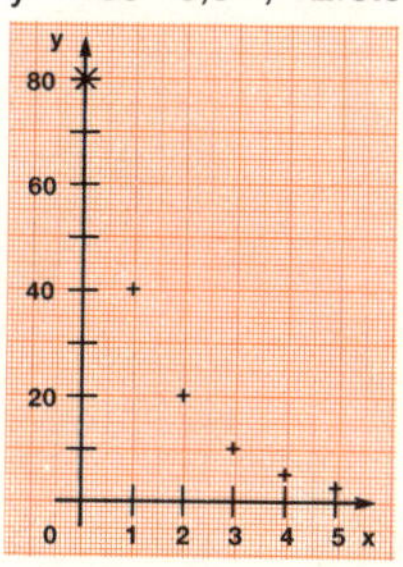

4. $K_{30} = 20000 \cdot 1{,}08^{30} = 201253{,}14$

Lektion 6

Aufgaben im Text

1. $q = 1{,}05$ $\quad p = 5\,\%$

2. $q = 0{,}841$ m $\quad p = 1{,}189$ m

3. $2^{\frac{1}{4}} = \sqrt[4]{2}$

4. $\sqrt{17} \approx 4{,}123$ $\quad \sqrt{3} \approx 1{,}732$ $\quad \sqrt{50} \approx 7{,}071$

5. 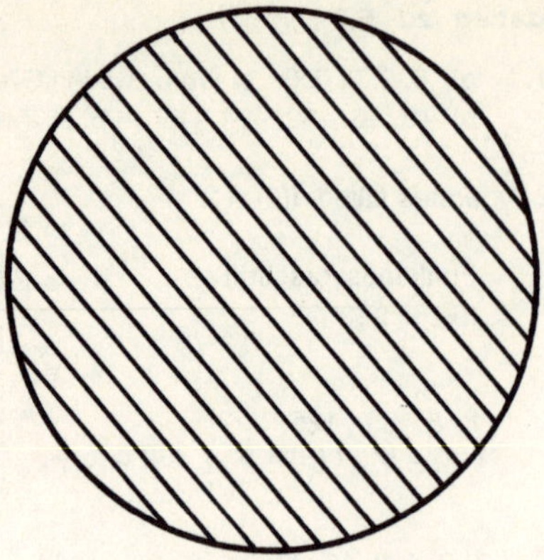

6. DIN A 3: 42 cm x 29,7 cm
   DIN A 4: 29,7 cm x 21 cm
   DIN A 5: 21 cm x 14,85 cm
   DIN A 6: 14,85 cm x 10,5 cm

Aufgaben zu 6.1

1. a) $\sqrt{831} \approx 28{,}827$
   b) $\sqrt{1000} \approx 31{,}623$
   c) $\sqrt{13{,}5} \approx 3{,}674$
   d) $\sqrt{0{,}05} \approx 0{,}224$
   e) $\sqrt{37}^{\,3} \approx 225{,}062$
   f) $\sqrt{10}^{\,2} = 10$
   g) $\sqrt{2{,}5}^{\,5} \approx 9{,}882$
   h) $\sqrt{0{,}5}^{\,4} = 0{,}25$

2. $q = 1{,}05$ und damit $p = 5\,\%$.

3. a) $\sqrt{2{,}5}^{\,2} = 2{,}5$ $\quad$ b) $\sqrt{5}^{\,4} = \sqrt{5}^{\,2} \cdot \sqrt{5}^{\,2} = 5 \cdot 5 = 25$
   c) $\sqrt{16}^{\,3} = 4^3 = 64$ $\quad$ d) $\sqrt{4}^{\,7} = 2^7 = 128$

Aufgaben zu 6.2

1. a) 5 g.
   b) 2,6 kg
   c) 80, 40, 20, 10, 5, ... geometrische Folge mit $a = 80$ und $q = \frac{1}{2}$
   d) $f(x) = 80 \cdot 0{,}5^x$.

2. a) Höhe = $16{,}2 : \sqrt{2} = 11{,}455$ cm
   b) DIN C 5 Breite = 22,91 cm
      Höhe = 16,2 cm
      DIN C 4 Breite = 32,4 cm
      Höhe = 22,91 cm

3. $b^2 = 3 \cdot a^2$, also $b = \sqrt{3 \cdot a^2} = a \cdot \sqrt{3}$

Aufgaben zu 6.3

1. a) Anfangsglied $a = 4$; Quotient $q = 2{,}5$
      Funktionsgleichung: $f(x) = 4 \cdot 2{,}5^x$
   b) Anfangsglied $a = 0{,}5$; Quotient $q = 3$
      Funktionsgleichung: $f(x) = 0{,}5 \cdot 3^x$

c) Anfangsglied $a = 40$; Quotient $q = 0{,}5$
Funktionsgleichung: $f(x) = 40 \cdot 0{,}5^x$

d) Anfangsglied $a = 100$; Quotient $q = 1{,}1$
Funktionsgleichung: $f(x) = 100 \cdot 1{,}1^x$

2. a)

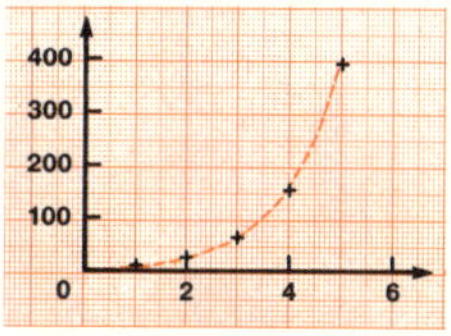

b)

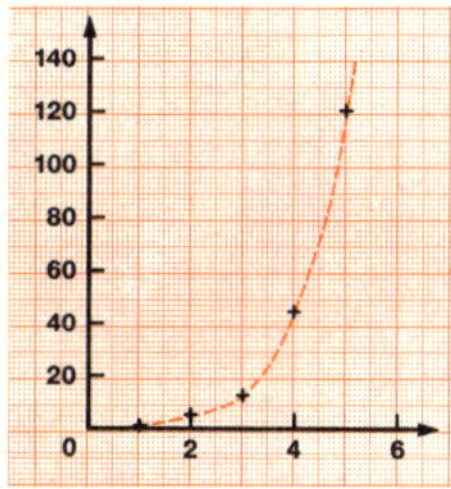

c)

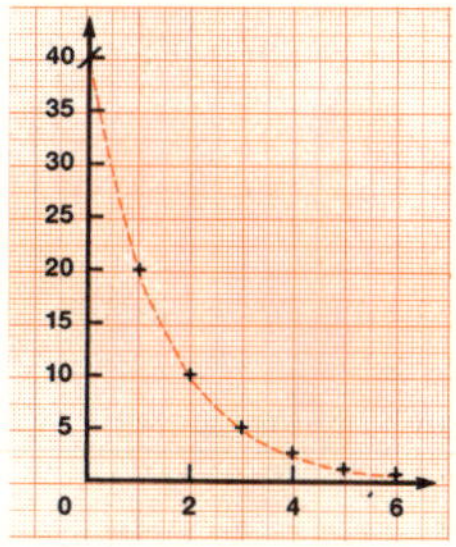

d)

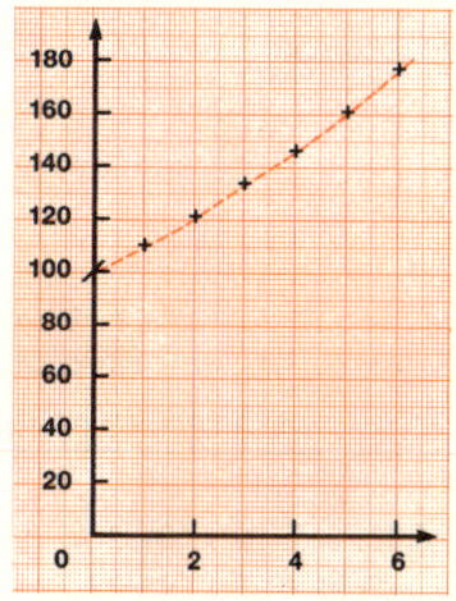

3. a) $3^4 = 81$ b) $17^2 = 289$ c) $23^1 = 23$
d) $345^0 = 1$ (nach Definition) e) $b^0 = 1$ (nach Definition)

Aufgaben zu 6.4

1. a) $2^{\frac{1}{5}} = \sqrt[5]{2}$ b) $3^{\frac{1}{2}} = \sqrt{3}$ c) $2^{\frac{1}{10}} = \sqrt[10]{2}$ d) $5^{\frac{1}{4}} = \sqrt[4]{5}$ e) $10^{\frac{1}{3}} = \sqrt[3]{10}$

2. a) $\sqrt{5} = 5^{\frac{1}{2}}$ b) $\sqrt[3]{20} = 20^{\frac{1}{3}}$ c) $\sqrt[6]{3} = 3^{\frac{1}{6}}$ d) $\sqrt[12]{7} = 7^{\frac{1}{12}}$ e) $\sqrt[n]{x} = x^{\frac{1}{n}}$

3. $4^0 = 1$ $4^{\frac{1}{2}} = \sqrt{4} = 2$ $4^1 = 4$ $4^{\frac{3}{2}} = (\sqrt{4})^3 = 2^3 = 8$

$4^2 = 16$ $4^{\frac{5}{2}} = (\sqrt{4})^5 = 2^5 = 32$ $4^3 = 64$ $4^{\frac{7}{2}} = (\sqrt{4})^7 = 2^7 = 128$

x-Wert	Funktionswert
0	1
$\frac{1}{2}$	2
1	4
$\frac{3}{2}$	8
2	16
$\frac{5}{2}$	32
3	64
$\frac{7}{2}$	128

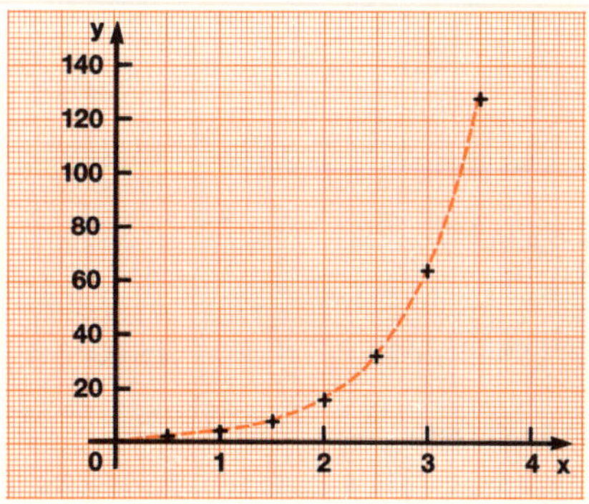

4.

x-Wert	0	$\frac{1}{7}$	$\frac{2}{7}$	$\frac{3}{7}$	$\frac{4}{7}$	$\frac{5}{7}$	$\frac{6}{7}$	$\frac{7}{7} = 1$
Funktionswert	1	3	9	27	81	243	729	2187

Exponentialfunktion mit Funktionsgleichung $f(x) = 2187^x$.

L

Wiederholungsaufgaben

1. a) $17^{\frac{1}{2}} = \sqrt{17}$ b) $3^{\frac{1}{3}} = \sqrt[3]{3}$ c) $2^{\frac{1}{3}} = \sqrt[3]{2}$

   d) $0{,}5^{\frac{1}{2}} = \sqrt{0{,}5} = \frac{1}{\sqrt{2}}$ e) $20^{\frac{1}{5}} = (\sqrt[5]{20})$ f) $a^{\frac{1}{20}} = \sqrt[20]{a}$

2. a) $\sqrt{5} = 5^{\frac{1}{2}}$ b) $\sqrt[3]{25} = 25^{\frac{1}{3}}$ c) $\sqrt[2]{3} = 3^{\frac{1}{2}}$

   d) $\sqrt[10]{2} = 2^{\frac{1}{10}}$ e) $\sqrt[3]{3} = 3^{\frac{1}{3}}$

3. $a = \sqrt{1200} = 34{,}64$ (auf 2 Dezimalen).
   Die Straßenfront ist $a = 34{,}64$ m lang.
   Man zahlt für Straßenreinigung jährlich $34{,}64\ \text{m} \cdot 4{,}80\ \frac{\text{DM}}{\text{m}} = 166{,}27$ DM.

4. $a = \sqrt{2000} = 44{,}72$. Tauschgrundstück mit Seitenlänge 44,72 m.

5. $q = 1{,}08$ Das Kapital wurde zu 8% verzinst.

Lektion 7

Aufgaben im Text

1. $\sqrt[3]{2} \approx 1{,}2599$ $\sqrt[6]{100} \approx 2{,}154$ $\sqrt[5]{25} \approx 1{,}904$

2. $f(-9) = 2 \cdot 1{,}5^{-9} \approx 0{,}052$
   $f(-10) = 2 \cdot 1{,}5^{-10} \approx 0{,}035$

3.

$\sqrt{30}$	a	b	$\frac{a+b}{2}$
1. Näherung	5	6	5,5
2. Näherung	5,5	5,45454545	5,47727273
3. Näherung	5,47727273	5,47717842	5,47722558
4. Näherung	5,47722558	5,47722557	5,47722558
5. Näherung	5,47722558	5,47722558	5,47722558

4. $(\sqrt[3]{2})^4 \approx 2{,}52$
   $(\sqrt[6]{100})^5 \approx 46{,}416$
   $(\sqrt[5]{25})^7 \approx 90{,}597$

5. $3^{-\frac{3}{4}} \approx 0{,}439$

6. $1{,}709^3 = 4{,}9914438$ $1{,}710^3 = 5{,}000211$
   $1{,}7099^3 = 4{,}9993338$ $1{,}7100^3 = 5{,}000211$

7. Wie Lösung zu 4.

8. | 5 | 2,5 | $1\frac{2}{3}$ | $1\frac{1}{4}$ | 1 |

Aufgaben zu 7.1

1. a) $\sqrt[3]{831} = 9{,}402$ b) $\sqrt[5]{537} = 3{,}516$ c) $\sqrt[3]{0{,}4765} = 0{,}781$ d) $\sqrt[3]{4} = 1{,}587$

   e) $\sqrt[5]{7} = 1{,}476$ f) $\sqrt{7^3} = 18{,}520$ g) $\sqrt[4]{5^3} = 3{,}344$

h) $\sqrt[5]{6^2} = 2{,}048$ i) $\sqrt[3]{256^4} = 1625{,}499$ j) $\sqrt[12]{2^{13}} = 2{,}119$

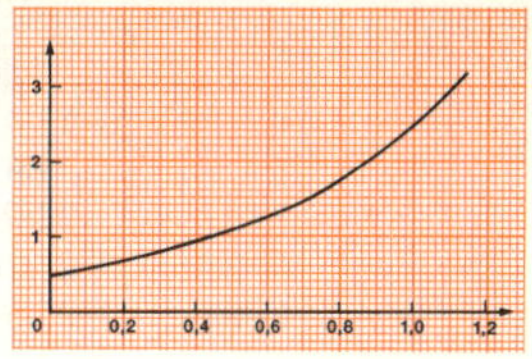

2. 1 m; 1,059 m; 1,122 m; 1,189 m; 1,260 m; 1,335 m; 1,414 m; 1,498 m; 1,587 m; 1,682 m; 1,782 m; 1,888 m; 2 m.

3. 0,5; 0,629; 0,792; 0,997; 1,254; 1,578; 1,986; 2,5; 3,146

Aufgaben zu 7.2

1. a) $3^{-4} = \frac{1}{81} = 0{,}0123457$ b) $5^{-3} = \frac{1}{125} = 0{,}008$ c) $12^{-2} = \frac{1}{144} = 0{,}0069444$

d) $10^{-6} = \frac{1}{1000000} = 0{,}000001$

2. 50 cm^2, 10 cm^2, 2 cm^2

3.

x	y
–4	0,0256
–3	0,064
–2	0,16
–1	0,4
0	1
1	2,5
2	6,25
3	15,625

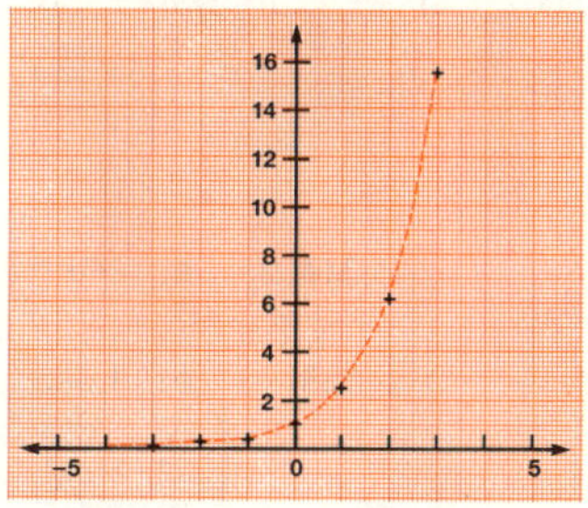

Aufgaben zu 7.3

1. a) $2^{-\frac{3}{5}} = \sqrt[5]{\frac{1}{2}}^{\,3}$ b) $4^{-\frac{3}{4}} = \sqrt[4]{\frac{1}{4}}^{\,3}$ c) $6^{-\frac{1}{4}} = \sqrt[4]{\frac{1}{6}}$ d) $10^{-\frac{5}{7}} = \sqrt[7]{\frac{1}{10}}^{\,5}$

2. a) 0,6598 b) 0,3536 c) 0,6389 d) 0,1931

3.

x-Wert	– 2,4	– 2	– 1	0	1	1,8
Funktions-wert	0,0796	0,0826	0,0909	0,1	0,11	0,1187

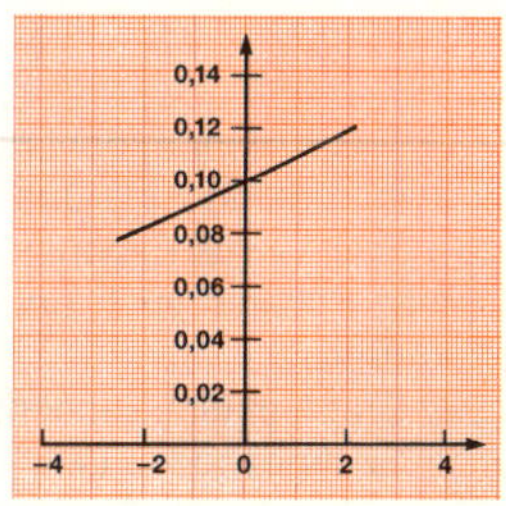

Aufgaben zu 7.4

a) $\frac{141}{100}$ b) $\frac{56}{25}$ c) $\frac{103}{25}$ d) $\frac{199}{20}$ e) $\frac{559}{25}$ f) $\frac{12}{2}$

Aufgaben zu 7.5

1. a)

$\sqrt{7}$	a	$b = \frac{7}{a}$	$\frac{a+b}{+2}$
1. Näherung	2	3,5	2,75
2. Näherung	2,75	2,54545455	2,64772727
3. Näherung	2,64772727	2,64377682	2,64575205
4. Näherung	2,64575205	2,64575057	2,64575131
5. Näherung	2,64575131	2,64575131	2,64575131

b)

$\sqrt{523}$	a	$b = \frac{523}{a}$	$\frac{a+b}{+2}$
1. Näherung	20	26,15	23,075
2. Näherung	23,075	22,6652221	22,8701111
3. Näherung	22,8701111	22,8682755	22,8691933
4. Näherung	22,8691933	22,8691932	22,8691933
5. Näherung	22,8691933	22,8691933	22,8691933

2.

a	a^2	< 3	$< b^2$	b
1	1	< 3	< 4	2
1,7	2,89	< 3	< 3,24	1,8
1,73	2,9929	< 3	< 3,0276	1,74
1,732	2,999824	< 3	< 3,003289	1,733
1,732	2,999824	< 3	< 3,00017041	1,7321

Aufgaben zu 7.6

1.

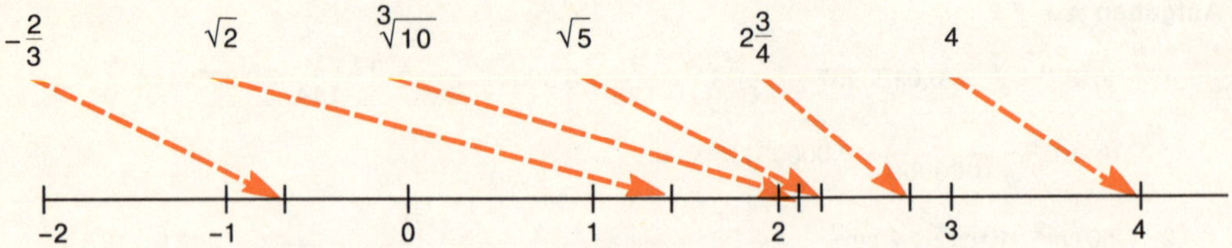

2. a) $\mathbb{Z}^* \subset \mathbb{R}$ *wahr* b) $\mathbb{Q} \subset \mathbb{Z}$ *falsch* c) $\mathbb{R}^* \subset \mathbb{R}$ *wahr* d) $\mathbb{R} \subset \mathbb{Q}$ *falsch*

Wiederholungsaufgaben

1. a) 1,442 b) 1,587 c) 0,707 d) 3,314 e) 243 f) 1,380

2. a) 15,843 b) 2,059 c) 2,571 d) 2,828 e) 1,585 f) 1,308

3. a) $251^{\frac{1}{2}}$ b) $37^{\frac{1}{5}}$ c) $17^{\frac{1}{3}}$ d) $64^{\frac{1}{4}}$ e) $100^{\frac{1}{10}}$ f) $25^{\frac{1}{12}}$

4.

x-Wert	– 5	– 4	– 3	– 2	– 1
Funktions-wert	0,080	0,096	0,116	0,139	0,167

0	1	2	3	4	5
0,2	0,24	0,288	0,346	0,415	0,498

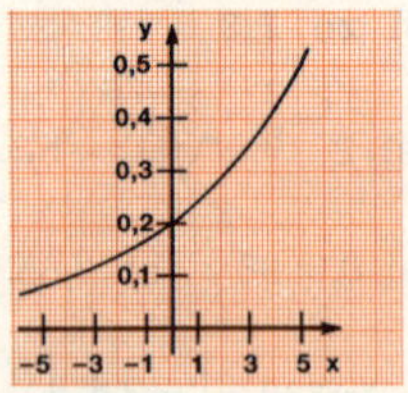

5. Der Graph einer Exponentialfunktionen $y = a \cdot b^x$ (a>0, b>0) auf der Menge $\mathbb{N}$ besteht nur aus diskreten Punkten im 1. Quadranten des Koordinatensystems, und zwar an den ganzzahligen x-Werten.
Der Graph einer Exponentialfunktionen $y = a \cdot b^x$ (a>0, b>0) auf der Menge $\mathbb{Z}$ besteht nur aus diskreten Punkten im 1. und 2. Quadranten des Koordinatensystems, und zwar an den ganzzahligen x-Werten.
Der Graph einer Exponentialfunktionen $y = a \cdot b^x$ (a>0, b>0) auf der Menge $\mathbb{Q}$ ist eine kontinuierlich durchgezogene Linie im 1. und 2. Quadranten des Koordinatensystems.

6. Da viele Naturvorgänge exponentiell verlaufen, kann man sie mit Hilfe der Exponentialfunktion beschreiben. Da in der Natur aber in der Regel ein kontinuierliches Wachstum vorliegt, benötigt man eine Exponentialfunktion mit kontinuierlichen Definitions- und Funktionswerten.

7. a) 2,449 b) 3,162 c) 14,142 d) 2,571 e) 3,017

8.

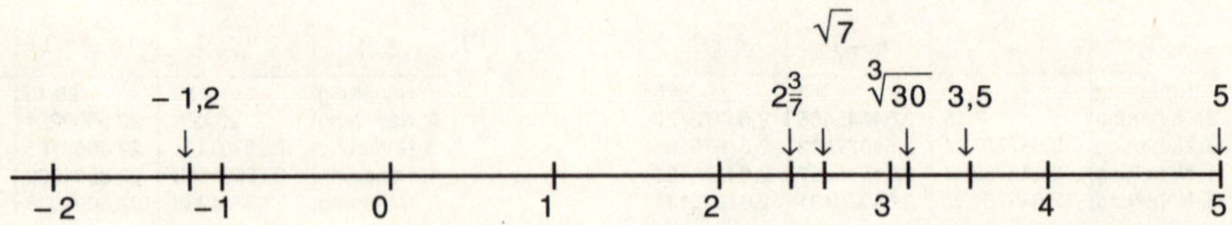

Lektion 8

Aufgaben im Text

1. Für x = 2 bzw. x = – 2 gilt:
   $y_1 = 4^2 = 16$ und $y_2 = 0{,}25^{-2} = 16$
   $y_1 = 4^{-2} = 0{,}0625$ und $y_2 = 0{,}25^2 = 0{,}0625$

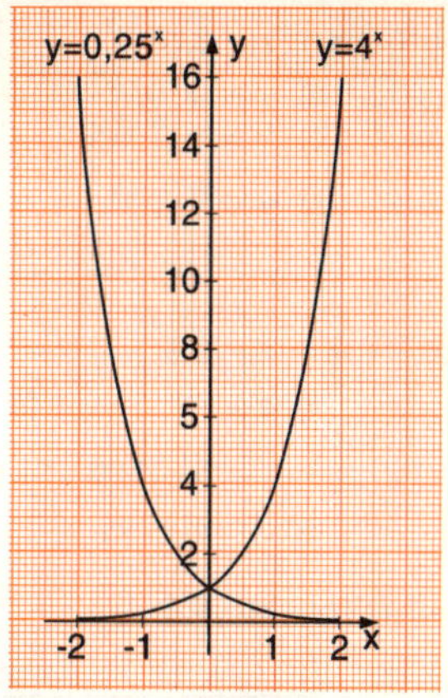

2. 1,994
   1,173
   2,891
   3,390

3. 1,22 und 3,66
   2,76 und 8,28

4. $2{,}89 \cdot 4{,}913 = 14{,}199$

5. 14,853 19,655 22,456 7,603

Aufgaben zu 8.1

1.

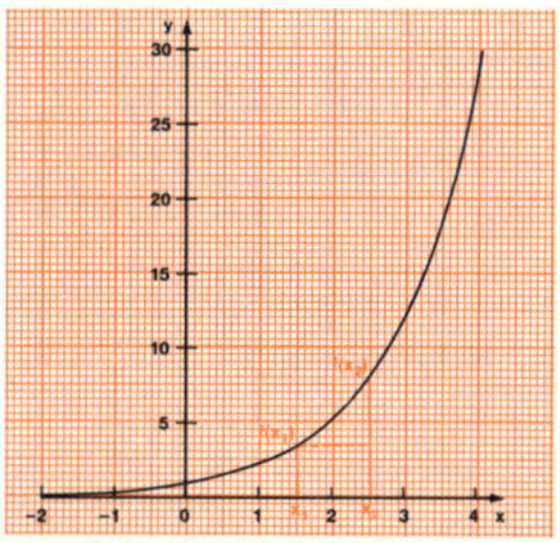

2. $x_2 - x_1 = (5 + \sqrt{2}) - (2 + \sqrt{2})$
   $= 5 + \sqrt{2} - 2 - \sqrt{2} = 3$ Faktor: 27

Aufgaben zu 8.2

1.

x	0,8	1,2	– 0,1	2	0,4	0,7	1	3,2
$y = b^x$	2,081	3,003	0,912	6,25	1,443	1,898	2,5	18,769

2.

x	0,756	1,199	2,513	1,955	3,269	3,712	1,757	0,443
$y = b^x$	2	3	10	6	20	30	5	1,5

Aufgaben zu 8.3

1.

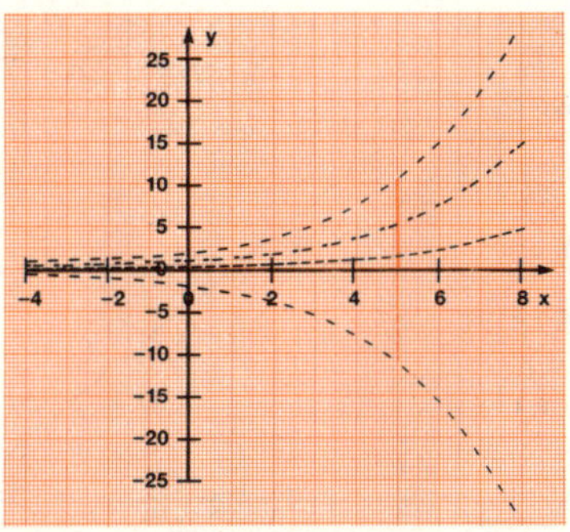

2. Lösung siehe Zeichnung zu 1.

3.

a) $y = 2{,}5 \cdot 1{,}6^x$ affine Streckung b) $y = 0{,}2 \cdot 1{,}6^x$ affine Stauchung
c) $y = -2 \cdot 1{,}6^x$ affine Streckung und Spiegelung an der x-Achse
d) $y = -1{,}6^x$ Spiegelung an der x-Achse
e) $y = -\frac{1}{2} \cdot 1{,}6^x$ affine Stauchung und Spiegelung an der x-Achse
f) $y = -20 \cdot 1{,}6^x$ affine Streckung und Spiegelung an der x-Achse

Aufgaben zu 8.4

1. a) $y = 3 \cdot 0{,}3^x$ monoton fallend   b) $y = 0{,}1 \cdot 2^x$ monoton wachsend
   c) $y = 0{,}5 \cdot 0{,}5^x$ monoton fallend   d) $y = 5 \cdot 0{,}9^x$ monoton fallend

2. a) $y = 5 \cdot 0{,}1^x$ b) $y = 2 \cdot 2^x$ c) $y = 1 \cdot 0{,}1^x$

3. $K_{10} = 50000 \cdot (1 - 0{,}05)^{10} = 50000 \cdot 0{,}95^{10} = 50000 \cdot 0{,}5987369 = 29936{,}85$

Aufgaben zu 8.5

1. a) $y = 5^x$ $y = 0{,}2^x$ b) $y = 0{,}1^x$ $y = 10^x$ c) $y = (\frac{1}{3})^x$ $y = 3^x$ d) $y = 7^x$ $y = (\frac{1}{7})^x$
2. A (1 | 2,5), B (0,5 | 1,58), C (2,5 | 9,88), A′ (–1 | 2,5), B′ (–0,5 | 1,58), C′ (–2,5 | 9,88)
3. Setzt man in $y_1 = a \cdot b^x$ für x gleich –x ein, so erhält man $y_2 = a \cdot b^{-x} = a \cdot (\frac{1}{b})^x$

Aufgaben zu 8.6

1.

x	10	50	100	500	1000
$y = 2 \cdot 0{,}8^x$	0,2147	0,0000285	$4{,}074 \cdot 10^{-10}$	$7{,}0149 \cdot 10^{-49}$	$2{,}4605 \cdot 10^{-97}$

2. Der Taschenrechner zeigt nur Werte an, die größer als 10^{-100} und kleiner 10^{100} sind.

3. a) $y = -3 \cdot 2^x$ negativer Bereich der x-Achse   b) $y = 2 \cdot 0{,}4^x$ positiver Bereich der x-Achse
   c) $y = -8 \cdot 0{,}7^x$ positiver Bereich der x-Achse

Wiederholungsaufgaben

1.

x	2	3	5	–1	4	7	0	8
$y = b^x$	4	8	32	0,5	16	128	1	256

2. a) $y = -0{,}5^x$ b) $y = 2^x$ c) $y = 3 \cdot 0{,}5^x$ d) $y = 0{,}5 \cdot 0{,}5^x$ e) $y = -2 \cdot 0{,}5^x$

3. a) $y = 10 \cdot 0{,}7^x$ monoton fallend   b) $y = 0{,}1 \cdot 0{,}7^x$ monoton fallend
   c) $y = 0{,}5 \cdot 3^x$ monoton wachsend   d) $y = 10 \cdot 10^x$ monoton wachsend

4. a) $y = -5^x$ α) $y = 5^x$ β) $y = -0{,}2^x$
   b) $y = 0{,}2^x$ α) $y = -0{,}2^x$ β) $y = 5^x$
   c) $y = 1{,}7^x$ α) $y = -1{,}7^x$ β) $y = 1{,}7^{-x}$

Lektion 9

Aufgaben im Text

1 Man berechnet (Taschenrechner!) $\boxed{y^x}$ für y = 0,948 und ganzzahlige x-Werte und findet $t_{1/2}$ etwa 13 s.

2

Kranarm in m	1	2	3	4	5	6	7	8	9	10	11	12	13	14	15
zul. Last in t	20	10	6,67	5	4	3,33	2,86	2,5	2,22	2	1,82	1,67	1,54	1,43	1,33

Aufgaben zu 9.1

1. $y = -12{,}7x + 590$
   $x_0 = 46{,}457$
2. $y = -5x + 2\,000\,000$
   $x_0 = 400\,000$ Std. = 45,66 Jahre
3. $y = -20x + 300$

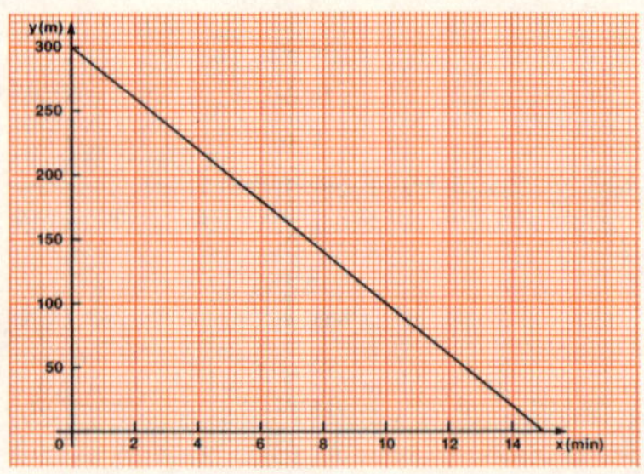

Aufgaben zu 9.2

1. lineare Abschreibung 3510   2340   1170   0

   exponentielle Abschr. 3510   2632,5   1974,38   1480,78

2. $0{,}4^5 \approx \frac{1}{100}$ $0{,}4^{2{,}5} \approx \frac{1}{10}$

3. 76,6 % ; 58,6 % ; 4,1 %

Aufgaben zu 9.3

1. $b = \sqrt[5]{0{,}5} = 0{,}871$ $K = K_0 \cdot 0{,}871^t$ (t in min) 2. 8 min 3. $b = 0{,}999879$

Aufgaben zu 9.4

1.

x	10	16	20	40	80	100	160	200	400	800
y	80	50	40	20	10	8	5	4	2	1

2.

x	3	4	5	6	8	10	12	15
y	40	30	24	20	15	12	10	8

$y = \frac{120}{x}$

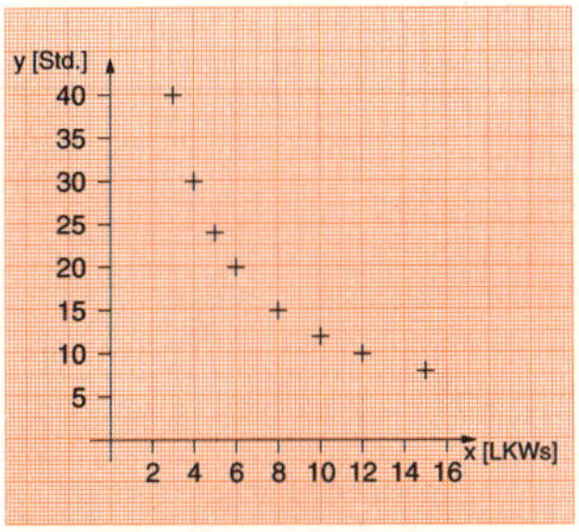

$y = \frac{800}{x}$

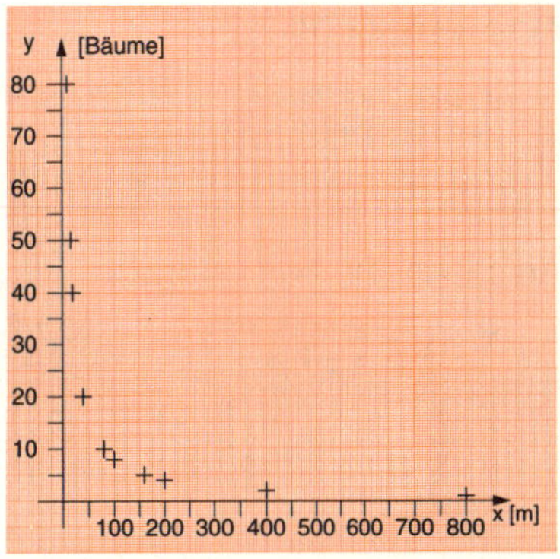

3. 32 Tage. Anzahl der Personen (20) und Zeit in Tagen (40) führt zu Produkt aus Anzahl und Zeit ($20 \cdot 40 = 800$, also $x \cdot y = 800$).
Daraus ergibt sich die Funktionsgleichung : $y = \frac{800}{x}$

4. $\frac{20 \cdot 15}{18}\ s = 16\frac{2}{3}\ s$ $\frac{20 \cdot 15}{12}\ \frac{m}{s} = 25\frac{m}{s}$

Wiederholungsaufgaben

1. $1000 \cdot 1{,}13^{-8{,}125} = 370$ Millibar

2. 1400 | 1050 | 700 | 350 | 0 ;
1400 | 700 | 350 | 175 | 87,5

3. $y = \frac{2400}{x}$

4. 9 Informatiker; Mannjahre = Personen mal Jahre

5. nach etwa 5 Tagen (4,959)

6. $I = I_0 \cdot 0{,}999879^t$ a) auf 8,89% b) etwa 19000 Jahre

7. zu 1. exponentiell
zu 2. linear bzw. exponentiell
zu 3. umgekehrt proportional
zu 4. umgekehrt proportional
zu 5. exponentiell
zu 6. exponentiell

Lektion 10

Aufgaben im Text

1.

x	–4	–3	–2	–1	0	1	2	3	4
y	0,8	0,75	0,67	0,5	0	–	2	1,5	1,33

2. $x = \frac{5}{4} = 1\frac{1}{4}$

Aufgaben zu 10.1

1. $f(x) = \frac{3}{x}$; $f(6) = \frac{1}{2} > f(9) = \frac{1}{3}$; $f(-5) = -\frac{3}{5} > f(-3) = -1$;

2. A´(2 | 2), B´(1 | 4), C´(0,5 | 8), D´(–4 | –1), E´$(-\frac{2}{3}$ | –6)

3. – 0,1 ; – 0,01 ; – 0,0001

L

Aufgaben zu 10.2

1. a) Streckung mit dem Faktor 3, Spiegelung an der x-Achse.
   b) Spiegelung an der x-Achse
   c) Stauchung mit dem Faktor 0,5
   d) Stauchung mit dem Faktor 0,1 , Spiegelung an der x-Achse

2. a) b) d) 2. Winkelhalbierende $y = -x$
   c) 1. Winkelhalbierende $y = x$

3. $y = -\frac{3}{x}$ und $y = \frac{3}{x}$; $y = \frac{0{,}5}{x}$ und $y = -\frac{0{,}5}{x}$; $y = -\frac{1}{x}$ und $y = \frac{1}{x}$, $y = \frac{1}{10x}$ und $y = -\frac{0{,}1}{x}$

Aufgaben zu 10.3

Paare zueinander spiegelbildlicher Punkte: (A , A) , (B,E), (C, G) , (D,F) . Der Punkt A ist zu sich selbst spiegelbildlich.

Aufgaben zu 10.4

1. $y = \frac{1}{x - 2{,}5} - 2 = \frac{-2x + 6}{x - 2{,}5}$

x	−6	−5	−4	−3	−2	−1	0	1	2	3	4	5	6
y	−2,12	−2,13	−2,15	−2,18	−2,22	−2,29	−2,4	−2,67	−4	0	−1,33	−1,6	−1,71

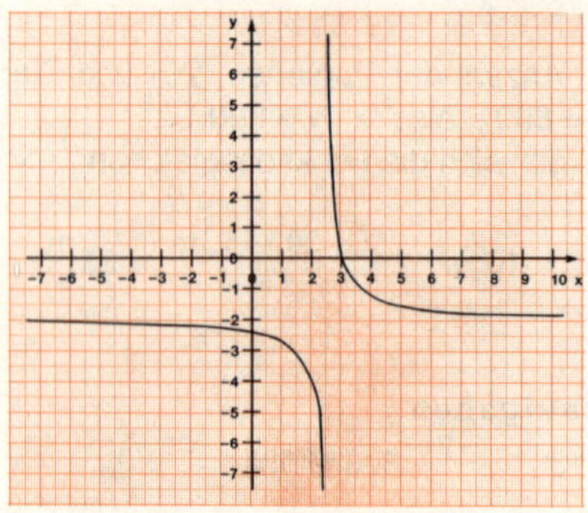

2.

	a)	b)	c)
in x-Richtung	5	− 0,5	9
in y-Richtung	1	− 8	− 0,1

3. $y = \frac{2}{x - 5} - 3$

4. $y = 2 \cdot \left[\frac{1}{x - 5} - 3\right] = \frac{2}{x - 5} - 6$

5. $y_2 = -\frac{1}{x} + 1 = \frac{-1 + x}{x} = \frac{x - 1}{x} = y_1$

6. a) $x = \frac{1}{2}$ b) $x = -6\frac{1}{2}$
   c) $x = -\frac{1}{4}$ d) $x = -\frac{2}{5}$

Wiederholungsaufgaben

1. a) $y = \frac{1{,}5}{x - 4} - 5 = \frac{-5x + 21{,}5}{x - 4}$
   b) $y = \frac{1}{x + 4} + 7 = \frac{7x + 29}{x + 4}$
   c) $y = \frac{0{,}5}{x - 2} - 1 = \frac{-x + 2{,}5}{x - 2}$
   d) $y = \frac{2}{x + 1} + 2 = \frac{2x + 4}{x + 1}$

2. a) (4,5|0) b) (−3|0)

3. a) α) Der Graph von $y = \frac{1}{x-6} + 15$ könnte durch folgende Abbildungen aus dem Graphen von $y = \frac{1}{x}$ hervorgegangen sein: 1. Verschiebung in y-Richtung um 15.
   2. Verschiebung in x-Richtung um 6.
   β) Die Asymptoten liegen bei $x = 6$ und $y = 15$.
   γ) Die Nullstelle liegt bei $x = \frac{89}{15}$.

b) α) Der Graph von $y = 3 \cdot \left(\frac{1}{x+6} - 15 \right)$ könnte durch folgende Abbildungen aus dem Graphen von $y = \frac{1}{x}$ hervorgegangen sein:
1. Verschiebung in y-Richtung um –15.
2. Verschiebung in x-Richtung um –6.
3. Affine Streckung mit Streckfaktor 3.

β) Die Asymptoten liegen bei $x = -6$ und $y = -15$.

γ) Die Nullstelle liegt bei $x = -\frac{89}{15}$.

c) α) Der Graph von $y = \frac{1}{x-1{,}5} - \frac{1}{2}$ könnte durch folgende Abbildungen aus dem Graphen von $y = \frac{1}{x}$ hervorgegangen sein:
1. Verschiebung in y-Richtung um $-\frac{1}{2}$.
2. Verschiebung in x-Richtung um 1,5.

β) Die Asymptoten liegen bei $x = 1{,}5$ und $y = -\frac{1}{2}$.

γ) Die Nullstelle liegt bei $x = 3{,}5$.

4. $y = \frac{-2}{x-1} + 2 = \frac{2x-4}{x-1}$ Nullstelle: (2 | 0), Asymptoten: $x = 1$ und $y = 2$

x	–6	–5	–4	–3	–2	–1	0	1	2	3	4	5	6
y	2,29	2,33	2,40	2,5	2,67	3	4	–	0	1	1,33	1,5	1,6

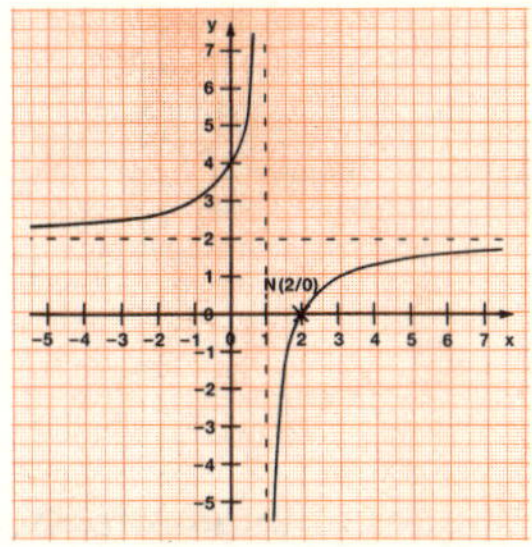

Lektion 11

Aufgaben im Text

1. $y = -x^2 - 1$; $y = -x^2 + 3$

2.

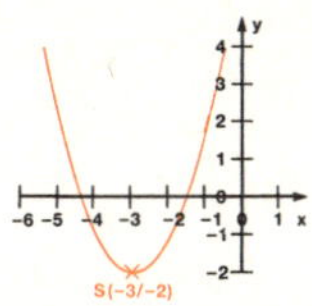

3. $y = x^2 - 3$

4.

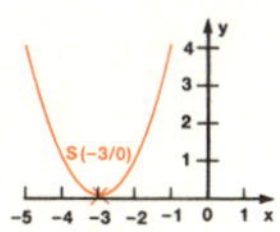

5. a) $y = (x - 2{,}5)^2$ S (2,5 | 0)

b) $y = (x + 0{,}5)^2$ S (–0,5 | 0)

6. $y = -1{,}5 \cdot x^2 + 3$

Aufgaben zu 11.1

1. D = IR ; W = IR_-

2. a) P (–4,5 | 20,25) ; Q_1 ($+\sqrt{5}$ | 5) und Q_2 ($-\sqrt{5}$ | 5)

b) P (3,5 | –12,25) ; Q_1 (+3 | –9) und Q_2 (–3 | –9)

Aufgaben zu 11.2 und 11.3

1. a) $y = x^2 - 1{,}5$ b) $y = (x - 0{,}5)^2$
c) $y = -x^2 + 2$ d) $y = -(x + 1{,}5)^2$

2. a) $y = x^2 + 0{,}5$ b) $y = (x + 0{,}5)^2$ c) $y = -(x - 0{,}5)^2$ d) $y = -x^2 - 0{,}5$

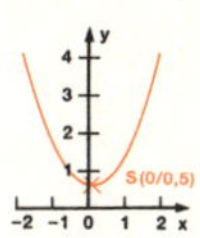

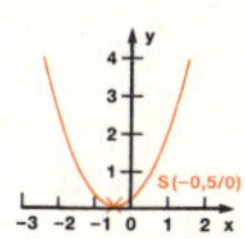

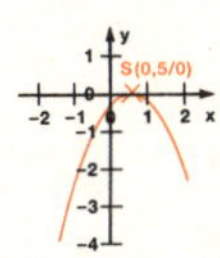

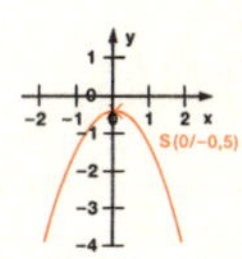

3. $y = -(x - x_S)^2$ 4. $y = x^2 - 2$ 5. $y = (x - 3)^2$ und $y = (x + 3)^2$

L

Aufgaben zu 11.4

1. $P_1: y = (x + 2)^2 + 1$
   $P_2: y = -(x + 1)^2 - 0{,}5$
   $P_3: y = (x - 2)^2 - 1{,}5$

2. 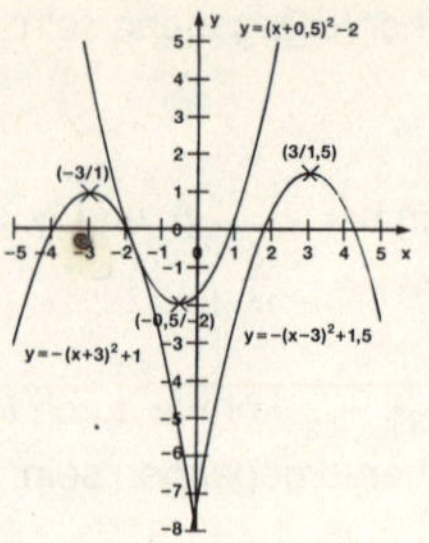

3. a) $y = (x - 2)^2 + 3$
   b) $y = (x + 5)^2 - 12$

Aufgaben zu 11.5

1. 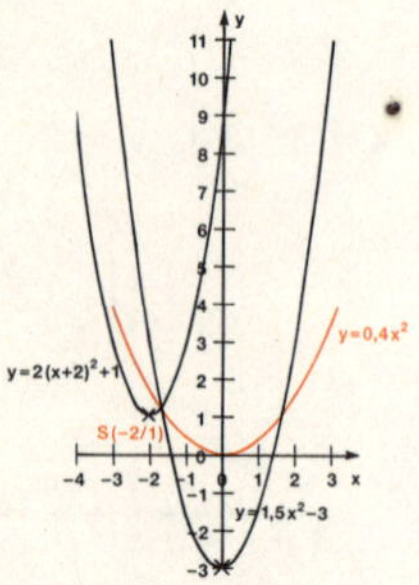

2. $y = 2{,}5 \cdot x^2 - 4$

3. $y = -\frac{1}{4} \cdot (x - 6)^2$
   $= -\frac{1}{4} \cdot x^2 + 3 \cdot x - 9$

Wiederholungsaufgaben

1. a) S: $y = (x + 2)^2$
   A: $y = x^2 + 4 \cdot x + 4$

   b) S: $y = -(x - 1)^2 + 1$
   A: $y = -x^2 + 2 \cdot x$

   c) S: $y = (x - 2{,}5)^2 - 2$
   A: $y = x^2 - 5 \cdot x + 4{,}25$

2. 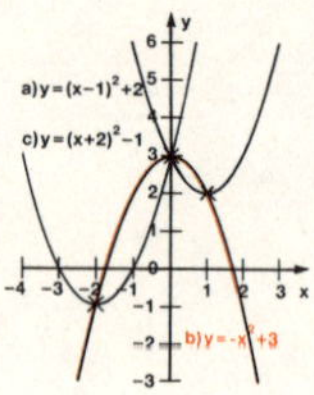

3. a) $y = (x + 4)^2 - 8$
   b) $y = (x - 2{,}5)^2 + 3{,}5$
   c) $y = (x - 1{,}5)^2 - 2{,}25$
   d) $y = -(x + 2)^2 + 5$
   e) $y = -(x - 3{,}5)^2$

4. 2 Lösungen: $y = (x + 2{,}5)^2$
   und $y = (x - 2{,}5)^2$

5. $y = -0{,}8 \cdot (x + 4)^2 + 3$

6. $y = -x^2 + 6 \cdot x - 4$

7. $(0 \mid 49)$

Lektion 12

Aufgaben im Text

(1) Scheitelpunktform: $y = (x + 4)^2 - 9$; $x_1 = -7$, $x_2 = -1$

(2) Benzinverbrauch bei 150 km/h : 11 l/100 km

Aufgaben zu 12.1

1. Ansatz: $y = x \cdot (20 - 2 \cdot x)$; der Zaun muß 5 m breit und 10 m lang sein.

2. Funktionsgleichung: $y = 7{,}5 \cdot (x - 4)^2 - 120$
   Volumen bei 12° : 360 mm^3

3. Ansatz: $y = (8 - 0{,}5 \cdot x) \cdot (5000 + 500 \cdot x)$
Bei einer Preissenkung um 1,50 DM beträgt der Gewinn 42250 DM.

4. Ansatz: $y = x \cdot \frac{18 - 2 \cdot x}{2}$. Alle Seiten müssen 4,5 cm lang sein.

Aufgaben zu 12.2

1. a) $y = (x-1)^2 - 4$; $x_1 = -1$, $x_2 = 3$
b) $y = (x+5)^2 - 1$; $x_1 = -6$, $x_2 = -4$
c) $y = (x-7)^2$; $x_1 = x_2 = 7$
d) $y = (x-6)^2 + 2$; keine Nullstellen
e) $y = (x+4)^2 + 5$; keine Nullstellen
f) $y = (x+3)^2 - 16$; $x_1 = -7$, $x_2 = 1$
g) $y = (x+8)^2$; $x_1 = x_2 = -8$
h) $y = (x-2)^2 - 9$; $x_1 = -1$, $x_2 = 5$

2. a) $x_1 = 2$, $x_2 = 4$ b) $x_{1/2} = 1{,}5$ c) $x_1 = -2$, $x_2 = 3$
d) keine Nullstellen e) $x_1 = -8$, $x_2 = 2{,}5$ f) keine Nullstellen
g) $x_{1/2} = -5{,}5$ h) $x_1 = -1{,}5$, $x_2 = 4$

3. $x_S = 5$; $y = x^2 - 10x + 16$

Aufgaben zu 12.3

1. a) $y = 2 \cdot (x-1)^2 - 18$; $x_1 = -2$, $x_2 = 4$
b) $y = 1{,}5 \cdot (x+4)^2 + 6$; keine Nullstellen
c) $y = -4 \cdot (x-2{,}5)^2 + 25$; $x_1 = 0$, $x_2 = 5$
d) $y = -0{,}5 \cdot (x-4)^2 + 18$; $x_1 = -2$, $x_2 = 10$
e) $y = 3 \cdot (x+3)^2$; $x_1 = x_2 = -3$
f) $y = -5 \cdot (x-2)^2 + 15$; $x_1 = 2 - \sqrt{3}$, $x_2 = 2 + \sqrt{3}$
g) $y = 2{,}5 \cdot (x+1)^2 + 5$; keine Nullstellen
h) $y = 4 \cdot (x + 2{,}25)^2 - 6{,}25$; $x_1 = -3{,}5$, $x_2 = -1$

2. a) keine Nullstellen b) $x_1 = -5$, $x_2 = 6$
c) $x_1 = 4 - \sqrt{5}$, $x_2 = 4 + \sqrt{5}$ d) $x_{1/2} = 2{,}5$
e) $x_1 = -2$, $x_2 = -0{,}4$ f) keine Nullstellen
g) $x_{1/2} = -1$ h) $x_1 = 0$, $x_2 = 4$

3. $c = 18$

Wiederholungsaufgaben

1. Ansatz: $y = x \cdot (120 - x)$; $x = 60\,\text{m}$

2. a) $x_1 = -\frac{5}{3}$, $x_2 = 1$ b) $x_1 = 2$, $x_2 = -12$
c) keine Nullstellen d) $x_{1/2} = 0{,}5$
e) keine Nullstellen f) $x_1 = -1 - \sqrt{2}$, $x_2 = -1 + \sqrt{2}$
g) $x_1 = -4$, $x_2 = 0$ h) $x_{1/2} = -8$

3. Ansatz: $y = (30 + 5x) \cdot (20 - x)$, Maximum bei $x = 7$ (Einnahmen 845 DM)

4. $y = (x - 3{,}5)^2 - 12{,}25 = x^2 - 7 \cdot x$

5. Ansatz: $y = 3 \cdot x \cdot (x+2)$; Minimum bei $x = -1$

6. Funktionsterm: $-x^2 + 3x + 4$; $N_1(-1 \mid 0)$, $N_2(4 \mid 0)$, Schnittpunkt mit der y-Achse $P(0 \mid 4)$.

7. a) $-9 < b < 9$ Rechnung: $x^2 + bx + 20{,}25 = 0$

$$x_{1/2} = -\frac{b}{2} \pm \sqrt{\frac{b^2 - 81}{4}}$$

Die Funktion hat keine Nullstelle, wenn $b^2 - 81 < 0$. Daraus folgt: $b^2 < 81$ und $-9 < b < 9$

b) $b = 9$ oder $b = -9$

8. Funktionsgleichung: $y = -0{,}025 \cdot (x - 8{,}5)^2 + 3{,}6$ Die Wurfweite ist der Wert von $N_2(20{,}5 \mid 0)$.

Lektion 13

Aufgaben zu 13.1

1. a) keine Lösung b) keine Lösung c) eine Lösung
d) zwei Lösungen e) keineLösung f) zwei Lösungen

2. a) $x_1 = -5$, $x_2 = 7$ b) $x_1 = 2{,}5$, $x_2 = -4$ c) $L = \{\ \}$
d) $x_1 = -1 + \sqrt{5}$, $x_2 = -1 - \sqrt{5}$ e) $x_1 = x_2 = -1{,}5$ f) $L = \{\ \}$
g) $x_1 = 10$, $x_2 = 22$ h) $x_1 = 0$, $x_2 = 6$ i) $x_1 = x_2 = 4$
k) $x_1 = -2{,}5$, $x_2 = -8$

3. a) $q < 169$ b) $p > 5$ oder $p < -5$ c) $q > -76$ d) $p < -15$ oder $p > 1$

4. $q = 4$; $x_2 = -1$

Aufgaben zu 13.2

1. a) $x_1 = 3{,}5$, $x_2 = -6$ b) $x_1 = -2$, $x_2 = 5$ c) $x_1 = 0$, $x_2 = -3$
d) $L = \{\ \}$ e) $x_1 = -3$, $x_2 = 3$ f) $x_1 = 0$, $x_2 = -12$
g) $x_1 = -1{,}4$, $x_2 = -0{,}6$ h) $L = \{\ \}$ i) $x_1 = 0$, $x_2 = 1{,}8$
k) $x_1 = 1$, $x_2 = 9$

2. a) $x^2 - 2 \cdot x - 15 = 0$ b) $x^2 + 4 \cdot x = 0$
c) $x^2 - 64 = 0$ d) $x^2 - 14 \cdot x + 49 = 0$
e) $x^2 - 4{,}1 \cdot x + 4 = 0$ f) $x^2 - 2 \cdot x - 2 = 0$

3. $2{,}5 \cdot x^2 - 5 \cdot x - 60 = 0$

Aufgaben zu 13.3

1. a) Ansatz: $180 = x \cdot \frac{54 - 2 \cdot x}{2}$ mit $x > 0$; $x_1 = 12$; $x_2 = 15$
b) Ansatz: $180 = x \cdot \frac{52 - 2 \cdot x}{2}$ mit $x > 0$; keine Lösung

2. Ansatz: $\frac{7{,}2}{x} = 7{,}2 - x$; $x_1 = 1{,}2$; $x_2 = 6$

3. Ansatz: $(x + 5) \cdot (\frac{180}{x} - 0{,}5) = 180$ mit $x \in \mathbb{N}^*$; $x = 40$

4. Ansatz: $(10 \cdot x + x + 3) \cdot (10 \cdot (x + 3) + x) = 1300$ mit $x \in \mathbb{N}^*$; $x = 2$

5. Ansatz: $2\,(40 \cdot 60) = (40 + 2x) \cdot (60 + 2x)$ mit $x > 0$; $x = 10$

Wiederholungsaufgaben

1. a) $x_1 = 4$; $x_2 = -6$ b) $L = \{\ \}$ c) $x_1 = 7 + \sqrt{2}$; $x_2 = 7 - \sqrt{2}$
   d) $x_1 = x_2 = -8$ e) $L = \{\ \}$ f) $x_1 = 0$; $x_2 = 3$
   g) $x_1 = -0{,}5$; $x_2 = 10$ h) $x_1 = -5$; $x_2 = 5$

2. Ansatz: $\frac{x}{8} - 2 = \frac{280}{x}$; $x \neq 0$, $x_1 = 56$; $x_2 = -40$

3. a) $q = 10$; $x_2 = 5$ b) $q = -5$; $x_2 = -2$ c) $q = 4$; $x_2 = 0$
   d) $q = 3$; keine weitere Lösung

4. Benzinverbrauch bei $150\ \frac{km}{Std.}$: 11 l

   Ansatz: $5{,}5 = \frac{1}{1600} \cdot (x - 30)^2 + 2$; $x = 104{,}83315 \approx 105\ \frac{km}{Std.}$

5. a) $y = 2 \cdot x^2 - 12 \cdot x$ b) $y = 1{,}5 \cdot x^2 - 3 \cdot x - 22{,}5$
   c) $y = 4 \cdot x^2 + 6 \cdot x - 40$

6. Ansatz: $\frac{8}{x} = \frac{x}{8 - x}$ mit $x > 0$; $x \neq 8$; $x = -4 + 4\sqrt{5} \approx 4{,}94427$ m
   $y \approx 3{,}0557281$ m

7. a) $(x+3) \cdot (x-4)$ b) $(x-1{,}5) \cdot (x-2)$
   c) $(x+1) \cdot (x+5)$ d) $(x+12) \cdot (x-2)$

L

Mathematische Schreibweisen

Mathematische Grundzeichen

$=$	gleich, Gleichheitszeichen	$<$	kleiner als
$\neq$	ungleich	$\leq$	kleiner oder gleich
$\approx$	ungefähr gleich	$>$	größer als
$\triangleq$	entspricht (z.B. $1\text{ cm} \triangleq 1\,\frac{\text{km}}{\text{Std.}}$)	$\geq$	größer oder gleich
∞	unendlich (keine Zahl!)	$\pm$	plus oder minus

Zahlenmengen

$\mathbb{N} = \{0, 1, 2, 3, 4, 5, \ldots\}$	Menge der natürlichen Zahlen[1] oder: Menge der nicht-negativen ganzen Zahlen
$\mathbb{N}^* = \{1, 2, 3, 4, 5, \ldots\}$	Menge der natürlichen Zahlen ohne 0 oder: Menge der positiven ganzen Zahlen[2]
$\mathbb{Z} = \{\ldots, -3, -2, -1, 0, 1, 2, 3, \ldots\}$	Menge der ganzen Zahlen
$\mathbb{Z}^* = \{\ldots, -3, -2, -1, 1, 2, 3, \ldots\}$	Menge der ganzen Zahlen ohne 0 oder: Menge der von 0 verschiedenen ganzen Zahlen
$\mathbb{Q} = \{\frac{p}{q} \mid p \in \mathbb{Z} \text{ und } q \in \mathbb{N}^*\}$	Menge der rationalen Zahlen (Bruchzahlen)[3]
$\mathbb{Q}^* = \{\frac{p}{q} \mid p \in \mathbb{Z}^* \text{ und } q \in \mathbb{N}^*\}$	Menge der rationalen Zahlen ohne 0 oder: Menge der von 0 verschiedenen rationalen Zahlen
$\mathbb{Q}_+ = \{x \in \mathbb{Q} \mid x \geq 0\}$	Menge der nicht negativen rationalen Zahlen
$\mathbb{Q}_+^* = \{x \in \mathbb{Q} \mid x > 0\}$	Menge der positiven rationalen Zahlen
$\mathbb{R}$	Menge der reellen Zahlen
$\mathbb{R}^*$	Menge der reellen Zahlen ohne 0 oder: Menge der von 0 verschiedenen reellen Zahlen
$\mathbb{R}_+ = \{x \in \mathbb{R} \mid x \geq 0\}$	Menge der nicht negativen reellen Zahlen
$\mathbb{R}_+^* = \{x \in \mathbb{R} \mid x > 0\}$	Menge der positiven reellen Zahlen
$\mathbb{R}_- = \{x \in \mathbb{R} \mid x \leq 0\}$	Menge der nicht positiven reellen Zahlen
$\mathbb{R}_-^* = \{x \in \mathbb{R} \mid x < 0\}$	Menge der negativen reellen Zahlen

Intervalle

$[a; b] = \{x \in \mathbb{R} \mid a \leq x \leq b\}$	abgeschlossenes Intervall von a bis b (einschl. a und b)
$]a; b[= \{x \in \mathbb{R} \mid a < x < b\}$	offenes Intervall von a bis b (ohne a und b)

---

1 Die Klammern { } heißen Mengenklammern und zeigen, daß eine ganze Menge von (zum Beispiel) Zahlen gemeint ist.

2 Der * an einem Mengenzeichen zeigt an, daß die 0 aus der Menge herausgenommen ist.

3 Das Zeichen $\in$ heißt Elementzeichen, wird „ist Element von“ gesprochen und zeigt, daß (zum Beispiel) eine Zahl Element einer bestimmten Menge ist (zu einer bestimmten Menge gehört).

Schreibweisen bei Gleichungen und Ungleichungen

In der Regel werden bei Gleichungen und Ungleichungen

- mit einer Variablen die Lösungsvariable mit x bezeichnet,
- mit zwei Variablen die Lösungsvariablen mit x und y bezeichnet.

Für Parameter, die für feste Zahlenwerte stehen, werden in der Regel Buchstaben vom Anfang des Alphabets (a, b, c, . . .) gewählt.

Für die Lösungen von Gleichungen werden Bezeichnungen wie x_1 ist Lösung, die Lösungsmenge ist $L = \{ x_1 \}$, das Paar $(x_1 \mid y_1)$ ist Lösung, die Lösungsmenge ist $L = \{ (x_1 \mid y_1) \}$, die Lösungsmenge ist $L = \mathbb{R}$ (wenn alle reellen Zahlen Lösungen der Gleichung sind) gebraucht.

Für die Lösungen von Ungleichungen wird die Schreibweise mit der Lösungmenge verwendet. Zum Beispiel:

Die Lösungsmenge ist $L = \{ 3, 4, 5, 6 \}$ Die Lösungsmenge ist $L = \{ -1, +1 \}$

Die Lösungsmenge ist $L = \{ x \mid x \in \mathbb{N} \text{ und } x \geq 3 \} = \{ 3, 4, 5, 6, 7, \ldots \}$

Die Lösungsmenge ist $L = \{ x \mid x \in \mathbb{Q}_+^* \text{ und } 2 < x < 5 \}$ alle positiven rationalen Zahlen zwischen 2 und 5.

Schreibweisen bei Funktionen

Bezeichnung von Funktionen: $f, f_1, f_2, g, h, \ldots$ zum Beispiel:

	Funktionsgleichung	Funktionsterm	Zuordnungsvorschrift
f:	$y = x^3 + 2x^2 - 5$	$x^3 + 2x^2 - 5$	$x \to x^3 + 2x^2 - 5$
g:	$y = x^2$	x^2	$x \to x^2$
h:	$y = \frac{12}{x}$	$\frac{12}{x}$	$x \to \frac{12}{x}$
f_1:	$y = \sqrt{x}$	$\sqrt{x}$	$x \to \sqrt{x}$

Definitionsbereich einer Funktion (Menge der x-Werte, für die die Funktion erklärt ist): D

Wertebereich einer Funktion (Menge der y-Werte, die als Funktionswerte auftreten): W

Schreibweisen in der Geometrie

Punkte werden mit großen Buchstaben bezeichnet:	A, B, C, . . .
Die Koordinaten eines Punktes stehen in runden Klammern:	$A\,(3 \mid -4)$
Strecke von A nach B:	$\overline{AB}$
Länge der Strecke von A nach B:	$\lvert AB \rvert$
Dreieck aus den Eckpunkten A, B, C:	$\Delta\,ABC$
Rechter Winkel	⦜
Winkel am Punkt B mit den Schenkeln $\overline{BA}$ und $\overline{BC}$	$\sphericalangle\,ABC$

Wichtige Begriffe, Formeln und Sätze

Funktionen

Begriff der Funktion

Eine Funktion stellt eine Zuordnung zwischen zwei Mengen, der Definitionsmenge und der Wertemenge, dar. Bei einer Funktion muß jedem Element der Definitionsmenge ein und nur ein Element der Wertemenge zugeordnet sein.

Nullstellen einer Funktion

Eine Nullstelle einer Funktion ist diejenige Stelle, an der der Funktionswert Null, also $f(x) = 0$ ist.

Lineare Funktion $y = m \cdot x + b$ m Steigung; b y-Achsenabschnitt

Exponentialfunktion $y = a \cdot b^x$ (mit $b > 0$)

$y = a \cdot b^x$ exponentielles Wachstum, $y = a \cdot b^{-x}$ exponentielle Abnahme.

Gebrochen-rationale Funktion $y = \frac{1}{x}$ (mit $x \neq 0$)

Graph: Hyperbel.

$y = \frac{a}{x - x_0} + y_0$ (mit $x \neq x_0$)

Graph: um den Wert x_0 in x-Richtung und um den Wert y_0 in y-Richtung verschobene Hyperbel

Quadratische Funktion

Allgemeine Form: $y = a \cdot x^2 + b \cdot x + c$ ($a, b, c \in \mathbb{R}, a \neq 0$)

Scheitelpunktform: $y = a \cdot (x - x_S)^2 + y_S$ Scheitelpunkt $(x_S \mid y_S)$

Umrechnung zwischen a, b, c und x_S, y_S: $x_S = -\frac{b}{2a}$ und $y_S = c - \frac{b^2}{4a}$

Quadratische Gleichung

$x^2 + p \cdot x + q = 0$ Lösungen: $x_{1/2} = -\frac{p}{2} \pm \sqrt{\left(\frac{p}{2}\right)^2 - q}$

$a \cdot x^2 + b \cdot x + c = 0$ Lösungen: $x_{1/2} = \frac{-b \pm \sqrt{b^2 - 4 \cdot a \cdot c}}{2 \cdot a}$

Folgen

Begriff der Folge

Eine Funktion mit der Definitionsmenge $\mathbb{N}$ (natürliche Zahlen) oder einem Teilstück von $\mathbb{N}$ heißt Folge.

Arithmetische Folge $f(x+1) = f(x) + d$ lineares Wachstum

Geometrische Folge $f(x+1) = f(x) \cdot q$ exponentielles Wachstum

Strahlensätze

1. Strahlensatz

$$\frac{|ZA|}{|ZB|} = \frac{|ZA^*|}{|ZB^*|} = \frac{|AB|}{|A^*B^*|}$$

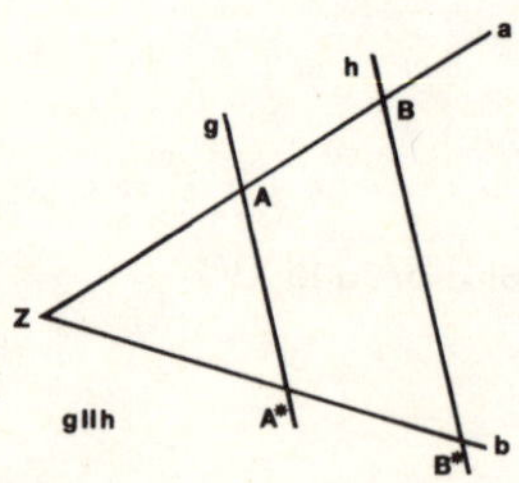

2. Strahlensatz

$$\frac{|ZA|}{|ZB|} = \frac{|AA^*|}{|BB^*|} \quad \text{und} \quad \frac{|ZA^*|}{|ZB^*|} = \frac{|AA^*|}{|BB^*|}$$

Register